FELICITAS MOKLER

ASTRONOMIE UND UNIVERSUM

WAS WIR ÜBER DAS WELTALL WISSEN

KOSMOS

Inhalt

Inhalt

FASZINIERENDES UNIVERSUM

VOM HIMMEL ZUM WELTALL

Seit jeher erkunden die Menschen den Himmel. Mit der Erfindung des Fernrohrs ist es ihnen gelungen, immer weiter ins All vorzudringen und das kosmische Geschehen mehr und mehr zu durchschauen. In der modernen Astronomie treffen wissenschaftliche Tradition und technologischer Fortschritt in einmaliger Weise aufeinander und befruchten sich gegenseitig.

Wir leben in einem goldenen Zeitalter der Astronomie. Wöchentlich bereichern Forschungsmeldungen über Entdeckungen aus dem Universum die Wissenschaftsseiten nicht nur überregionaler Tageszeitungen. Wir dürfen staunen über Berichte von kollidierenden Schwarzen Löchern in fernen Galaxien oder darüber, dass Astronomen und Kosmologinnen sich wieder einmal uneins darin sind, wie schnell das Universum denn nun tatsächlich expandiert. Und vielleicht erinnern Sie sich sogar noch an die letzte Meldung über einen vermeintlich erdähnlichen Planeten, der in nicht allzu großer kosmischer Entfernung bei einem fremden Stern entdeckt wurde?

All diese faszinierenden Entdeckungen und Erkenntnisse haben wir einem enormen technischen Fortschritt der letzten Dekaden zu verdanken, in den große Wissenschaftsorganisationen mehr und mehr im Verbund investiert haben und der nun Früchte trägt. Viele Entwicklungen der neuesten Technologien wurzeln bereits in den 1970er- oder 1980er-Jahren und wurden von einer Generation von Wissenschaftlern an die nächste weitergereicht. So reichen beispielsweise die Planungen der Rosetta-Mission, mit der die Europäische Raumfahrtorganisation ESA 2014 erfolgreich den Kometen 67P/Tschurjumov-Gerasimenko anflog und erstmals eine robotische

Das Very Large Telescope (VLT) der ESO auf dem Paranal in der chilenischen Atacama-Wüste ist eines der modernsten Observatorien. Es besteht aus vier Einzelteleskopen, die sich zu einem größeren Teleskop zusammenschalten lassen.

Sonde auf einem Kometen absetzte, bis an das Ende der 1980er-Jahre zurück. Und die ersten Experimente, aus denen schließlich die Messtechnologien der heutigen Gravitationswellendetektoren hervorgingen, führten Physiker bereits in den 1970er-Jahren in den USA durch.

Vor über 400 Jahren erweiterte die Erfindung des Fernrohrs die Sicht des Menschen auf das Universum sprunghaft; wurde damit doch der Blick auf Begleiter anderer Planeten, wie etwa die Galileischen Monde des Jupiter oder die Ringe des Saturn, freigegeben (vgl. „Unsere kosmische Nachbarschaft", S. 26). Mit der technischen Weiterentwicklung des Teleskops tauchten immer mehr Sterne und zwischen ihnen vereinzelt auch Nebelchen auf, von denen sich manche als Sternhaufen, andere als „echte" Nebel, also Gas- und Staubansammlungen oder Hüllen alter Sterne, aber viele auch als ferne Galaxien entpuppten (vgl. „Sterne, Staub und Exoplaneten", S. 76 und „Ferne Welteninseln", S. 128).

Doch erst, als das Universum dank moderner Beobachtungstechnologien neben dem sichtbaren Licht auch in anderen Wellenlängenbereichen des elektromagnetischen Spektrums oder gar über die kosmische Teilchenstrahlung zugänglich wurde, begannen Forscherinnen und Forscher, astrophysikalische Prozesse besser zu verstehen oder neue Phänomene überhaupt erst zu entdecken. Zugleich stehen wir vor weiteren, vielleicht noch viel größeren Rätseln als zuvor: Während die Menschen vor 100 Jahren noch kaum glaubten, dass das Universum über die Milchstraße hinausreichen könnte, müssen wir uns heute mit einem sich beschleunigt ausdehnenden Universum abfinden, das allein schon in seiner beobachtbaren Reichweite 93 Milliarden Lichtjahre durchmisst. Und wie groß es über den für uns sichtbaren Bereich hinaus tatsächlich ist, wissen wir noch nicht einmal. Irgendwie ein Déjà-vu ...

Bisher haben wir nur eine grobe Vorstellung davon, wie sich die Strukturen im All, die wir heute sehen, – und damit auch unsere Heimatgalaxie – aus dem heißen, dichten Zustand der Urmaterie nach dem Urknall entwickelt haben. Die wichtigste Zutat dabei ist offenbar die Dunkle Materie, deren Natur noch völlig unbekannt ist. Und es ist die mindestens ebenso rätselhafte Dunkle Energie, die das Universum beschleunigt expandieren lässt. Eine harte Nuss!

Auf dem Mauna Kea in Hawaii thront in 4200 Metern Höhe das W.-M.-Keck-Observatory; es besteht aus zwei Teleskopen, die sich zu einem gemeinsamen verbinden lassen.

Das Hubble-Weltraumteleskop bereichert seit 30 Jahren unser Verständnis vom All und liefert beeindruckende Aufnahmen.

DAS ELEKTRO-MAGNETISCHE SPEKTRUM

Nahezu unser sämtliches Wissen über astrophysikalische Objekte und kosmische Ereignisse basiert auf Information, die das Licht aus dem All bereithält. Dabei beschränkt sich der Begriff „Licht" im weiteren Sinne nicht auf den für uns sichtbaren Teil des elektromagnetischen Spektrums. Dieser macht nur einen sehr kleinen Bereich zwischen 380 und 780 Nanometern aus. Da ein Großteil des elektromagnetischen Spektrums die irdische Atmosphäre gar nicht durchdringen kann, ist das menschliche Auge nur für ebendiesen optischen Bereich des Spektrums empfänglich. Allein Infrarotstrahlung nehmen wir noch als Wärme wahr. Ebenso stand Astronomen zur Erforschung des Universums lange Zeit nur dieser begrenzte Ausschnitt des Spektrums zur Verfügung. Erst mit der Entwicklung spezieller Beobachtungstechnologien sowie der Möglichkeit, Forschungssatelliten im Orbit um die Erde auszusetzen, wurde die vollständige Bandbreite vom langwelligen Radiobereich bis zur hochenergetischen Gammastrahlung zur Erkundung des Weltalls zugänglich.

OBSERVATORIEN AUF DER ERDE

Zwar ist die irdische Atmosphäre für den sichtbaren Bereich des elektromagnetischen Spektrums durchlässig; dennoch beeinträchtigen Luft- und Lichtverschmutzung sowie ein hoher Gehalt an Wasserdampf, aber auch bewegte Luftmassen bei bestimmten Wetterlagen, astronomische Beobachtungen. Um diesen Einflüssen möglichst zu entgehen, bauen Astronomen ihre Observatorien an abgelegenen Orten. Besonders günstige Beobachtungsbedingungen bieten hohe Berglagen fernab der Zivilisation: In Höhenlagen etwa ist die Luft besonders trocken; große Wasserreservoirs wie Ozeane in der Umgebung von vulkanischen Inseln oder küstennahen Hochgebirgen wirken zudem moderierend auf das Klima.

Ein in dieser Hinsicht optimaler Standort ist die Atacama-Wüste in den chilenischen Anden, einer der trockensten Orte der Erde. Dort betreibt die Europäische Südsternwarte (European Southern Observatory, kurz: ESO) mit Hauptsitz in Garching bei München ihre Teleskope. Das derzeit modernste Observatorium der ESO, das im optischen und Infrarotbereich beobachtet, ist das Very Large Telescope (VLT) auf dem 2635 Meter hohen Cerro Paranal. Es besteht aus vier Einzelteleskopen mit je einem 8,2 Meter durchmessenden Hauptspiegel, die sich zu einem Großteleskop zusammenschalten lassen. Wie auch bei anderen Teleskopen dieser Größenklasse lassen sich die Hauptspiegel mittels aktiver Optik verformen, um mechanische Deformationen durch Schwerkraft und Umlagerung auszugleichen. Die Einzelteleskope verfügen über ein Auflösungsvermögen von 0,05 Bogensekunden, in der Viererkombination erreicht das VLT sogar 0,002 Bogensekunden. (Eine Bogensekunde (auch Winkelsekunde) entspricht dem 3600. Teil eines Grads. Eine Bogenminute ist entsprechend der 60. Teil eines Grads.) Daneben unterhalten die ESO sowie an-

In der Großen Magellanschen Wolke lichtete das Hubble-Teleskop diese farbenfrohen Sternentstehungsnebel NGC 2014 und NGC 2020 ab.

Hubble trifft Smiley: Der Galaxiencluster SDSS J1038+4849 verzerrt das Abbild dahinterliegender Galaxien aufgrund des Gravitationslinseneffekts.

dere internationale Forschungseinrichtungen in Chile eine ganze Reihe weiterer spezialisierter Teleskope.
Astronomisch ähnlich komfortable Bedingungen bietet auf der Nordhalbkugel der Mauna Kea auf Hawaii. Dort betreiben unter anderem die USA, Kanada und Japan verschiedene Observatorien in 4145 Metern über dem Meeresspiegel: Die beiden vom California Institute of Technology der University of California unterhaltenen Keck-Teleskope sind mit Spiegelflächen von jeweils zehn Meter Durchmesser ausgerüstet, die sich aus 36 sechseckigen Einzelspiegeln zusammensetzen. Sie beobachten sowohl im optischen als auch im nahen infraroten Wellenlängenbereich. Das von den USA im internationalen Verbund unter anderem mit Kanada betriebene Gemini-North-Observatorium besitzt einen 8,1-Meter-Spiegel. Ein Pendant dazu steht auf der Südhalbkugel in den chilenischen Anden. Erwähnenswert ist außerdem das von Japan geleitete Subaru-Teleskop, das mit einem 8,2-Meter-Spiegel ebenfalls im Optischen und Infraroten beobachtet. Auf dem Nachbarvulkan Mauna Loa betreibt das National Center for Atmospheric Research aus Boulder, Colorado, ein Sonnenobservatorium.
Auf europäischer Seite sind die kanarischen Inseln ein wichtiger Standort: Die auf Teneriffa und La Palma ansässigen Teleskope verschiedener europäischer Partner werden mittlerweile als ENO – European Northern Observatory – als Pendant zur ESO bezeichnet. Führend ist dort das Gran Telescopio de Canarias mit einem 10,4-Meter-Spiegel, der aus mehreren Segmenten zusammengesetzt ist. Auf der Kanareninseln La Palma angesiedelt sind zudem das Tscherenkow-Teleskop MAGIC und Instrumente des neuen Cherenkov Telescope Array, die kosmische Teilchen- und Gammastrahlung untersuchen (vgl. „Astroteilchenphysik“, S. 156).

DAS HUBBLE SPACE TELESCOPE

Unser Bild vom sichtbaren Universum hat in den letzten 30 Jahren ganz wesentlich das Hubble Space Telescope (HST) geprägt. Im April 1990 gestartet, lieferte das Hubble-Teleskop wegen eines Schleiffehlers im Hauptspiegel zunächst verzerrte Bilder. Daraufhin versahen Astronauten das HST während eines spektakulären Einsatzes im freien Weltraum im Dezember 1993 mit einer Korrekturoptik. Seither liefert das Weltraumteleskop faszinierende Detailaufnahmen aus unserem eigenen Sonnensystem wie beispielsweise von Jupiters Wolkenstruktur, gibt uns Einblick in die bizarren Welten planetarischer Nebel oder den Tanz zweier Galaxien im Bann ihrer Schwerkraft. Mit Langzeitbeobachtungen wie dem Ultra Deep Field hat das Hubble-Teleskop bis tief in die kosmische Vergangenheit geblickt und die ersten Galaxien zu Beginn ihrer Existenz nur einige 100 Millionen Jahre nach dem Urknall abgelichtet. Dazu hat das Hubble-Teleskop die Aufnahmen im Ultravioletten und Infraroten ergänzt. Die Epoche davor, das dunkle Zeitalter, in dem die ersten Sterne entstanden, soll ab 2021 das Nachfolgeprojekt James Webb Space Telescope erkunden.

ADAPTIVE OPTIK

Moderne Observatorien sind in der Lage, technisch so präzise zu messen, dass selbst die eigentlich klare Atmosphäre in abgelegenen Gegenden wie der Atacama oder auf dem Mauna Kea die astronomischen Beobachtungen beeinträchtigt. Die sogenannte Luftunruhe bestimmt, wie scharf ein Bild einer Galaxie oder eines Planeten wird – ein Effekt, der auch das Funkeln der Sterne hervorruft. Wegen der Luftunruhe ist das Auflösungsvermögen bei astronomischen Beobachtungen etwa auf dem Cerro Paranal auf 0,7 Bogensekunden begrenzt. Astronomen sprechen hier vom sogenannten Seeing, das das Maß der luftunruhebedingten Unschärfe beschreibt. Allein ein Einzelteleskop des VLT kann etwa zehnmal schärfere Bilder liefern.

Die irdische Luftschicht wirkt auf das Sternenlicht als optisches Medium, das den Lichtlaufweg je nach physikalischen Eigenschaften wie Dichte und Temperatur verändert und das Licht entsprechend unterschiedlich stark bricht. Ähnlich wie bei siedendem Wasser in einem Kochtopf geschieht der Wärmeaustausch zwischen diesen Luftschichten durch Umwälzung oder Konvektion: Es entstehen Turbulenzen. Die einzelnen Turbulenzzellen unterscheiden sich in Dichte und Temperatur. Passiert das Sternenlicht übereinander liegende Turbulenzzellen, wird es auf dem Weg von der einen zur nächsten jeweils unterschiedlich stark gebrochen. Weil die Luftzellen ihrerseits ständig in Bewegung sind, wird das Sternenlicht auch in der Summe in jedem Moment ein wenig anders abgelenkt als kurz zuvor. Für den Beobachter auf dem Erdboden springt der Stern dadurch in seiner Position minimal hin und her: Er flackert.

Um diesem Effekt entgegenzuwirken, haben Forscherinnen die adaptive Optik entwickelt. Dazu schicken sie vom Teleskop aus leistungsstarke Laserstrahlen in den Himmel. In etwa 90 Kilometern Höhe regen sie Natriumatome in der Atmosphäre zum Leuchten an und erzeugen so einen künstlichen „Leitstern", dessen Licht zurück zum Teleskop fällt. Da das Licht des Leitsterns von denselben atmosphärischen Störungen betroffen ist wie jenes gewöhnlicher Sterne, verschwimmt auch sein Bild entsprechend. Die für die adaptive Optik eingesetzten verformbaren Zweitspiegel im Strahlengang des Teleskops lassen sich per Computer ansteuern und so lange deformieren, bis der Effekt der Luftunruhe im Bild des Laserleitsterns ausgeglichen ist und ein scharfes Bild entsteht. Alle echten Himmelsobjekte erscheinen dann ebenfalls in bestmöglicher Bildqualität.

Diese Technologie wird unter anderem am Very Large Telescope der ESO und an den Keck-Teleskopen auf Hawaii eingesetzt. Die Bildqualität wird dadurch mit Aufnahmen des Hubble-Weltraumteleskops vergleichbar. Dank der adaptiven Optik konnte das VLT beispielsweise erstmals einen Exoplaneten direkt abbilden.

Neptun, aufgenommen mit dem VLT ohne (links) und mit (rechts) adaptiver Optik. Mit dieser Technik lässt sich die Luftunruhe ausgleichen. So werden die Bilder in ihrer Qualität vergleichbar mit jenen des Hubble-Weltraumteleskops.

Ein Laserstrahl wird vom VLT in den Himmel geschickt und erzeugt in der Atmosphäre einen künstlichen Leitstern. An seinem Abbild lassen sich Effekte der Luftunruhe herausrechnen.

Es wird speziell im Infraroten beobachten, um Sterne und Galaxien zu erfassen, deren Licht stark rotverschoben ist.

OBSERVATORIEN DER ZUKUNFT

DAS VERA C. RUBIN OBSERVATORY

Derzeit im Bau befindet sich in Chile das ursprünglich als Large Synoptic Survey Telescope (LSST) bezeichnete und nun in Vera C. Rubin Observatory umbenannte Teleskop. Betrieben wird es von der eigens dafür gegründeten LSST-Organisation in den USA. Es besitzt ein Mehrfachspiegelsystem mit einem 8,4 Meter durchmessenden Hauptspiegel. Die Kamera wird ein Gesichtsfeld von zehn Quadratgrad bei einer Auflösung von 0,2 Bogensekunden abdecken. Damit wird das Vera C. Rubin Observatory in der Lage sein, umfassende Himmelsdurchmusterungen durchzuführen. Ab 2021 soll es vor allem lichtschwache Objekte am gesamten Himmel erfassen und so in unserer Nähe neue Asteroiden finden oder im fernen Universum Gravitationslinsen aufspüren.

ELT – EXTREMELY LARGE TELESCOPE

Auf dem Cerro Armazones in den chilenischen Anden baut die ESO ein neues Großteleskop, das voraussichtlich ab 2025 alle bisherigen Observatorien an Technologie und Leistungsfähigkeit übertreffen wird. Mit seinem Hauptspiegel von 39 Metern Durchmesser soll das Extremely Large Telescope (ELT) 15-mal mehr Licht im Optischen und Infraroten sammeln als die besten derzeit betriebenen Teleskope. Der Hauptspiegel wird aus 798 Segmenten mit jeweils 1,4 Metern Durchmesser und 50 Millimeter Dicke bestehen. Die einzelnen Spiegelsegmente lassen sich über aktive Optik in die optimale Form bringen. Mittels adaptiver Optik lässt sich zudem ein Quartärspiegel im Strahlengang ansteuern, um die Effekte der Luftunruhe auszugleichen.

Das ELT soll in der Lage sein, Licht aus einer Epoche im Universum einzufangen, zu der es nur wenige 100 Millionen Jahre alt war. Zu dieser Zeit sollen sich die ersten Sterne, Galaxien und größeren Schwarzen Löcher gebildet haben. In welcher Abfolge diese Objekte entstanden sind und wie sie sich gegenseitig in ihrer weiteren Entwicklung beeinflusst haben, gibt den Astronomen nach wie vor Rätsel auf. Auf die Beobachtung lichtschwacher Objekte ausgelegt, wollen die Astronomen mit dem ELT außerdem extrasolare Planeten direkt abbilden und deren Atmosphären erforschen. Ebenso soll das ELT die frühen Stadien der Planetenentstehung bei jungen Sternen erkunden und in dieser Entwicklungsphase wichtige organische Moleküle oder Wasser aufspüren können.

Auf dem Cerro Armazones baut die ESO derzeit das Extremely Large Telescope (Animation).

In der Infrarotaufnahme des WISE-Weltraumteleskops leuchten mehrere Sternentstehungsgebiete in der Milchstraße,

TMT – THIRTY METER TELESCOPE

Als weiteres Großteleskop der neuen Generation plant das California Institute of Technology unter anderem mit kanadischen Universitäten das Thirty Meter Telescope (TMT). Der Standort für dieses Observatorium steht noch zur Debatte. Da die hawaiianische Urbevölkerung gegen den Bau des TMT auf dem Mauna Kea, der ihr als heiliger Berg gilt, protestiert, war zwischenzeitlich La Palma als alternativer Standort im Gespräch. Zwar stehen auf dem Mauna Kea bereits einige Teleskope, doch das TMT würde ein großflächigeres Gelände beanspruchen.

Ebenfalls für die Beobachtungen im Optischen und Infraroten vorgesehen, soll der 30 Meter große Hauptspiegel des TMT aus 492 Teilsegmenten von je 1,4 Metern Durchmesser bestehen. Außerdem wird das TMT mit adaptiver Optik ausgestattet sein, um die Effekte der Luftunruhe ausgleichen zu können. Neben ähnlichen wissenschaftlichen Zielen, wie sie ihre Kollegen mit dem ELT verfolgen, wollen die Astronomen mit dem TMT unter anderem auch Sterne und die interstellare Materie sowie die nähere Umgebung der Milchstraße erkunden. Dort vermuten Forscherinnen noch jede Menge Zwerggalaxien mit leuchtschwachen Sternen, die sich mit heutigen Teleskopen kaum erfassen oder näher analysieren lassen. Solche kleinen Sternsysteme könnten in der Vergangenheit eine wichtige Rolle bei der Entwicklung der Milchstraße gespielt haben.

INFRAROTASTRONOMIE

An den roten Bereich des sichtbaren Spektrums grenzt der langwelligere infrarote Bereich, den wir als Wärmestrahlung wahrnehmen (Wellenlänge: 780 Nanometer bis ein Millimeter). Ein kleiner Anteil des Infraroten kann die Erdatmosphäre noch durchdringen und lässt sich mit modernen Teleskopen wie dem VLT oder den Keck-Teleskopen neben dem sichtbaren Spektralbereich ebenfalls vom Boden aus beobachten.

Ihren Ursprung nahm die Infrarotastronomie in den 1960er-Jahren, als man versuchte, mit Ballonmissionen der Atmosphäre weitgehend zu entkommen und erste Infrarotaufnahmen des Planeten Mars durchführte. Wenig später durchmusterte man den Himmel im Infraroten bei Raketenflügen. Heute decken Forschungssatelliten die gesamte Bandbreite des Infraroten ab.

Mit den bodengebunden Infrarotobservatorien lassen sich kühle Objekte in unserer kosmischen Nachbarschaft wie Kometen oder Asteroiden verfolgen oder auch ferne Galaxien bei großen Rotverschiebungen untersuchen. In diesem Spektralbereich gibt die Milchstraße außerdem

dargestellt in grünlicher Färbung. Sie sind zwischen 4000 und 10.000 Lichtjahren entfernt.

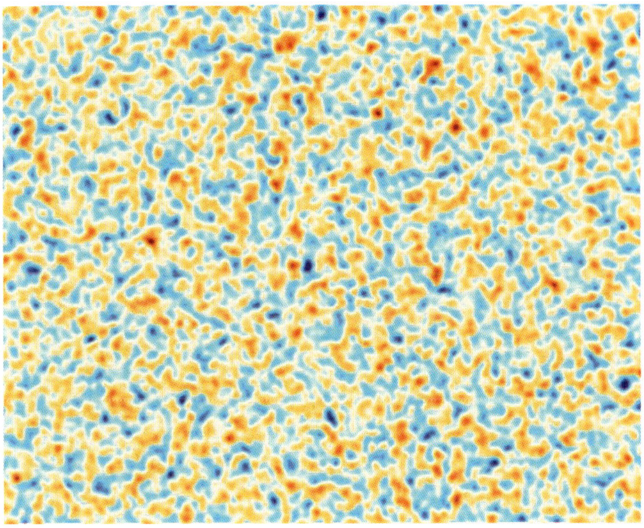

Der kosmische Mikrowellenhintergrund in einer Aufnahme des bodengebundenen Atacama Cosmology Telescope.

den Blick auf ihre innersten Regionen frei. Jenseits der Atmosphäre liefern Weltraumteleskope wie Spitzer oder Herschel wertvolle Beobachtungen von Sternentstehungsgebieten und interstellarer Materie. Mit der fliegenden Sternwarte SOFIA erkunden Astronominnen das Infrarotuniversum von der Stratosphäre aus. Dort entgehen sie 99 Prozent des in der Atmosphäre sonst so störenden Wasserdampfs.

MIKROWELLEN-ASTRONOMIE

Zunächst ein Randgebiet der Radioastronomie, hat sich die Mikrowellenastronomie (Wellenlänge: Millimeter bis Dezimeter) mittlerweile als eigenständiges Beobachtungsgebiet etabliert. 1964 bemerkten die beiden Physiker Arno Penzias und Robert Wilson bei ihrer Arbeit an den Bell Laboratories eine Strahlung bei einer Temperatur von nur drei Kelvin, die aus allen Richtungen des Universums zu kommen schien: Sie hatten damit den Nachhall des Urknalls gefunden!

Die Struktur dieses sogenannten kosmischen Mikrowellenhintergrunds ist mittlerweile dank Weltraumobservatorien wie der Wilkinson Microwave Anisotropy Probe (WMAP) und dem

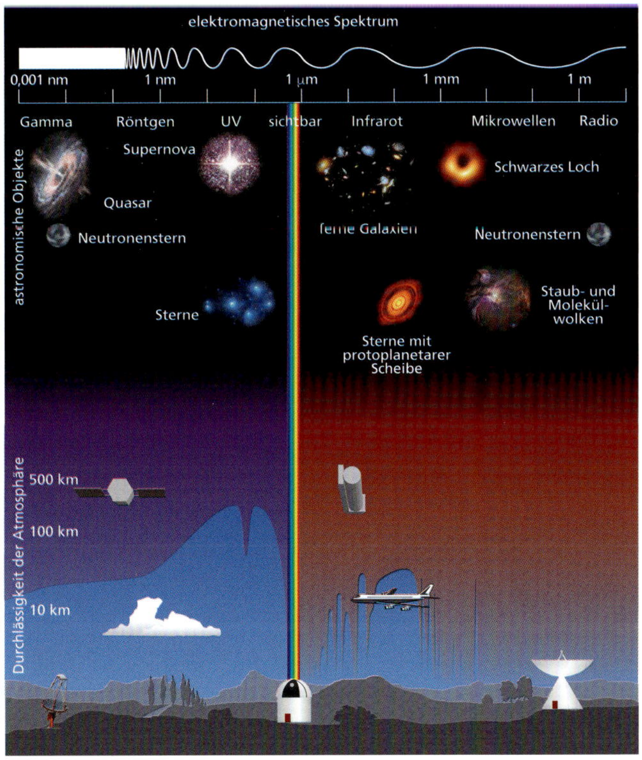

Die Atmosphäre ist nur für einen Teilbereich des elektromagnetischen Spektrums durchlässig.

Planck-Teleskop im Detail vermessen. Anhand dieser Daten können Kosmologen ihre Modelle zur Entwicklung des Universums überprüfen.

Das Arecibo-Radioteleskop wurde ursprünglich zur militärischen Ionosophärenforschung gebaut und erst später für astronomische Beobachtungen zugänglich.

Zugleich lieferten diese Satelliten auch wichtige Beobachtungen zur Verteilung von Staub in unserer Milchstraße.

Vom Boden aus beobachten Astronomen außerdem einen schmalbandigen Bereich des kosmischen Mikrowellenhintergrunds mit dem Teleskopsystem Background Imaging of Cosmic Extragalactic Polarization (BICEP) sowie dem Keck Array vom Südpol aus. Dank der trockenen Atmosphäre in der Antarktis gibt es dort kaum störenden Wasserdampf.

Ähnlich gute Bedingungen bieten sich dem Atacama Cosmology Telescope in San Pedro in Nordchile in 5148 Meter über dem Meeresspiegel, das von dort aus ebenfalls die kosmische Hintergrundstrahlung untersucht.

RADIOASTRONOMIE

An den Mikrowellenbereich schließt sich der Radiobereich (Wellenlänge: Zentimeter bis Kilometer) an, wobei der Übergang fließend ist. Die Ursprünge der Radioastronomie reichen zurück in die 1930er-Jahre. Damals untersuchten Forscher an den Bell Laboratories, den amerikanischen Forschungslaboren für Telekommunikation, die Eigenschaften der Atmosphäre für Rundfunkübertragungen. Dabei entdeckte Karl Guthe Jansky Radiostrahlung aus der Milchstraße, die in der dunkelsten Region der Milchstraße – im Sternbild Sagittarius – besonders stark zu sein schien.

Bis sich die Radioastronomie als eigenes Forschungsgebiet etablierte, profitierte sie zunächst von Entwicklungen in der Radartechnik aus der Militärforschung. So wurde beispielsweise das Anfang der 1960er-Jahre gebaute Arecibo-Teleskop in Puerto Rico, ein in einen natürlichen Krater eingelassener, 305 Meter großer Parabolspiegel, zunächst vom US-Verteidigungsministerium betrieben und diente der Ionosphärenforschung, bis es eine Dekade später umgerüstet und für astronomische Beobachtungen verfügbar wurde. Das derzeit modernste Radioteleskop namens FAST (Five-hundred-meter Aperture Spherical Radio Telescope) in der chinesischen Provinz Guizhou hat Anfang 2020 seinen Wissenschaftsbetrieb aufgenommen. Es besitzt einen 500 Meter großen Hauptspiegel, von dem ein 300 Meter großer Teilbereich dynamisch verformbar ist.

Die größten beweglichen Radioantennen sind das 100-Meter-Radioteleskop in Effelsberg in der Eifel sowie das Robert-C. Byrd-Green-Bank-Teleskop (GBT) in Green Bank, West Virginia (USA), mit einer 110 Meter durchmessenden Parabolschüssel. Neben Parabolspiegeln als Empfänger kommen in der modernen Radioastronomie auch Stabantennen zum Einsatz, wie etwa bei dem europäischen Projekt LOFAR (Low Frequency Array). Mittlerweile untersuchen Astronomen die Radiostrahlung von Staub um junge Sterne, aus dem einmal Planeten werden, oder lauschen den Radiosignalen ferner Quasare.

Das 2019 veröffentlichte erste Abbild eines Schwarzen Lochs im Zentrum einer fernen Galaxie basiert ebenfalls auf Radiobeobachtungen (siehe S. 151).

VLB-INTERFEROMETRIE IN DER RADIOASTRONOMIE

Eine in der Radio- und auch in der Infrarotastronomie häufig eingesetzte Technik ist die Interferometrie. Sie nutzt den Wellencharakter des Lichts. Dazu werden mehrere Teleskope zusammengeschaltet und das von ihnen empfangene Licht zu einem Bild überlagert. So lässt sich das Auflösungsvermögen gegenüber einem einzelnen Teleskop steigern: Dieses hängt von der Teleskopöffnung oder wie im Fall der Interferometrie vom Abstand der Einzelteleskope sowie von der beobachteten Wellenlänge ab. Für eine bestimmte Wellenlänge steigt also das Auflösungsvermögen mit dem Abstand der Einzelteleskope.

Nach diesem Prinzip arbeitet beispielsweise das Very Large Array (VLA) in New Mexico: Bei diesem Observatorium lassen sich 27 Einzelteleskope mit je 25 Metern Durchmesser auf Y-förmig verlaufenden, 21 Kilometer langen Schienen zu unterschiedlichen Konfigurationen anordnen. Die beste Winkelauflösung von 0,05 Bogensekunden erreicht das VLA bei einer Wellenlänge von sieben Millimetern. So entspricht es in seiner Qualität einem Teleskop von 36 Metern Durchmesser. Dieselbe Technik nutzt auch das moderne Millimeter- und Submillimeter-Observatorium ALMA (Atacama Large Millimeter/submillimeter Array) in den chilenischen Anden (siehe S. 89).

Für die in der Radioastronomie üblicherweise beobachtbaren Wellenlängen haben Astronomen diese Technologie dahingehend weiterentwickelt, dass sich auch Teleskope an verschiedenen, über den Erdball verteilten Standorten miteinander kombinieren lassen. Allerdings können sie die Signale einer astrophysikalischen Quelle dann nicht mehr gleichzeitig empfangen. Daher werden die exakten Ankunftszeiten der Radiosignale, beispielsweise eines Quasars, mit einer hochpräzisen Atomuhr aufgezeichnet. Um die Radiosignale von den einzelnen Standorten zu kombinieren, werden diese versetzten Ankunftszeiten sowie die durch die verschiedenen Standorte zusätzlich verzögerten Lichtlaufzeiten bei der Berechnung des zusammengesetzten Bildes im Computer berücksichtigt. Nach diesem Prinzip der sogenannten Very-Long-Baseline-Interferometrie arbeitet das Very Long Baseline Array (VLBA), zu dem zehn Teleskope von Hawaii bis zu den Jungferninseln zusammengeschlossen sind. Auch das Event Horizon Telescope (EHT) nutzt diese Methode, um mit zehn über den Erdball verteilten Observatorien das Zentrum unserer Milchstraße oder den Rand des Schwarzen Lochs in der Galaxie M 87 abzubilden (siehe S. 152).

Der Zusammenschluss von zehn 25 Metern durchmessenden Radioantennen wie dieser ermöglicht es, die Zentren von fernen Galaxien in zuvor unerreichter Auflösung abzubilden.

Das Very Long Baseline Array umfasst zehn Observatorien von Hawaii bis zu den Jungferninseln.

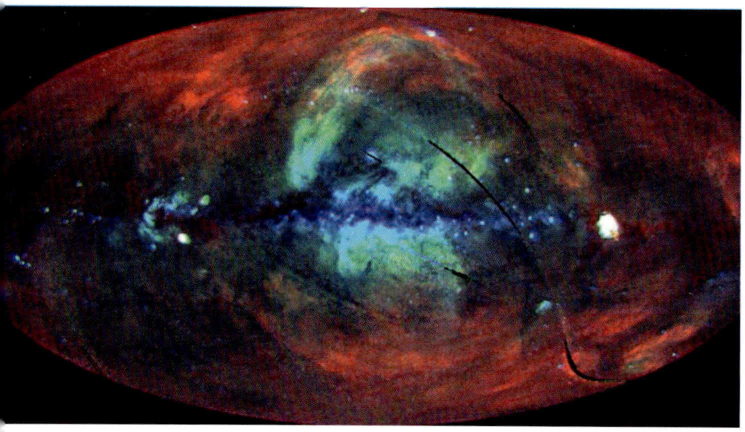

Mitte der 1990er-Jahre erstellte der Satellit ROSAT eine erste umfassende Himmelskarte im Röntgenlicht (Falschfarben).

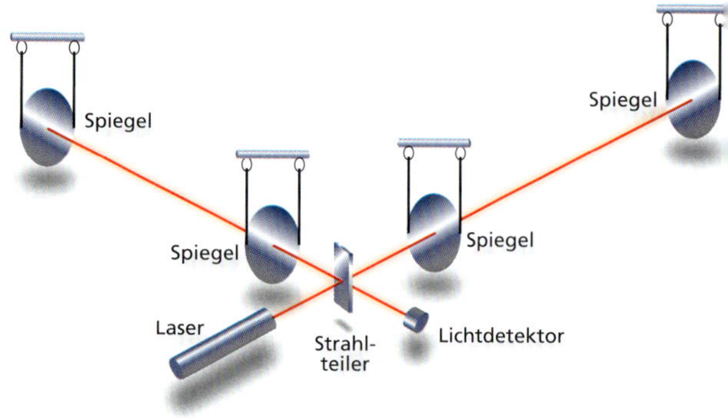

Spiegelanordnung in den Gravitationswellendetektoren der LIGO-Kollaboration.

Außerdem sind viele Beobachtungen in der Planetenforschung nur dank Radarmessungen möglich.

RÖNTGENASTRONOMIE

Auf der energiereicheren Seite jenseits des blauen und ultravioletten Lichts wird das elektromagnetische Spektrum um die Röntgenstrahlung ergänzt (Wellenlänge: 10 Nanometer bis 10 Pikometer). In den 1960er-Jahren drangen Astronomen unter der Ägide von Riccardo Giacconi mithilfe von Raketenbeobachtungen in diesen bis dahin verborgenen Bereich des Spektrums vor. Dabei entdeckten sie Doppelsterne als Röntgenquellen sowie eine diffuse Hintergrundstrahlung im Röntgenlicht. In den 1990er-Jahren kartierte das Röntgen-Weltraumteleskop ROSAT (kurz für Roentgen Satellite) den Himmel und zeichnete mehr als 340.000 Röntgenquellen auf. Mit den neueren Röntgensatelliten Swift, XMM-Newton und Chandra ist deren Anzahl auf 1.250.000 gewachsen. Diese Strahlung stammt von den heißesten Quellen im Universum oder von Orten mit starken Magnetfeldern, in denen Teilchen auf hohe Geschwindigkeiten beschleunigt werden.

Im Juni 2020 lieferte das satellitengebundene Röntgenteleskop eRosita eine neue Himmelskarte mit einer Million neuen Röntgenquellen; ein Großteil davon sind heiße Kerne von fernen Galaxien. Zudem zeigt die Karte Überreste von Sternexplosionen sowie die Verteilung von heißem Gas in der Umgebung der Milchstraße.

An diesen Bereich des elektromagnetischen Spektrums schließt sich der Höchstenergiebereich an, in dem uns die Gammastrahlung (Wellenlänge: jenseits von 10 Pikometer oder Energien oberhalb von 120 Kiloelektronvolt) sowie hochenergetische Teilchenstrahlung aus dem Kosmos erreichen. Diese kosmische Strahlung entdeckte vor mehr als 100 Jahren der Physiker Victor Hess bei atmosphärischen Messungen während einer Ballonfahrt. Heute erforschen Astronomen den Ursprung dieser Strahlung in dem noch verhältnismäßig jungen interdisziplinären Gebiet der Astroteilchenphysik.

GRAVITATIONSWELLEN-DETEKTOREN

Ganz neue Möglichkeiten, das Weltall zu erforschen, bietet seit 2015 die Gravitationswellenastronomie. Mit ihr lassen sich astrophysikalische Phänomene abseits des elektromagnetischen Spektrums untersuchen. Gravitationswellen entstehen laut Einsteins Allgemeiner Relativitätstheorie immer dann, wenn Massen sich beschleunigt bewegen. Sie eilen mit Lichtgeschwindigkeit durch den Raum und verzerren diesen vorübergehend.

Um diese Verzerrungen zu messen, haben Physiker spezielle Gravitationswellendetektoren entwickelt. Sie arbeiten nach dem Prinzip der

Laserinterferometrie – einer Methode, die auch Architekten verwenden, wenn sie mit einem Laser Raumlängen ausmessen. Ein Gravitationswellendetektor besteht aus zwei mehrere hundert bis einige tausend Meter langen Messstrecken, die senkrecht zueinander in Vakuumröhren verlaufen. Am Ausgangspunkt dieser Messstrecken wird ein Laserstrahl an einem halbdurchlässigen Spiegel aufgespalten; die beiden Teilstrahlen laufen dann die Vakuumröhren entlang (siehe S. 115). An den Enden der Messtrecken werden die Laserstrahlen von einem Spiegel reflektiert und zurück an ihren Ausgangspunkt geschickt. Dort treffen sie wieder aufeinander und überlagern sich: Sie interferieren miteinander. Bei diesem Effekt kommt die Wellennatur des Lichts zum Tragen. Wie stark das addierte Signal ist, hängt davon ab, in welcher Wellenphase sich die beiden Laserstrahlen relativ zueinander befinden. Schwingen sie im Gleichtakt und addieren sich zwei Wellenberge beziehungsweise zwei Wellentäler, verstärkt sich die Lichtintensität: Es kommt zu konstruktiver Interferenz. Treffen dagegen Wellenberg und Wellental, also phasenversetzt, aufeinander, löschen sich die Laserstrahlen aus und das Signal ist dunkel (destruktive Interferenz).
Wenn eine Gravitationswelle den Detektor passiert, dehnt und staucht sie vorübergehend die Raumzeit entlang der Messarme des Interferometers. Dann treffen die Laserstrahlen im Messpunkt in einer jeweils anderen Phase aufeinander als in Ruhe, und die Intensität des Signalstrahls beziehungsweise das Interferenzmuster ändert sich.

LICHT ALS INFORMATIONSTRÄGER

TEMPERATUR

In der zweiten Hälfte des 19. Jahrhunderts erkannten die beiden österreichischen Physiker Josef Stefan und Ludwig Boltzmann, dass die von einem warmen Körper abgestrahlte Energiemenge von dessen Temperatur abhängt: Die Strahlungsleistung eines Körpers nimmt mit der vierten Potenz der Temperatur zu (Stefan-Boltzmann-Gesetz). Nur wenige Jahre später fand ihr deutscher Kollege Wilhelm Wien zudem heraus, dass auch die Wellenlänge, bei der ein warmer Körper die meiste Energie abgibt, von seiner Temperatur abhängt: Je heißer ein Körper ist, umso kürzer ist die Wellenlänge, bei der er am hellsten strahlt (Wiensches Verschiebungsgesetz). Eine tiefere physikalische Erklärung dieser Zusammenhänge

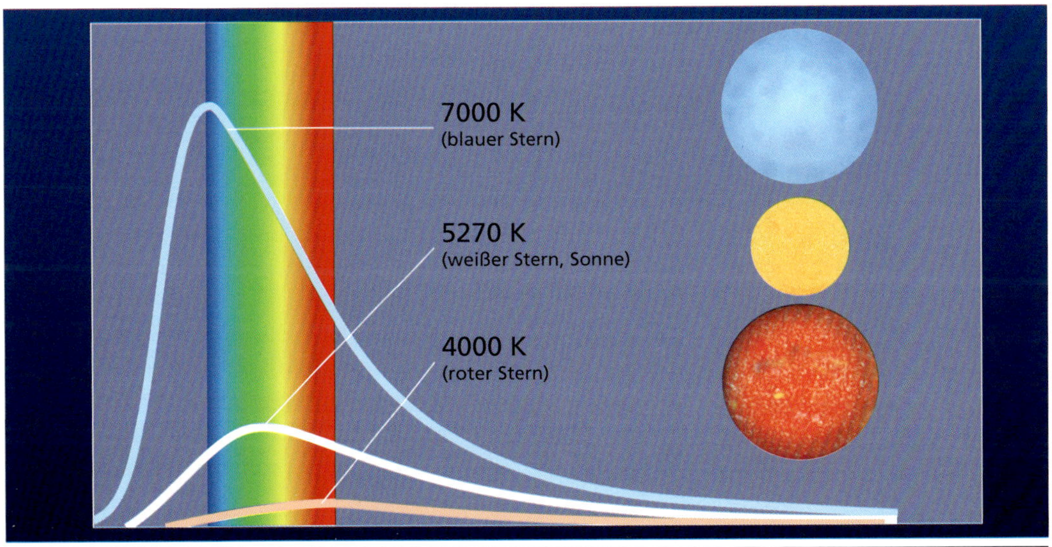

Das Spektrum thermischer Lichtquellen, also auch von Sternen, hat eine charakteristische Form. Je heißer der Körper, umso mehr Energie strahlt er ab, und umso kürzer ist auch die Wellenlänge, bei der er die meiste Energie abgibt.

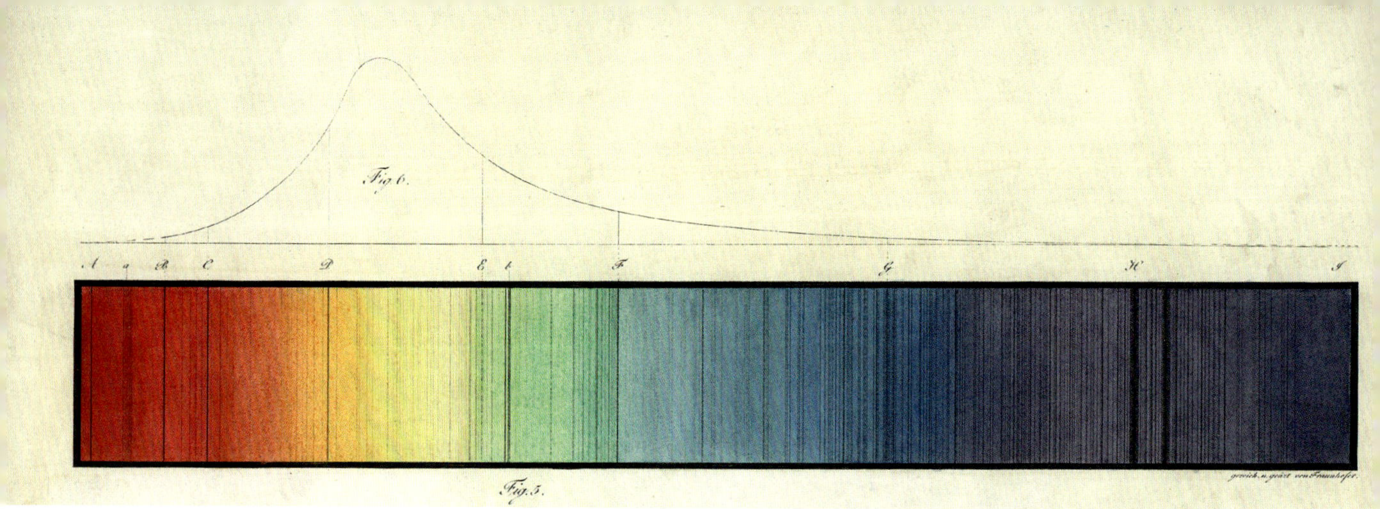

Joseph Fraunhofer studierte die Spektrallinien im Sonnenlicht ausgiebig und fertigte dabei 1814 diese Zeichnung des Sonnenspektrums an.

lieferte um 1900 Max Planck mit dem Konzept, dass elektromagnetische Strahlung stets in Form von Energiepaketenm (Quanten) ausgetauscht wird. Aus dieser Grundannahme folgte eine ganze Reihe an Spielregeln, die die Grundlage der sich später daraus entwickelnden Atom- und Quantenphysik bilden. Sie erklärt neben der Position des Maximums auch die charakteristische Form eines von einem warmen Körper abgestrahlten thermischen Spektrums, wie es sich über einen breiteren Wellenlängenbereich erstreckt. Mit diesem Wissen lässt sich auch die Oberflächentemperatur von Sternen anhand ihrer Farbe erkennen: Das Licht sehr heißer Sterne enthält einen größeren Blauanteil, kühlere Sterne hingegen erscheinen eher rötlich. Die heißesten astrophysikalischen Quellen sind aufgeheizter Wasserstoff in den Halos von Galaxien oder auch heißes Gas in Materiescheiben um Schwarze Löcher: Sie leuchten im energiereichen Röntgenlicht. Ferner lässt sich bei unbekannten Strahlungsquellen im Kosmos anhand der Form des Spektrums ablesen, ob es sich um eine thermische Quelle – also einen heißen Körper einer bestimmten Temperatur – handelt oder ob die Strahlung durch geladene Teilchen erzeugt wird, die in kosmischen Magnetfeldern auf extreme Geschwindigkeiten nahe der Lichtgeschwindigkeit beschleunigt werden. Diese sogenannte Synchrotronstrahlung hat einen völlig anderen spektralen Verlauf.

SPEKTRALLINIEN

Doch aus Sternenlicht lässt sich noch weit mehr als nur die Temperatur eines Objekts ablesen. Als Sir Isaac Newton 1666 mit einem Glasprisma experimentierte, konnte er zeigen, dass sich weißes Licht aus verschiedenen Farben zusammensetzt. Damit gelang es ihm auch zu beschreiben, wie ein Regenbogen durch Lichtbrechung in Wassertropfen entsteht, obwohl Newton noch davon ausging, dass Licht aus materiellen Teilchen, sogenannten Korpuskeln, bestand. Physikalisch besser lässt sich die Brechung von Licht anhand seiner Wellennatur erklären. Dieses Konzept führte der niederländische Physiker und Kontrahent Newtons, Christiaan Huygens, ein: Da Licht unterschiedlicher Wellenlänge verschieden stark gebrochen wird, wenn es von einem optischen Medium wie Luft in ein anderes optisches Medium wie etwa Glas übergeht, fächert es sich in seine Bestandteile den Wellenlängen nach auf. Alternativ zu einem Prisma lässt sich Licht auch mit einem optischen Beugungsgitter in sein Spektrum zerlegen. Nach diesen Prinzipien funktionieren auch moderne Spektrografen, die heute zum Grundinventar eines jeden Observatoriums gehören.
Im Jahr 1802 fiel dem britischen Arzt und Physiker William Wollaston auf, dass das Spektrum des Sonnenlichts von feinen schwarzen Linien durchbrochen war. Doch er beachtete dieses Phänomen nicht weiter. Erst zwölf Jahre später studierte Joseph Fraunhofer unabhängig von Wollaston das Sonnenspektrum ausgiebig: Akribisch zeichnete er über 350 Linien auf, erwähnt hat er sogar 574. Die Linien entstehen, da die Atome in der Atmosphäre der Sonne – wie auch in allen anderen Sternen – Strahlung bei ganz charakteristischen Wellenlängen herausfiltern.

Warum welche Atome bei welchen Wellenlängen Licht absorbieren oder aussenden, ließ sich erst schlüssig mit dem Aufkommen der Atomphysik Anfang des 20. Jahrhunderts erklären: In der Hülle von Atomen eines bestimmten Elements bewegen sich ebenso viele Elektronen wie es Protonen (positiv geladene Nukleonen) in seinem Atomkern besitzt. So ist jedes Atom nach außen hin elektrisch neutral. Die Hüllenelektronen können unterschiedliche Energiezustände einnehmen. Dabei gehen die Energiezustände innerhalb der Atomhülle nicht kontinuierlich ineinander über, sondern liegen in diskreten, ebenfalls durch die Spielregeln der Quantenphysik festgelegten Abständen zueinander – bildlich kann man sich diese Energiezustände als Schalen um den Atomkern vorstellen. Bevorzugt halten sich diese Hüllenelektronen im niedrigsten möglichen Energiezustand auf, also in der kernnächsten Schale. Dabei kann ein Energiezustand von maximal zwei Elektronen besetzt werden, soweit diese sich in einer Quanteneigenschaft, dem Spin (Quantendrehimpuls) unterscheiden. Um in eine höhere Schale zu wechseln oder gar die Atomhülle zu verlassen, müssen die Elektronen Energie in Form von Photonen, also Lichtquanten, aufnehmen – man spricht dann vom angeregten beziehungsweise ionisierten Zustand. Die dazu notwendigen Energien entsprechen in der Regel Licht mit Wellenlängen im ultravioletten oder sichtbaren Bereich.

Mit diesem Wissen lässt sich anhand von Sternspektren ablesen, welche chemischen Elemente in der Sternatmosphäre vorkommen und in welchem Zustand sich die Atome befinden. Welche Energiezustände die Atome einnehmen können, hängt unter anderem von der Temperatur und der Dichte des Gases ab. So sind die Sternspektren zugleich ein Abbild der physikalischen Bedingungen der Sternatmosphäre.

Speziell bei Wasserstoffatomen ist für Astronomen zudem ein Energieübergang interessant, der eintritt, wenn das Elektron in der niedrigsten Schale seine Spinorientierung ändert. Dieser Übergang absorbiert oder sendet Radiostrahlung einer Wellenlänge von 21 Zentimetern aus. Zudem können auch Moleküle, also chemische Verbindungen von Atomen, Licht bei spezifischen Wellenlängen – meist im Infraroten oder Radiobereich – aufnehmen und aussenden. Je nach geometrischer Form besitzen Moleküle mehrere, räumlich unterschiedlich orientierte Rotationsachsen. Ändern sie ihren Rotationszustand, so senden sie Strahlung bei einer für diesen Übergang charakteristischen Wellenlänge aus oder nehmen Strahlung auf, Kohlenmonoxid beispielsweise bei 2,6 Millimetern.

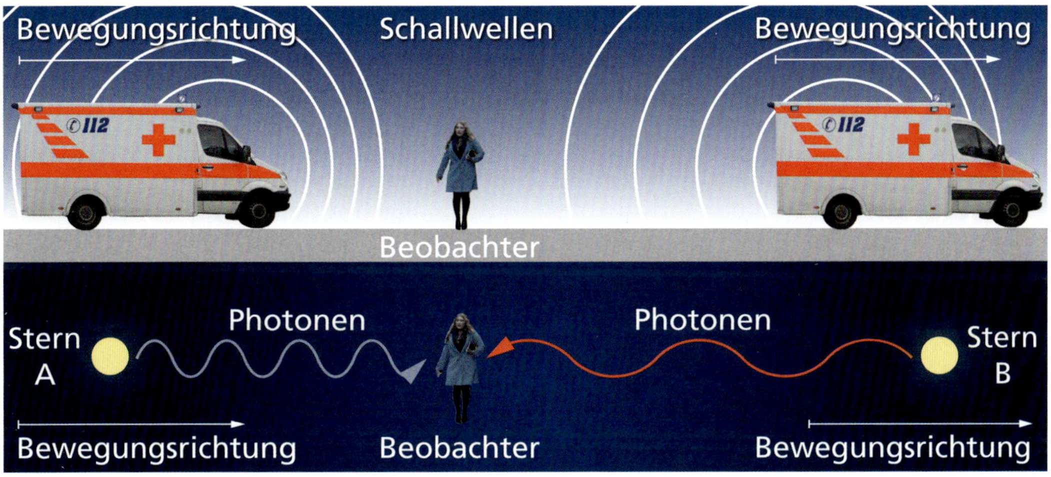

Oben: Der Dopplereffekt bei Schall: Das Martinshorn des sich nähernden Krankenwagens ertönt höher; entfernt er sich, erklingt es tiefer.
Unten: Der Dopplereffekt bei Licht: Bewegt sich ein Stern auf uns zu, sehen wir sein Licht blauverschoben; entfernt er sich, ist es ins Rote verschoben.

Anhand der 21-Zentimeter-Linie des Wasserstoffs oder auch von Molekülspektren lässt sich das Gas untersuchen, das den Raum zwischen den Sternen ausfüllt. So avancierte die Spektralanalyse von Sternen, aber auch von interstellarer Materie oder ganzen Galaxien, im Laufe der Zeit zu einem völlig eigenen Forschungsgebiet der Astrophysik.

DER DOPPLEREFFEKT

Da sich Licht mit endlicher Geschwindigkeit als Welle fortbewegt, tritt bei bewegten Lichtquellen ein ähnlicher Effekt auf wie bei Schall: der Dopplereffekt. Er lässt sich auch im Alltag erleben: Bewegt sich ein Krankenwagen mit schallender Sirene auf uns zu, hören wir das Martinshorn höher; sobald es an uns vorübergefahren ist, erklingt das Martinshorn tiefer. Sendet eine Schallquelle, die sich auf uns zu bewegt, regelmäßig Signale aus, wie das bei Schallwellen gewissermaßen passiert, hat das jeweils später ausgesandte Signal einen kürzeren Weg zu uns zurücklegen, als das zuvor ausgesandte Signal. Die Signale kommen also mit einer höheren Frequenz bei uns an als sie von der Schallquelle ausgesendet werden. Das Martinshorn erklingt höher. Entfernt sich eine Schallquelle, haben hintereinander ausgesandte Signale eine jeweils längere Strecke zurückzulegen; die Signale erreichen uns mit einer niedrigeren Frequenz, das Martinshorn klingt tiefer. Ganz ähnlich verhält es sich mit Licht: Das Licht einer Lichtquelle wird zu höheren Frequenzen beziehungsweise kürzeren Wellenlängen hin verschoben, wenn sich die Lichtquelle auf uns zu bewegt: Es erscheint blauer. Entfernt sich eine Lichtquelle von uns, verschiebt sich ihr Licht zu niedrigeren Frequenzen: Es erscheint rotverschoben.

Um herauszufinden, ob sich ein Stern oder eine Galaxie von uns weg- oder auf uns zubewegt, vergleichen Astronomen die Position bekannter Spektrallinien im Spektrum des Sternenlichts mit Referenzspektren aus dem Labor. So können minimale periodische Schwankungen der Linienpositionen beispielsweise einen Doppelstern oder Exoplaneten bei einem fernen Stern entlarven, da diese Sterne um den gemeinsamen

Das Funksignal der Raumsonde Rosetta brauchte 45 Minuten bis zur Erde, als sie sich aus dem „Winterschlaf" zurückmeldete.

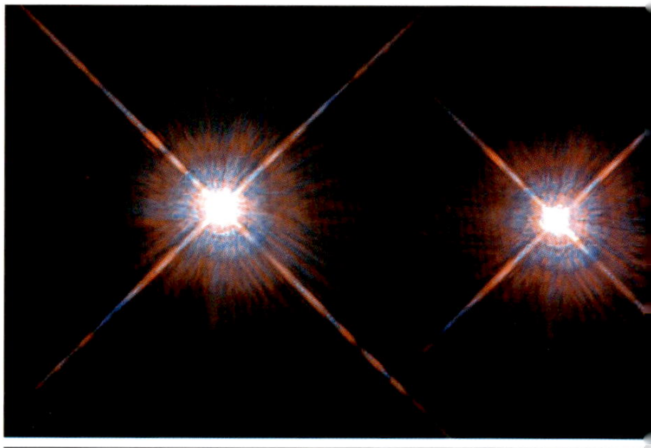

Der uns nächste Stern, das Doppelsternsystem Alpha Centauri, ist 4,3 Lichtjahre entfernt.

Das uns nächste Sternentstehungsgebiet, der Orion-Nebel, ist 1350 Lichtjahre entfernt.

Schwerpunkt mit ihrem unsichtbaren Partner hin- und herpendeln. Anhand der Rotverschiebung fand auch Edwin Hubble heraus, dass sich die meisten Galaxien in größeren Entfernungen von uns fortbewegen. Diese scheinbare Fluchtbewegung ist allerdings der Expansion des Universums zuzuschreiben (siehe S. 179).

DER BLICK IN DIE VERGANGENHEIT

Nichts bewegt sich im Vakuum schneller als Licht, und dennoch ist die Lichtgeschwindigkeit mit 299.792 Kilometern pro Sekunde endlich. Im Alltag nehmen wir diese Eigenschaft von Licht nicht unmittelbar wahr, doch wir nutzen sie etwa bei der Navigation per GPS: Die Positionsbestimmung geschieht über die Lichtlaufzeiten zwischen einem Objekt und mehreren Empfängern. Bei Entfernungen im Weltraum macht sich die Lichtgeschwindigkeit bald bemerkbar. Ein Radarsignal benötigt über eine Strecke von 384.400 Kilometern von der Erde zum Mond und wieder zurück etwa 2,6 Sekunden; von der Sonne zur Erde – eine Strecke von 150 Millionen Kilometern oder einer Astronomischen Einheit – braucht das Licht bereits acht Minuten.

Im Sonnensystem wird die Lichtgeschwindigkeit auch dann relevant, wenn Funksignale zwischen Satelliten und Erde übertragen werden. So dauerte es beispielsweise 45 Minuten, bis die Raumfahrtingenieure im Kontrollzentrum der ESA am 14. Januar 2014 das erste Signal der über 800 Millionen Kilometer entfernten Raumsonde Rosetta nach ihrem „Winterschlaf" empfingen und sicher sein konnten, dass der Satellit nach einer langen Ruhezeit noch einwandfrei funktionierte. Von Pluto zur Erde benötigt das Licht schon rund fünf Stunden, wobei die Lichtlaufzeit je nach seiner Bahnposition stark variieren kann. Als die Sonde New Horizons im Juli 2015 an dem Zwergplaneten vorbeiflog, erreichten ihre Daten die Erde mit einer Verzögerung von 4,5 Stunden.

Von der Oortschen Wolke, die das Sonnensystem vermutlich bis in eine Entfernung von 100.000 Astronomischen Einheiten umgibt und die als Reservoir vieler Kometen gilt, benötigt das Licht 1,6 Jahre – man sagt, sie ist 1,6 Lichtjahre entfernt. Dabei entspricht ein Lichtjahr derjenigen Strecke, die Licht im Vakuum in einem Jahr zurücklegt: 9,5 Billionen Kilometer. Bis zu unserem nächsten Stern, Alpha Centauri, ist es mit einer Entfernung von 4,3 Lichtjahren nur knapp dreimal so weit. Die meisten Sterne in Sonnennähe, die wir in Sternbildern sehen, sind bis zu 50 Lichtjahre entfernt.

Die Galaxie NGC 4526 ist 25 Millionen Lichtjahre entfernt. Supernovae wie hier links im Bild in fernen Galaxien dienen über noch größere Distanzen als Standardkerzen.

Je tiefer wir ins All blicken, desto weiter sehen wir also auch in die Vergangenheit. Bis zu unserer Nachbargalaxie, der Andromeda-Galaxie, sind es bereits 2,5 Millionen Lichtjahre. Würden wir in dieser Galaxie heute einen Stern explodieren sehen, hätte sich diese Supernova bereits vor 2,5 Millionen Jahren ereignet. Das ist auch die größte Entfernung, über die wir mit bloßem Auge sehen können: Die Andromeda-Galaxie ist als schwaches Nebelfleckchen im Sternbild Andromeda zu erkennen.

ENTFERNUNGSMESSUNG

Um kosmische Entfernungen überhaupt in Lichtjahren angeben zu können, benötigen Astronomen zunächst unabhängige Methoden zur Entfernungsmessung. Zur Bestimmung von kürzeren astronomischen Distanzen verwenden sie die Parallaxenmethode. Diese funktioniert nach einem einfachen geometrischen Prinzip: Peilt man bei ausgestrecktem Arm den Daumen erst mit dem linken, dann mit dem rechten Auge an, so erscheint dieser bezüglich einer Landschaft im Hintergrund vom einen zum anderen Mal versetzt. Anstatt des Abstands zwischen linkem und rechtem Auge verwenden Astronomen als Basislinie den Radius der Erdbahn um die Sonne: Beobachtet man einen Stern über ein Jahr hinweg, erscheint dieser mit Bezug auf die Hintergrundsterne jeweils an einem etwas anderen Ort am Himmel.

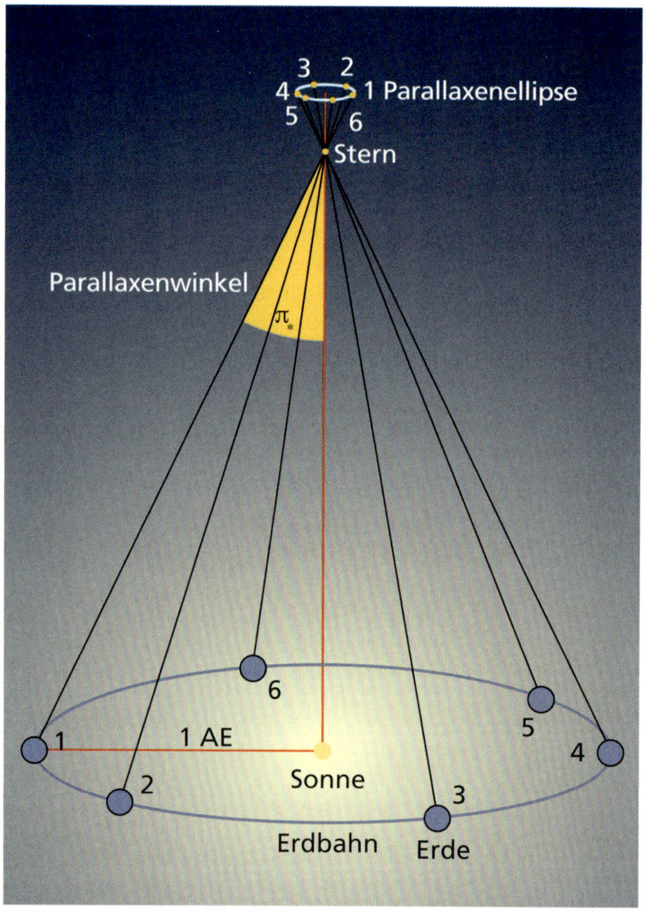

Die Parallaxenmethode dient zur Entfernungsmessung über kürzere kosmische Distanzen.

Je weiter ein Stern entfernt ist, desto enger liegen die scheinbaren, versetzt gemessenen Sternörter am Himmelsgewölbe beieinander. Aus dem Winkelabstand der scheinbaren Sternpositionen und dem bekannten Erdbahnradius lässt sich dann die Entfernung des Sterns ermitteln. Die Entfernung, in der der Erdbahnradius für den Stern unter dem Winkel einer Bogensekunde erscheint, bezeichnet man als eine Parallaxensekunde, kurz ein Parsec (engl., Parallax Second, kurz: 1 pc); sie entspricht 3,26 Lichtjahren.

Diese Methode funktioniert über Distanzen bis etwa 3000 Lichtjahre; die Gaia-Mission kann sie dank einer speziellen Technik sogar über 30.000 Lichtjahre anwenden (vgl. „Gaia", S. 138). Für größere Entfernungen benötigen Astronomen jedoch eine andere Methode.

Dann greifen sie auf bestimmte Objekte zurück, deren Leuchtkraft sie gut kennen und verwenden sie als sogenannte Standardkerzen. Je weiter beispielsweise eine Supernova, deren Leuchtkraft man aus Modellrechnungen sehr genau kennt, entfernt ist, umso lichtschwacher erscheint sie bei uns.

Über sehr große Distanzen ab einigen Milliarden Lichtjahren lassen sich Entfernungen im Universum nicht mehr ohne Weiteres eindeutig bestimmen (siehe S. 181). Die Messungen werden ungenau; zudem kommt die Expansion des Universums zum Tragen, die das Licht der Galaxien rotverschoben erscheinen lässt. Daher geben Astronomen für große Entfernungen häufig das Maß der Rotverschiebung an.

HELLIGKEITEN DER STERNE

Bereits die Babylonier teilten die Sterne nach Helligkeitsabstufungen ein. Den hellsten sichtbaren Fixsternen wiesen sie die erste Größe, den gerade noch sichtbaren die sechste zu. Auch der griechische Astronom Hipparch nutzte im zweiten Jahrhundert v. Chr. dieses System, als er seinen rund 900 Sterne umfassenden Katalog erstellte. Später erweiterten Himmelskundler diese Einteilung in beide Richtungen, um gelegentliche hellere Erscheinungen wie Novae, vor allem aber auch mit dem Aufkommen des Fernrohrs leuchtschwächere Sterne klassifizieren zu können.

Die heute übliche Definition in Größenklassen oder Magnituden (mag) geht auf den englischen Astronomen Norman Robert Pogson im Jahr 1850 zurück. Er setzte die bereits verwendete Einteilung in ein formelles logarithmisches Verhältnis. Ein Stern der sechsten Größenklasse erscheint dabei 100-mal lichtschwächer als einer der ersten. Die Helligkeitsabstufungen zwischen den einzelnen Größenklassen belaufen sich also auf die fünfte Wurzel von 100, das entspricht etwa einem Faktor von 2,51.

Die logarithmische Einteilung spiegelt einen Grundzug der menschlichen Sinneswahrnehmung wider, wie es das Weber-Fechner-Gesetz besagt. Demnach ist die subjektiv empfundene Stärke von Sinneseindrücken proportional zum Logarithmus der objektiven Intensität des physikalischen Reizes.

Diese beschriebene Helligkeit wird auch scheinbare Helligkeit genannt. Denn die Helligkeit hängt zum einen von der Leuchtkraft eines Objekts – und somit der Menge der abgestrahlten Energie – ab, aber auch von seiner Entfernung; und die kennt man zunächst nicht.

Um Objekte miteinander vergleichen zu können, haben Astronomen die sogenannte absolute Helligkeit eingeführt. Sie entspricht derjenigen Helligkeit, unter der ein Objekt mit einer bestimmten Leuchtkraft erscheinen würde, wenn es sich in einer Entfernung von zehn Parsec beziehungsweise 32 Lichtjahren befände. Bei Sternen, die näher als diese 32 Lichtjahre sind, ist die scheinbare Helligkeit größer als die absolute, bei Objekten, die weiter als 32 Lichtjahre entfernt sind, ist sie geringer.

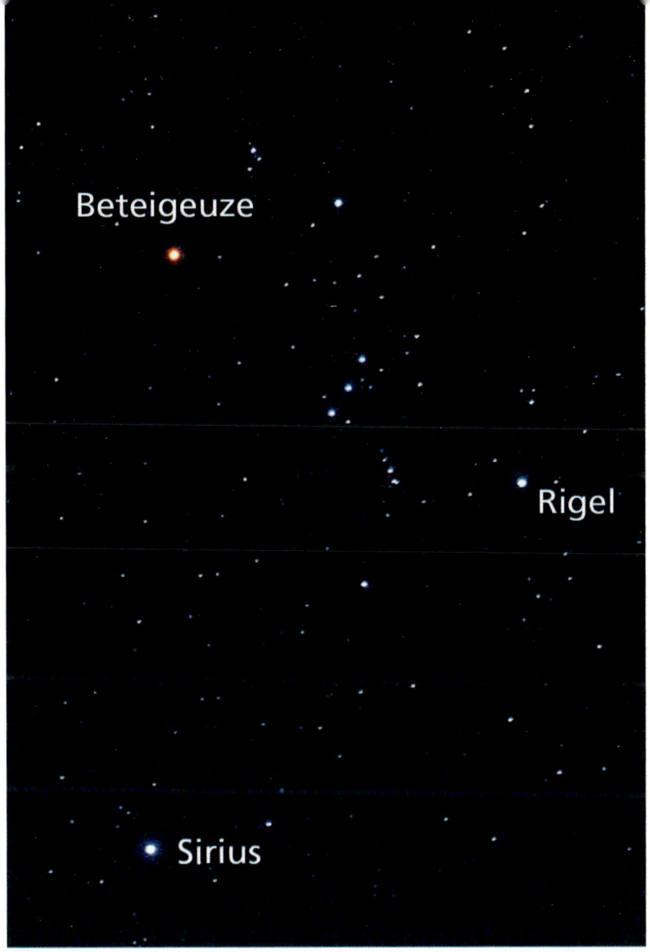

Der hellste Stern der Nordhemisphäre ist Sirius mit –1,46 mag. Die hellsten Sterne im Sternbild Orion sind Rigel mit 0,12 mag und Beteigeuze zwischen 0,3 und 0,6 mag.

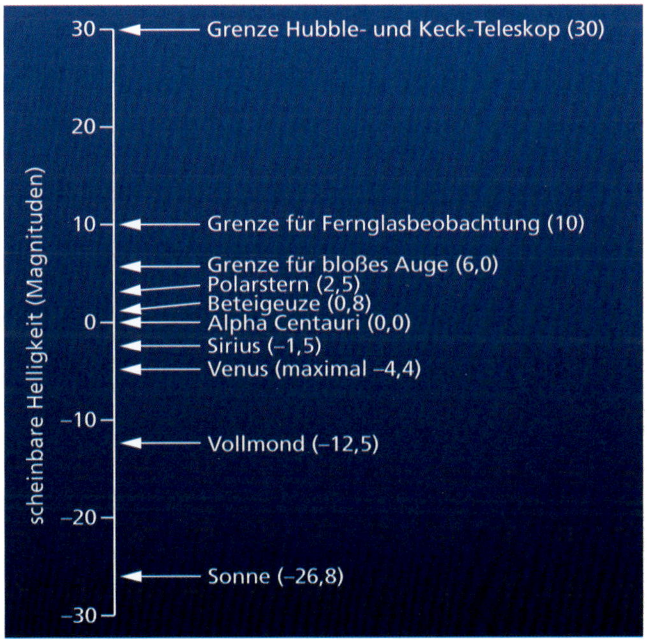

Scheinbare Helligkeiten bekannter astronomischer Objekte.

DAS SONNENSYSTEM – UNSERE KOSMISCHE NACHBARSCHAFT

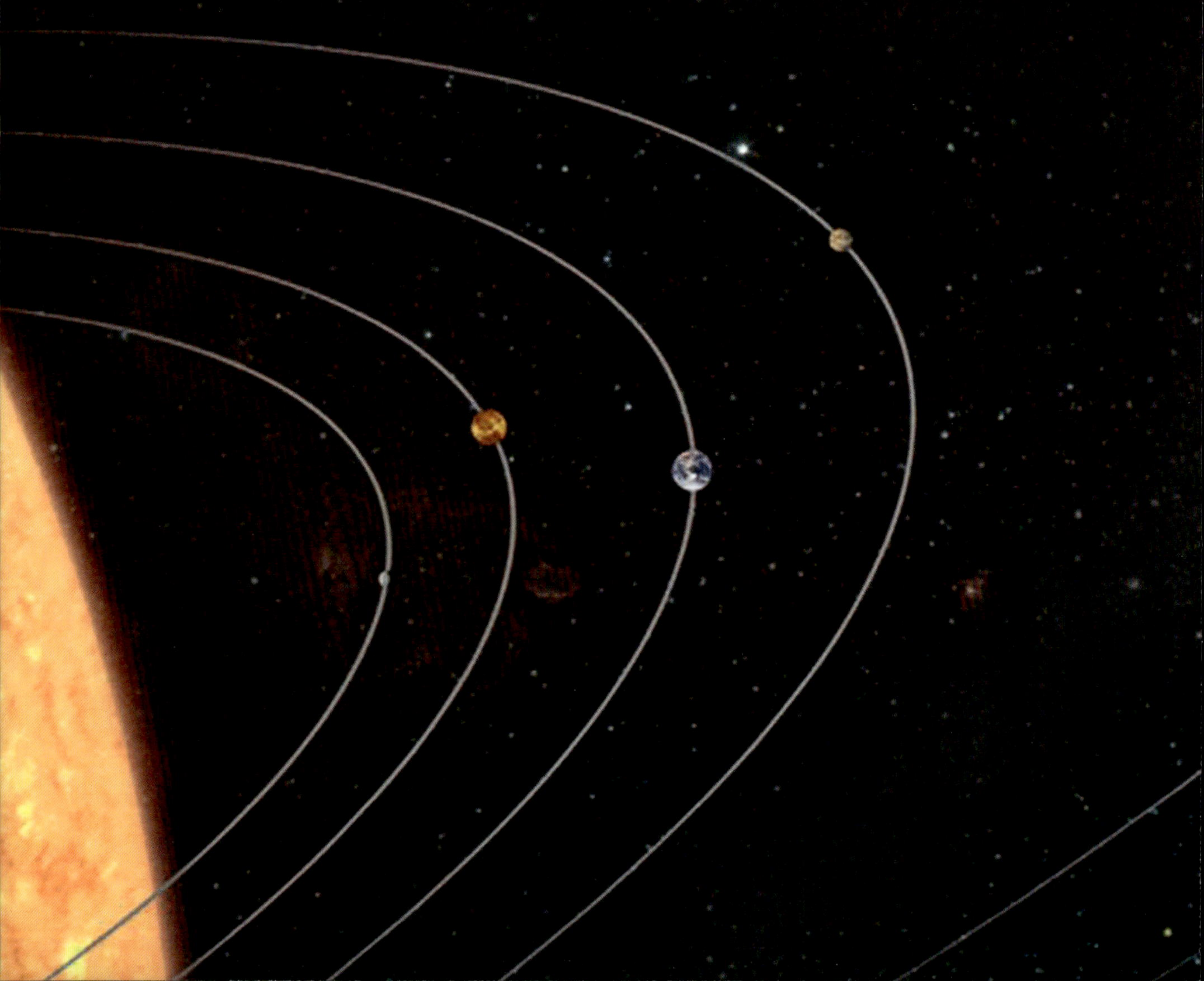

PLANETEN IM WANDEL

Bereits seit der Antike waren die Planeten aufmerksamen Himmelsbeobachtern als „Wandelsterne" bekannt. Sie nahmen unter den Gestirnen am Firmament eine Sonderrolle ein, da sich ihr Ort am Himmel relativ zu den übrigen Sternen – den Fixsternen – fortlaufend änderte.

In den Überlieferungen der meisten großen Hochkulturen finden sich erstaunlich genaue Aufzeichnungen astronomischer Phänomene. Sie beschreiben nicht nur die Veränderungen des Himmels im Jahresverlauf, sondern bildeten auch die Grundlage für erstaunlich genaue Kalender. So kannten etwa die Babylonier (ca. 1800–500 v. Chr.) oder auch die Maya (ca. 800 v. Chr. bis ca. 900) das Himmelsgeschehen so genau, dass sie in der Lage waren, Sonnenfinsternisse vorherzusagen.

Ende des 16. Jahrhunderts dokumentierte der dänische Astronom Tycho Brahe die Himmelsbewegungen und Positionen der Planeten – noch ohne ein Fernrohr – akribisch genau.

Dank Brahes Kärrnerarbeit gelang es dem deutschen Mathematiker und Astronomen Johannes Kepler Anfang des 17. Jahrhunderts, die Geometrien der Planetenbahnen zu erkennen und ihre Bahnbewegungen in mathematische Gesetze zu fassen.

Ende des 17. Jahrhunderts erkannte Isaac Newton, dass die Keplerschen Gesetze eine Lösung seines Gravitationsgesetzes für zwei sich anziehende Körper lieferten. So ist es nur logisch, dass die Keplerschen Gesetze im Grunde für

Acht Planeten sowie zahlreiche Kleinkörper umkreisen die Sonne, darunter der kleinste Zwergplanet Ceres und Pluto als größter dieser Objekte. Die Größe der Planeten ist maßstabsgetreu dargestellt, der Abstand zur Sonne nicht maßstabsgetreu..

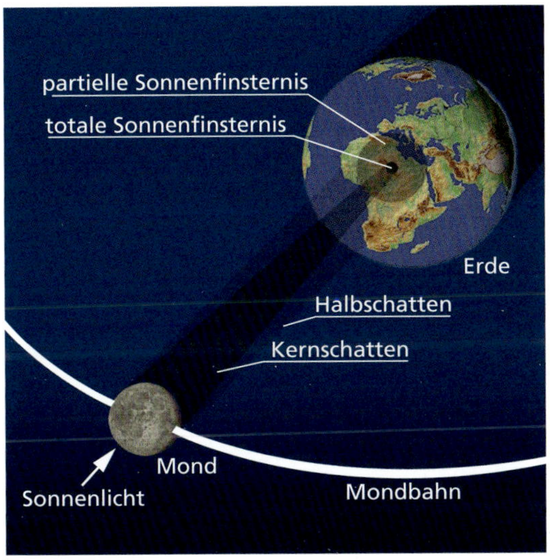

Bereits frühe Hochkulturen beobachteten das Himmelsgeschehen so gut, dass sie Sonnenfinsternisse vorhersagen konnten.

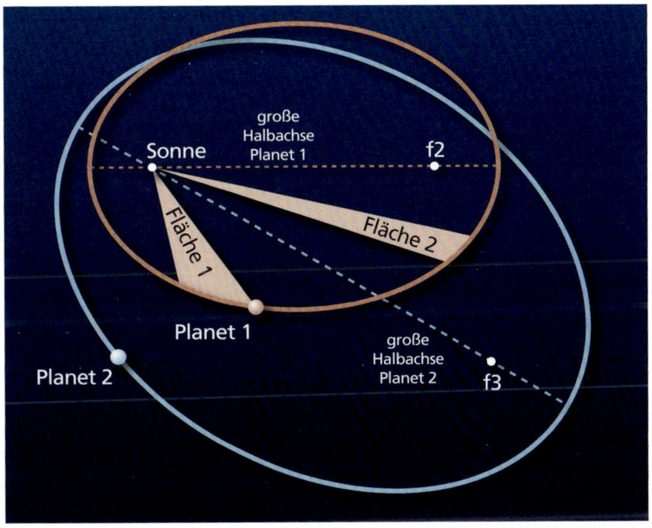

Die drei Keplerschen Gesetze beschreiben Geometrie und Umlaufzeiten der Planetenbahnen. Sie sind zugleich eine Lösung des Newtonschen Gravitationsgesetzes.

sämtliche Objekte im Sonnensystem gelten, also auch für Kleinkörper, soweit sie nicht durch massereichere Planeten in ihrer Umgebung abgelenkt werden. Den besten Beweis dafür lieferten die Entdeckungen von Neptun und Pluto: Ihre Positionen wurden anhand von Störungen der Uranus- beziehungsweise Neptunbahn vorhergesagt. Darüber hinaus lassen sich die Keplerschen Gesetze auch auf die Bewegung von Sternen im Schwerefeld einer Galaxie anwenden und sogar auf Sterne, die das massereiche Zentrum der Milchstraße umkreisen und es durch ihre Bahnen schließlich als Schwarzes Loch entlarven.
Im 18. Jahrhundert brachte Immanuel Kant die Hypothese auf, dass Sonne und Planeten aus einer gemeinsamen Urwolke entstanden sein könnten. Die Beobachtung, dass sich alle Objekte im Sonnensystem nahezu in einer Ebene um die Sonne bewegen, legt zudem nahe, die Planeten könnten aus Material entstanden sein, das sich um die junge Sonne angesammelt hatte. Die physikalische Beschreibung dazu lieferte schließlich Anfang der 1940er-Jahre der Physiker Carl Friedrich von Weizsäcker. Sein Modell einer turbulenten Materiescheibe um die junge Sonne ist nach wie vor Grundlage der modernen Theorie der Planetenentstehung – sowohl für unser Sonnensystem als auch für Planetensysteme bei anderen Sternen.
So sind wir heute nicht nur dazu in der Lage, mit robotischen Raumsonden andere Körper des Sonnensystems zu besuchen und seine Entstehungsgeschichte anhand von Materialproben experimentell zu überprüfen. Dank moderner Beobachtungsmethoden können wir auch die Vielfalt von Exoplaneten bei fremden Sternen erkunden.

DIE KEPLERSCHEN GESETZE

Das erste Keplersche Gesetz besagt, dass sich die Planeten auf Ellipsen bewegen, in deren einem Brennpunkt (f) die Sonne steht. Weiterhin überstreicht eine zwischen einem Planeten und der Sonne gedachte Linie in gleichen Zeiten gleiche Flächen (zweites Keplersches Gesetz). Laut dem dritten Keplerschen Gesetz verhalten sich die Quadrate der Umlaufzeiten zweier Planeten zueinander wie die dritten Potenzen ihrer großen Halbachsen. Die Keplerschen Gesetze gelten im Sonnensystem näherungsweise, da sich nicht nur Sonne und Planeten gegenseitig anziehen, sondern sich auch die Planeten untereinander beeinflussen.

DIE ENTSTEHUNG DES SONNENSYSTEMS

Die Entstehungsgeschichte des Sonnensystems reiht sich in den kosmischen Materiekreislauf ein, der durch Sternentstehung, -leben und -tod bestimmt wird. So entstand die Sonne zusammen mit den Planeten vor 4,6 Milliarden Jahren als Stern der dritten oder vielleicht sogar vierten Generation von Sternen nach dem Urknall.

Die Sonne ist aus einer Materiewolke entstanden, die bereits mit schweren Elementen angereichert war. So bilden sich auch heute Sterne etwa in der Region 30 Doradus in der Großen Magellanschen Wolke.

Der ersten Generation von Sternen standen ausschließlich Elemente zur Verfügung, die sich kurz nach dem Urknall gebildet hatten – also Wasserstoff, etwas Helium und Spuren von Lithium. Unsere Sonne ist hingegen aus Material entstanden, das bereits mehrere Zyklen der Elementsynthese in Sternen und Sternexplosionen durchlaufen hatte und auf diese Weise mit schwereren Elementen angereichert worden war.

Kenngröße für die chemische Zusammensetzung von Sternen ist die sogenannte Metallizität, die das Mengenverhältnis von Eisen zu Wasserstoff beschreibt. Von Sterngeneration zu Sterngeneration stieg der Eisengehalt nach und nach immer weiter an. Allerdings kann der Anteil an Eisen sowie anderen schweren Elementen auch innerhalb einer Sterngeneration merklich variieren. Das ist vor allem bei der jüngeren Sterngeneration der Fall, der auch die Sonne angehört. Die Metallizität eines Sterns beeinflusst nicht nur seinen Werdegang, sondern entscheidet auch darüber, ob sich in seiner Umgebung Planeten bilden können oder nicht.

Wie in dieser künstlerischen Darstellung eines jungen Sterns war auch die junge Sonne von einer Scheibe aus Gas und Staub umgeben, die sich aus dem Material ihrer Entstehungswolke gebildet hatte. Aus ihr entstanden die Planeten, Asteroiden und Kometen.

ENTSTANDEN AUS GAS UND STAUB

Hervorgegangen ist unser Sonnensystem aus einer Materiewolke, die Teil eines größeren Molekülkomplexes war. Solche Materieansammlungen konzentrieren sich in den Spiralarmen unserer Milchstraße und sind auch heute noch Orte aktiver Sternentstehung (siehe S. 132). Sie enthalten hauptsächlich Wasserstoff und Kohlenmonoxid und sind mit feinsten Staubteilchen aus schwereren Elementen angereichert.

Ist die Materiewolke ausreichend abgekühlt, beginnt sie unter ihrer eigenen Schwerkraft in sich zusammenzustürzen und dabei zu rotieren. Diesen Kollaps können auch äußere Einflüsse wie Supernova-Explosionen auslösen oder beschleunigen. Genau das geschah sehr wahrscheinlich vor 4,6 Milliarden Jahren bei der Urwolke der Sonne: Die Stoßfront einer Sternexplosion in der kosmischen Umgebung verdichtete die Materiewolke und durchmischte sie zugleich mit schweren Elementen, die bei dieser Supernova freigesetzt wurden – darunter auch das radioaktive Aluminiumisotop ^{26}Al. Für dieses Szenario sprechen noch heute Einschlüsse in Meteoriten, die über das gesamte Sonnensystem verteilt dasselbe Verhältnis der Aluminiumisotope ^{26}Al zu ^{27}Al aufweisen. Schließlich kollabierte und verdichtete sich dieser rotierende präsolare Nebel immer weiter und heizte sich so sehr auf, dass im Inneren die Kernfusion zündete. Die Sonne war geboren.

PLANETEN AUS RESTMATERIAL

Während der präsolare Nebel kollabierte, setzte sich ein Teil des Materials in der Rotationsebene der werdenden Sonne ab. Daraus bildete sich um den noch jungen Stern eine rotierende Scheibe aus Gas und Staub. In dieser Materiescheibe wuchsen winzige, kaum mikrometergroße Staubteilchen weiter an, indem sie zufällig miteinander kollidierten und aneinander haften blieben. Zunächst verlief das Staubwachstum nicht ohne Hindernisse: Kollidierten zwei Brocken mit zu großer Wucht, brachen sie wieder auseinander. Außerdem driftete ein Großteil des Staubs, abgebremst durch das umgebende Gas, in die Sonne. Doch schließlich wuchsen sogenannte Planetesimale heran: Vorstufen von Planeten, die meter-, teils sogar kilometergroß waren. Einige von ihnen vereinigten sich, zogen durch ihre Schwerkraft weiteres Material an und formten schließlich die erdähnlichen Gesteinsplaneten. Ganz ähnlich sind vermutlich auch die Kerne von Gas- und Eisplaneten wie Jupiter oder Neptun entstanden. Sie sammelten nach und nach Gas aus ihrer Umgebung auf und wurden so zu Gasriesen. Ein Teil des Materials aus dieser Anfangszeit des Sonnensystems hat es allerdings nicht über das Stadium kosmischer Gesteinsbrocken oder Planetesimale hinaus geschafft und ist uns in Form von Kleinkörpern, Asteroiden und Kometen aus dieser Zeit erhalten geblieben.

DIE SONNE

So lebensnotwendig unser Muttergestirn für uns ist: Unter der Vielzahl der Sterne in der Milchstraße – und auch im gesamten Universum – ist die Sonne ein ausgesprochen gewöhnliches und eher unscheinbares Exemplar. Als Stern direkt vor unserer kosmischen Haustür ist die Sonne ausgiebig erforscht. Dennoch sind bei Weitem noch nicht alle Fragen etwa zu ihrer Aktivität oder zur Entstehung des Weltraumwetters geklärt.

Mit einem Radius von 696.342 Kilometern und einer Masse von $2 \cdot 10^{27}$ Tonnen – beide Zahlen werden als Referenzwerte für Sternradien und -massen verwendet – zählt die Sonne zu den kleineren und masseärmeren Sternen. Das mindert keineswegs ihre Bedeutung für das Leben auf der Erde. Ganz im Gegenteil: Wäre sie größer und heißer, könnte hier kein Leben existieren. Zugleich verhilft ihr die geringe Masse zu einer mit rund zehn Milliarden Jahren verhältnismäßig langen stellaren Existenz (siehe S. 76). Auch das ist der Entwicklung höheren Lebens zuträglich.

ENERGIEERZEUGUNG

Ihre Energie erzeugt die Sonne im Wesentlichen durch Kernfusion von Wasserstoff (Protonen) zu Helium (^{4}He). Dabei wandelt sie in nur einer Sekunde 564 Millionen Tonnen Wasserstoff in 560 Millionen Tonnen Helium um. Pro Sekunde verliert die Sonne so rund vier Millionen Tonnen an Masse, die in Energie umgesetzt werden. Das mag viel erscheinen, dennoch beläuft sich der Massenverlust durch Kernfusion hochgerechnet über die Lebensdauer von zehn Milliarden Jahren auf nur 0,1 Prozent ihrer Gesamtmasse. In dem Fusionsprozess, der in mehreren Zwischenschritten über die Bildung von Deuterium und leichtem Helium (^{3}He) verläuft, werden neben der Strahlungsenergie in Form von Photonen auch Neutrinos frei (siehe S. 82).

Die Kernregion, in der die Wasserstofffusion stattfindet, erstreckt sich bis zu etwa einem Viertel des Sonnenradius und beinhaltet die Hälfte der Sonnenmasse. Dort herrscht ein Druck von 200 Milliarden bar bei einer Temperatur von rund 15 Millionen Kelvin. Entscheidend für die Stabilität der Sonne ist unter diesen Bedingungen die Teilchendichte in ihrem Plasma, die den Gegendruck zur Eigengravitation der Sonne erzeugt. Ebenfalls trägt der durch die Fusion erzeugte Strahlungsdruck zum Gleichgewicht bei.

DER INNERE AUFBAU DER SONNE

Bis die im Kern erzeugte Energie zur Oberfläche der Sonne gelangt, können rund 200.000 Jahre vergehen. Zunächst wird sie über die Strahlungszone, die bis 0,7 Sonnenradien reicht, weiter nach außen transportiert. Von dort aus gelangt die Energie durch Konvektion (Umwälzung) in Konvektionszellen weiter Richtung Sonnenoberfläche.
An der Übergangszone zwischen Strahlungs- und Konvektionszone, der Tachokline, liegt die Temperatur bei zwei Millionen Kelvin. In den unteren Schichten der Konvektionszone sind die Umwälzbewegungen weitläufig und träge; die Strömungen in den Konvektionszellen können dort über Monate oder sogar Jahre bestehen. Zur Oberfläche hin werden die Bewegungen schneller, die Konvektionszellen kleiner und kurzlebiger. Die an der Oberfläche sichtbaren Konvektionszellen (Granulen) haben eine Größe von 1000 Kilometern und zerfallen nach einer Lebensdauer von einigen Minuten. Die Konvektionszone endet in der sichtbaren Schicht der Sonne, der Photosphäre. Sie ist mit einer Temperatur von 5800 Kelvin die kühlste Schicht der Sonne. In ihr zeigt sich die brodelnde Konvektion als unruhige granulierte Struktur.

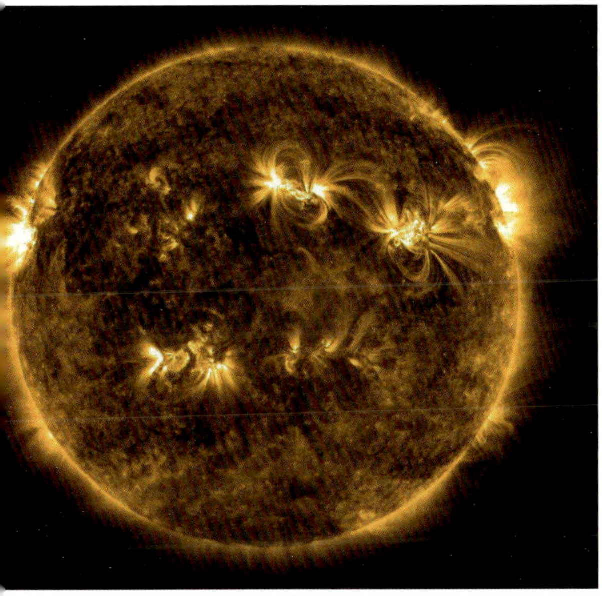

Im UV-Licht (künstlich eingefärbt) treten heißere Regionen in Plasmabögen auf der Sonnenoberfläche hell hervor.

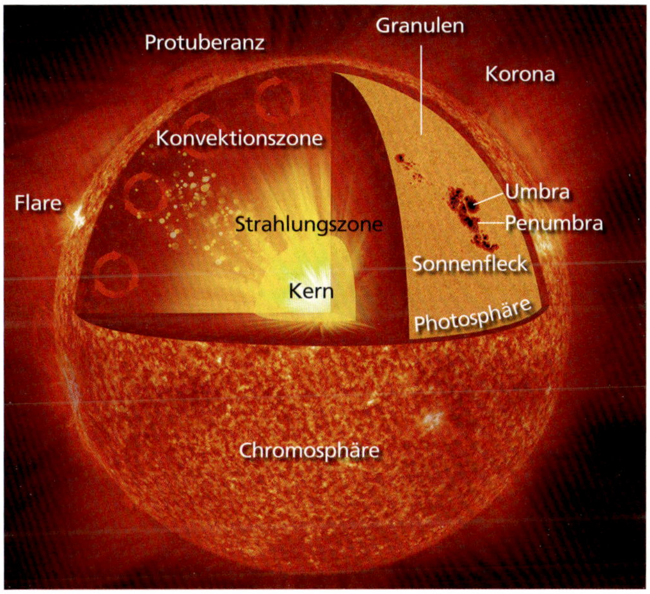

Die im Sonnenkern erzeugte Energie gelangt über die Strahlungs- und die Konvektionszone an die Sonnenoberfläche; dort werden Konvektionszellen als Granulation sichtbar.

DAS NEUTRINO-PROBLEM

Bei der Umwandlung eines Protons in ein Neutron während der solaren Kernfusion wird jeweils ein Neutrino frei (Betazerfall). Da Neutrinos kaum mit anderer Materie in Wechselwirkung treten, verlassen sie das Sonneninnere quasi ungehindert mit nahezu Lichtgeschwindigkeit und erreichen die Erde nach etwas mehr als acht Minuten. Pro Sekunde durchströmen so 70 Milliarden dieser solaren Neutrinos eine ein Quadratzentimeter große Fläche auf der Erde, also zum Beispiel einen Daumennagel.

Der Nachweis dieser solaren Neutrinos gilt als unmittelbarste Bestätigung der Kernfusionsprozesse im Inneren der Sonne. Die Ergebnisse der ersten Experimente, die diese solaren Neutrinos versuchten nachzuweisen, schienen jedoch nicht mit den theoretischen Berechnungen zusammenzupassen. Die Experimente konnten nur rund ein Drittel der zu erwartenden Neutrinos nachweisen.

Der Fehler dabei lag im herkömmlichen Modell der Teilchenphysik: Es geht von drei voneinander unabhängigen Neutrinofamilien aus, die – so die ursprüngliche Annahme – masselos sein und stets ihre Familienzugehörigkeit beibehalten sollten. Doch schließlich wiesen Takaaki Kajita und Arthur B. McDonald am Super-Kamiokande-Experiment in Japan und am Sudbury Neutrino Observatory in Kanada nach, dass Neutrinos ihre Familienzugehörigkeit durchaus wechseln konnten und – mit dieser Eigenschaft verbunden – eine wenn auch nur sehr geringe Masse besitzen mussten. Damit war auch das Problem der vermissten solaren Neutrinos gelöst: Bei der Kernfusion der Sonne entstehen ausschließlich sogenannte Elektronneutrinos (vgl. „Standardmodell der Teilchenphysik", S. 160). Allerdings verwandeln sie sich auf ihrem Weg aus dem Sonneninneren zur Erde zu zwei Drittel in Neutrinos der anderen beiden Teilchenfamilien. Da aber die Experimente zum Nachweis der solaren Neutrinos nur für Elektronneutrinos ausgelegt waren, konnten sie auch nur diese identifizieren. Im Jahr 2015 erhielten Takaaki Kajita und Arthur B. McDonald für ihre Entdeckung den Nobelpreis für Physik.

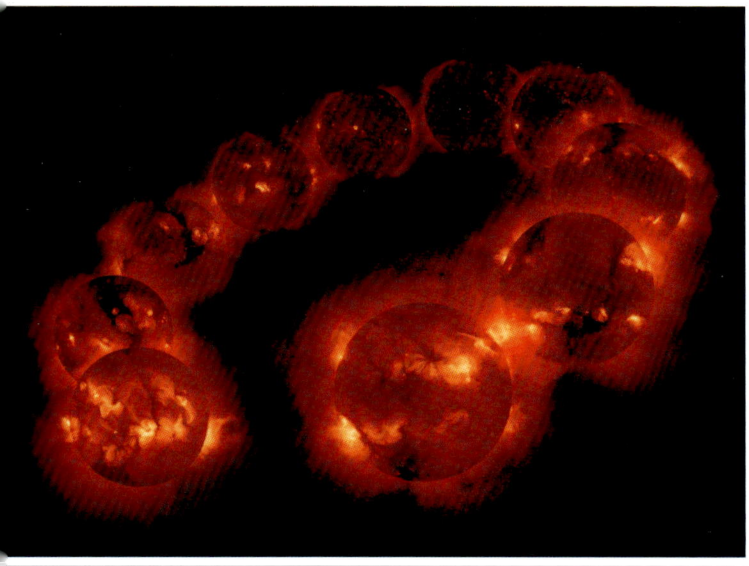

Die Sonnenaktivität folgt einem elfjährigen Zyklus; in Zeiten starker Aktivität treten Protuberanzen und Spikulen, wie hier im Röntgenlicht zu sehen, vermehrt auf.

Bei einem koronalen Massenauswurf werden große Materiemengen von der Sonnenoberfläche in den Raum hinausgeschleudert.

Flächig betrachtet erscheint die Sonne im Licht der Photosphäre in der Mitte heller als am Rand. Diese sogenannte Mitte-Rand-Verdunkelung beschrieb der Astrophysiker Karl Schwarzschild als typisch für heiße, leuchtende Gaskörper wie die Sonne: Licht, das uns vom Sonnenrand her erreicht, stammt nur aus kühleren und daher dunkleren Gasschichten; zur Sonnenmitte hin blicken wir hingegen auch in tieferliegende heißere und damit hellere Regionen der Photosphäre.

An die Photosphäre schließt sich die rund 2000 Kilometer dicke Chromosphäre (Farbschicht) an. Sie ist mit 10.000 Kelvin heißer als die Photosphäre. Die Chromosphäre leuchtet vor allem im Licht des angeregten Wasserstoffs und lässt sich mit einem geeigneten H-Alpha-Filter bei einer Wellenlänge von 656,28 Nanometer, also in sattem Rot, besonders gut beobachten.

Außerhalb der Chromosphäre erstreckt sich die Korona, die Atmosphäre der Sonne, in den Raum. Sie besteht aus zwei Millionen Kelvin heißem Plasmagas; von ihr aus strömen permanent geladene Teilchen als Sonnenwind ins All.

SONNENAKTIVITÄT

Antriebskraft für die Aktivität der Sonne ist ihr dynamisches Magnetfeld. Es ist mit etwa 100 Mikrotesla an der Sonnenoberfläche etwas mehr als doppelt bis dreimal so stark wie das Erdmagnetfeld. In seiner Gesamtform betrachtet lässt es sich als dipolar, ähnlich wie das Feld eines Stabmagneten, beschreiben. Bei genauerem Hinsehen erweist sich das solare Magnetfeld jedoch als äußerst vielschichtig, komplex und vor allem zeitlich veränderlich. Es ist eng an die Bewegungen des heißen Plasmagases gekoppelt, die durch die Rotation der Sonne und durch die Konvektion in ihren äußeren Schichten beeinflusst werden.

Als Gaskörper rotiert die Sonne nicht wie ein starrer fester Körper, sondern zwischen Polen und Äquator unterschiedich schnell: Man sagt, sie rotiert differenziell. So dreht sich die Äquatorregion der Sonne innerhalb von 25 Tagen einmal um die eigene Achse, während die Polregionen dafür 31 Tage benötigen. Die differenzielle Rotation reicht in der Tiefe bis etwa zur Tachokline hinein, wobei tieferliegende Regionen schneller rotieren als oberflächennahe. Der Kern der Sonne dreht sich hingegen wie ein starrer Körper.

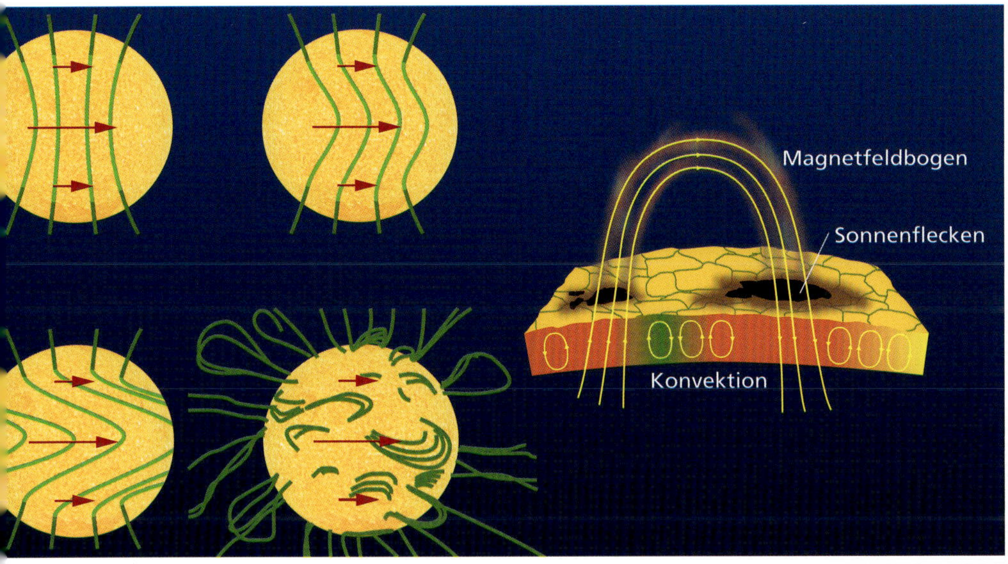

Durch die differenzielle Rotation der Sonne verdrillt sich ihr Magnetfeld und konfiguriert sich alle elf Jahre neu. An Stellen, an denen Magnetfeldlinien aus der Sonnenoberfläche heraustreten, ist die Materie kühler; sie erscheint als schwarze Sonnenflecken.

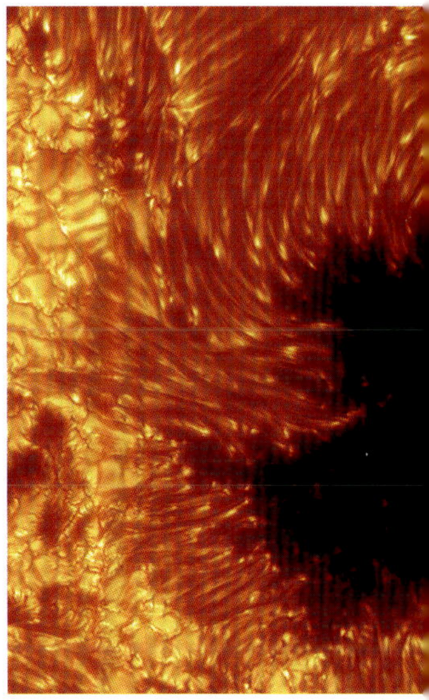

Die innere schwarze Umbra ist von der helleren Penumbra umgeben.

SONNENFLECKEN

Sonnenflecken sind Regionen, in denen das solare Magnetfeld lokal die Photosphäre durchdringt. Das im Magnetfeld eingeschlossene Plasma ist dort kühler als die Umgebung, daher erscheinen sie dunkel. Einige Sonnenflecken sind so groß, dass sie bereits mit bloßem Auge zu erkennen sind, **ein spezieller Helligkeitsfilter zum Schutz der Augen vorausgesetzt**. So existieren Aufzeichnungen, nach denen bereits Naturbeobachter in der Antike Sonnenflecke auf der untergehenden Sonne gesehen haben. Systematisch zu studieren begannen Astronomen das Phänomen mit der Erfindung des Fernrohrs zu Beginn des 17. Jahrhunderts.

Ende des 19. und Anfang des 20. Jahrhunderts widmete sich unter anderem das Forscherehepaar Annie und Edward Maunder intensiv der Beobachtung von Sonnenflecken. Sie kartierten deren Vorkommen in den verschiedenen Regionen der Sonne und ihre Häufigkeit in Abhängigkeit vom Sonnenzyklus akribisch. Auf ihre Arbeiten geht das sogenannte Schmetterlingsdiagramm zurück. Es zeigt, dass die Flecken zu Beginn des solaren 11-Jahres-Zyklus zunächst vereinzelt in den Polregionen der Sonne auftauchen. Mit fortschreitendem Zyklus bewegen sich ihre Entstehungsregionen immer weiter zum Sonnenäquator hin und die Flecken nehmen in ihrer Anzahl zu, bis sie sich zum Ende eines Zyklus wieder rarmachen.

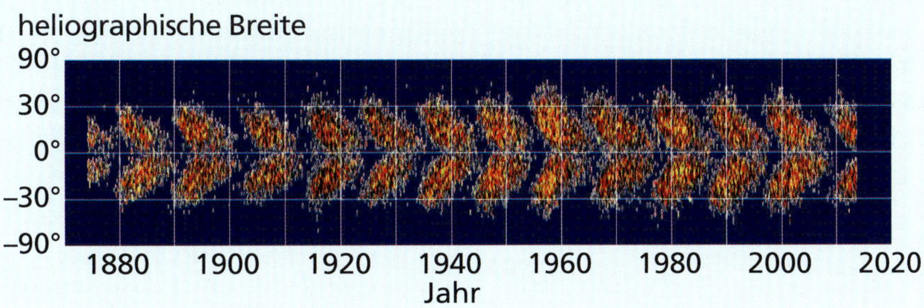

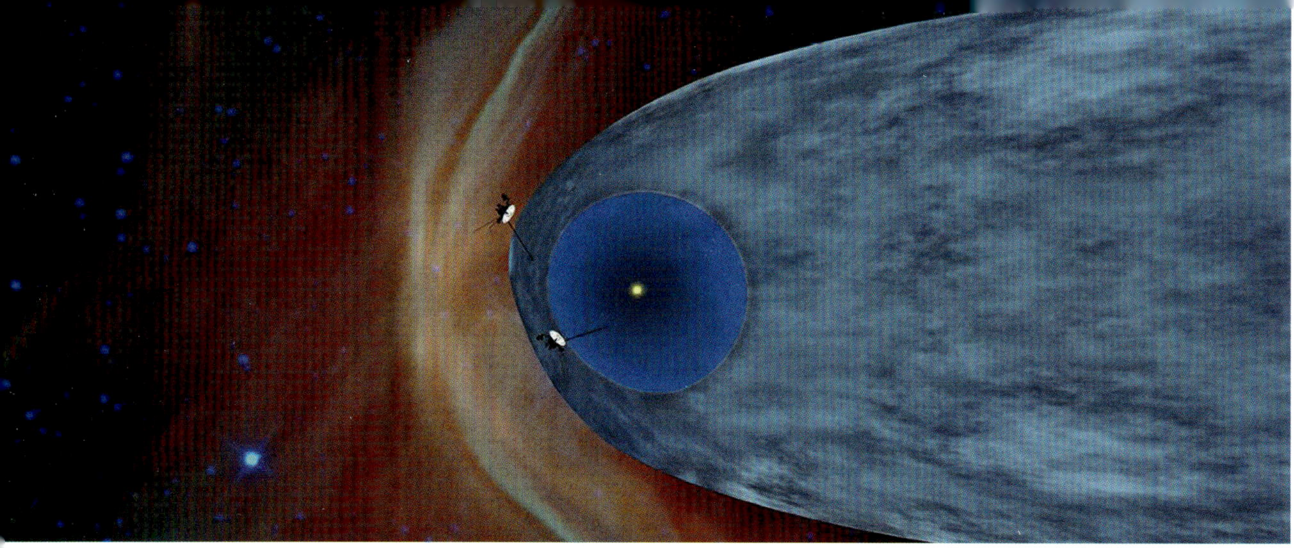

Die Heliosphäre ist durch die Bewegung der Sonne durch das interstellare Medium schweifartig verformt. Die beiden Voyager-Sonden erkunden inzwischen den an die Heliosphäre angrenzenden Raum.

Durch die differenzielle Rotation dreht sich das im Plasma verankerte Magnetfeld der Sonne in den verschiedenen Regionen ebenfalls unterschiedlich schnell. Dadurch verdrillen sich die Magnetfeldlinien mit der Zeit. Ist das Magnetfeld weit genug aufgewickelt, kommen sich gegenläufige Feldlinien so nahe, dass sie sich miteinander verbinden und aufbrechen (Rekonnexion). Das gesamte Magnetfeld bricht zusammen, wechselt die Richtung und baut sich erneut auf. Ein solcher Zyklus dauert etwa elf Jahre.

Auf kleineren Skalen transportieren die Konvektionszellen das Magnetfeld aus dem Sonneninneren an die Oberfläche. Dort, wo Magnetfeldlinien die Photosphäre gebündelt durchdringen, halten sie das Plasma gefangen. Die eingeschlossenen Gasmassen sind kühler als die Umgebung und erscheinen im Vergleich zur sonst heißeren Photosphäre als dunkle Flecken (Sonnenflecken). Ihr schwarzes Zentrum, die Umbra, ist von einer etwas helleren, grauen Zone umrandet, der Penumbra. Solche Sonnenflecken treten in der Regel in Paaren oder auch in Gruppen zu mehreren auf. Das Magnetfeld in den Sonnenflecken ist mit 0,3 Tesla deutlich stärker als an der übrigen Sonnenoberfläche. Das Auftreten von Sonnenflecken ist eng verknüpft mit dem 11-Jahres-Zyklus der Sonne.

Mit dem Auftreten von Sonnenflecken gehen oft weitere Phänomene solarer Aktivität einher, die im roten Licht der Chromosphäre besonders beeindruckend wirken: Magnetfeldlinien treten schleifenartig aus der Sonnenoberfläche heraus und transportieren Materie bis über die Chromosphäre hinaus. Diese Materieflüsse sind als Protuberanzen und Spikulen über dem Sonnenrand zu sehen. Brechen die Feldlinien auf, reißen auch die Materiebögen ab und das Material wird von der Sonnenoberfläche weggeschleudert. Je nachdem, wie viel Energie das aufgebrochene lokale Magnetfeld an die Materie übertragen hat, fällt das Plasma entweder in Bögen auf die Sonnenoberfläche zurück oder entweicht in den Raum. Sind solche Ereignisse besonders energiereich, schleudern sie große Materiemengen als koronale Massenauswürfe (CME, engl., Coronal Mass Ejection) in den Weltraum.

Noch nicht ganz verstanden ist, wie sich die Sonnenkorona oberhalb der Chromosphäre auf einige Millionen Kelvin aufheizen kann. Jüngsten Forschungen zufolge, an denen auch das Max-Planck-Institut für Sonnensystemforschung beteiligt war, könnten Spikulen und Protuberanzen dazu beitragen und die Korona mit Energie versorgen. Ob dieser Mechanismus allein allerdings ausreicht, um die hohen Temperaturen der Korona zu erklären, ist noch offen.

All diese Phänomene treten vermehrt um das Maximum der Aktivitätsphase der Sonne auf.

In den Zeiten um das Aktivitätsminimum herum entstehen hingegen bevorzugt sogenannte koronale Löcher. Dabei handelt es sich um Magnetfeldausrichtungen, die den Sonnenwind schneller von der Korona in den Raum entweichen lassen. Im kurzwelligen UV-Licht und in Röntgenaufnahmen der Sonne erscheinen diese koronalen Löcher als dunkle Regionen.

HELIOSPHÄRE

Mit dem Sonnenwind entweicht von der Korona permanent ein Strom geladener Teilchen, hauptsächlich Protonen und Elektronen, der in das Sonnensystem hinausströmt und das interplanetare solare Magnetfeld transportiert. Ereignisse wie koronale Massenauswürfe oder koronale Löcher können den Sonnenwind und mit ihm auch das interplanetare Magnetfeld vorübergehend verstärken. Der Einflussbereich des Sonnenwinds und des solaren Magnetfelds im interstellaren Raum, die Heliosphäre, erstreckt sich weit über die Planeten und den Kuipergürtel hinaus (siehe S. 62). In einer Entfernung von etwa 120 Astronomischen Einheiten endet die Heliosphäre und wird durch die Heliopause, den Übergang in den interstellaren Raum, begrenzt. Diese Region haben bisher nur die beiden Voyager-Sonden durchflogen und untersucht.

Ursprünglich dafür konzipiert, die äußeren Planeten und deren Magnetfelder sowie die Teilcheneigenschaften des Sonnenwinds unter die Lupe zu nehmen, haben die Sonden Voyager 1 und Voyager 2 ihre Mission über das Reich der Planeten und Kleinplaneten hinaus fortgesetzt. 2012 (Voyager 1) beziehungsweise 2018 (Voyager 2) erreichten sie schließlich den Rand der Heliosphäre. Wie die Messungen der Raumsonden zeigen, variiert das Magnetfeld an der Grenzschicht zwischen Heliosphäre und interstellarem Raum merklich. Jenseits der Heliopause scheint das solare Magnetfeld in gewisser Weise mit dem des interstellaren Raums verbunden zu sein. Die genauere Datenauswertung dazu steht allerdings noch aus.

DAS CARRINGTON-EREIGNIS

Den Zusammenhang zwischen solarer Aktivität, Veränderungen im Erdmagnetfeld und geomagnetischen Stürmen erkannte bereits der englische Astronom Richard Carrington, als er am 1. September 1859 eine gewaltige Eruption auf der Sonne beobachtete, die von einer Gruppe Sonnenflecken ausging. Rund 20 Stunden später spielten die Kompassnadeln auf der Erde verrückt. Bei diesem Ereignis, das Carrington-Event genannt wird, traf ein starker solarer Teilchensturm auf die Erde und verursachte weltweit Störungen in elektrischen Anlagen. So traten beispielsweise in kanadischen Telegrafenmasten Überspannungen auf, die durch Funkenflug verheerende Brände auslösten. Zwar ist das Risiko gering, dass die Erde von einem sehr starken solaren Sturm getroffen wird, doch moderne Kommunikations- und Transportwege, die zum großen Teil auf Satellitentechnologie setzen, machen unsere Gesellschaft verletzlich für derartige Störungen. Laut einer Studie der Europäischen Weltraumbehörde ESA könnten sich die Kosten für sozio-ökonomische Folgen eines extremen Weltraumwetter-Ereignisses auf rund 15 Milliarden Euro belaufen.

Um den Schaden durch einen potenziell zerstörerischen geomagnetischen Sturm möglichst gering zu halten, zeichnen über den Erdball verteilte Messstationen permanent Veränderungen des irdischen Magnetfelds auf; aus dem All überwachen Satelliten beständig das Weltraumwetter. Im Ernstfall ließen sich dann beispielsweise Satelliten schnell aus dem Sonnenwind herausdrehen, Astronauten in der Internationalen Raumstation ISS könnten sich rechtzeitig hinter Wassertanks, die die Teilchenstrahlung abhalten, in Sicherheit begeben und der Flugverkehr könnte vor Funk- und Elektronikausfall gewarnt werden.

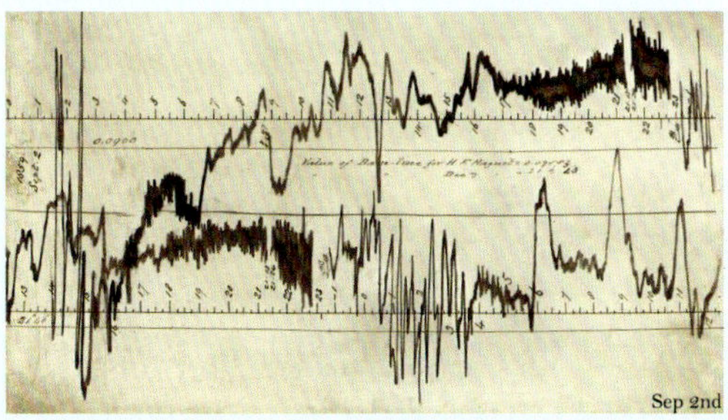

Originalaufzeichnungen vom 2. September 1859 künden von einem gewaltigen geomagnetischen Sturm infolge der Sonneneruption am Vortag.

Polarlichter, wie hier nördlich von Tromsø, Norwegen, zu sehen, entstehen wenn geladenen Teilchen aus dem Sonnenwind, bevorzugt in den Polarregionen der Erde, auf die Atmosphäre treffen.

Die Voyager-Sonden messen im interstellaren Raum nach wie vor weiter. Man darf gespannt sein, was die Sonde über diesen Bereich jenseits der Reichweite der Sonne zu Tage fördern wird. Vor allem erlaubt diese interstellare Forschungsreise erstmals einen Blick auf die Sonne von außerhalb ihres Einflussbereichs und auf ihre Wechselwirkung mit dem interstellaren Medium, wie sie auch bei allen anderen Sternen zu erwarten ist.

WELTRAUMWETTER

Eingebettet in die Heliosphäre ist die Erde – wie alle übrigen Planeten – einem ständig variierenden Strom geladener Teilchen ausgesetzt. Die damit verbundenen physikalischen Gegebenheiten wie Teilchendichte, Teilchengeschwindigkeit und Stärke des interplanetaren Magnetfelds im interplanetaren Raum bestimmen das Weltraumwetter. Ist die Sonne nur wenig aktiv, reisen die Teilchen des Sonnenwinds mit einer Geschwindigkeit von 200–300 Kilometer pro Sekunde durch den Raum. Die Teilchendichte beträgt etwa drei bis zehn Teilchen pro Kubikzentimeter. Unter diesen Bedingungen benötigt ein Teilchenschwung von der Sonne zwei bis drei Tage, bis er bei der Erde ankommt. Eruptionen auf der Sonne oder koronale Löcher können den Sonnenwind vorrübergehend verstärken und beschleunigen. Dann kann die Teilchengeschwindigkeit auf bis zu 800 Kilometer pro Sekunde ansteigen und die Teilchendichte vervielfacht sich.

POLARLICHT

Das Erdmagnetfeld schirmt uns weitgehend vom Weltraumwettergeschehen ab, doch selbst in ruhigen Zeiten dringen Teilchen aus dem Sonnenwind in den Magnetschild der Erde, ihre Magnetosphäre, ein. Ein Großteil der geladenen Teilchen kreist, durch das Magnetfeld gefangen, in sogenannten Strahlungsgürteln um die Erde. Regelmäßig entkommen dabei Teilchen und werden in Richtung der Pole geschleudert. Dort dringen sie in die obere Schicht der Atmosphäre ein und regen Atome und Moleküle der Luft zum Leuchten an. So entsteht die Aurora, auch als Polarlicht bekannt. Während das Polarlicht in solaren ruhigen Zeiten nur blass am Nachthimmel schimmert, kann uns kurzzeitig erhöhte Sonnenaktivität eines der faszinierendsten Schauspiele der Natur bescheren. Übrigens: Das Phänomen der Polarlichter tritt auch auf Jupiter und Saturn auf.

Doch derartig extreme Weltraumwetterbedingungen haben auch ihre Kehrseite: Sie können Satelliten im All und sogar Kommunikationssysteme auf der Erde in ihrem Betrieb massiv beeinträchtigen. Heftige Eruptionen auf der Sonne schleudern vermehrt energiereiche geladenen Teilchen ins All und senden große Mengen an Röntgenstrahlung aus. Diese Röntgenstrahlung kann Solarzellen auf Satelliten zerstören, die energiereiche Teilchenstrahlung die empfindliche Bordelektronik beschädigen. Auch Astronauten im All sind der gesundheitsschädigenden Strahlung nahezu schutzlos ausgesetzt. Bei der Erde angekommen, deformiert ein heftiger Sonnenwindstoß zudem das Erdmagnetfeld derart, dass es sich vorübergehend lokal verstärken kann: Es entsteht ein sogenannter geomagnetischer Sturm. Bereits schwache geomagnetische Stürme können den Funkverkehr stören.

DIE SONNE UNTER BEOBACHTUNG

Obwohl die Sonne uns so nah ist, dass wir sie so detailliert wie keinen anderen Stern erforschen können, sind viele Fragen vor allem rund um das solare Magnetfeld und die Sonnenaktivität noch längst nicht geklärt. Deshalb beobachten Forscherinnen und Forscher die Sonne permanent mit erdgebundenen Teleskopen und vor allem mit Satelliten im All. Am Leibniz-Institut für Sonnenphysik, das gemeinsam mit dem Max-Planck-Institut für Sonnensystemforschung das Sonnenteleskop Gregor auf Teneriffa betreibt, untersucht Dr. Lucie Kleint mit ihren Kolleginnen und Kollegen beispielsweise die Feinstruktur von Photosphäre und Chromosphäre. Sie wollen zum einen verstehen, wie magnetische Strukturen auf kleinen Skalen entstehen und sich entwickeln – dafür bietet die Sonnenphysik zugleich einen Einblick in die Strukturentwicklung kosmischer Magnetfelder. Zum anderen interessieren sie sich dafür, wie sich das solare Magnetfeld auf der Sonne selbst, aber auch im Wechselspiel mit dem irdischen Magnetfeld, verhält. Denn das ist nicht zuletzt auch dazu wichtig, um Weltraumwetter besser vorherzusagen.

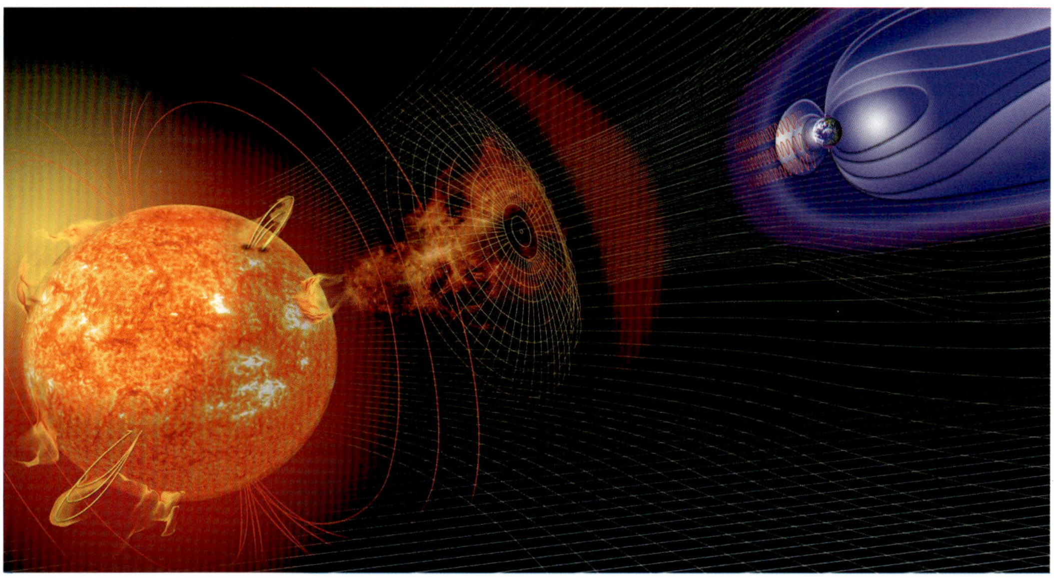

Von der Sonne strömt mit dem Sonnenwind unablässig ein Strom geladener Teilchen in den Raum. Er transportiert das interplanetare Magnetfeld und bestimmt das Weltraumwetter.

Vom Weltraum aus erkundet das Sonnenobservatorium SOHO (Solar and Heliospheric Observatory) seit 1995 die Sonne. Die europäisch-amerikanische Mission war zunächst auf drei Jahre ausgelegt; der weitere wissenschaftliche Betrieb ist bis Ende 2020 gesichert. Die Sonde ist in einem Orbit um den ersten sogenannten Lagrange-Punkt positioniert, in dem sich die Kräfte zwischen Sonne und Erde ausgleichen. Von dort aus kann SOHO die Sonne ununterbrochen und ohne die störenden Einflüsse der Erdatmosphäre beobachten. Besonderes Augenmerkt legt die Mission dabei auf die innere und äußere Korona sowie die Oberfläche der Sonne. Anhand von Dopplermessungen misst die Sonde außerdem Schwingungen der Sonne, die auf Vorgänge in ihrem Inneren schließen lassen. Außerdem haben SOHO und ebenso das 2006 gestartete Sondenpaar STEREO (Solar Terrestrial Relations Observatory) stets den Sonnenwind im Blick. Die Satelliten messen unablässig Magnetfeld sowie die Teilchendichte und -geschwindigkeit, um gegebenenfalls Betreiber von Forschungs- und Kommunikationssatelliten frühzeitig vor einem Sonnensturm warnen zu können.

Am 12. August 2018 schickte die NASA außerdem die Sonde Parker Solar Probe ins All, um die Sonnenkorona näher zu untersuchen. Obwohl die Parker-Sonde erst Ende 2024 erstmals den sonnennächsten Punkt ihrer Bahn, das Perihel, durchfliegen wird, konnte sie auf ihrem bisherigen Weg bereits erste Daten sammeln. Es zeigte sich, dass der Plasmafluss des Sonnenwinds in Sonnennähe und die damit verbundenen dynamischen Änderungen der Heliosphäre weitaus turbulenter und komplexer sind als bisher angenommen. Später soll die Parker Solar Probe als erste Sonde direkt in die Atmosphäre der Sonne bis sechs Millionen Kilometer oberhalb der Sonnenoberfläche eintauchen und dort Messungen vornehmen. Damit wird sie der Sonnenoberfläche siebenmal näher kommen als je eine Sonde zuvor.
Die im Februar 2020 gestartete ESA-Mission Solar Orbiter (SolO) soll die Sonnenatmosphäre und die Heliosphäre aus einem Abstand von 0,28 Astronomischen Einheiten erkunden, zunächst aus der Ekliptikebene heraus. Später soll SolO ihren Kurs verlassen und erstmals die bisher noch unbeobachteten Polregionen der Sonne überfliegen.

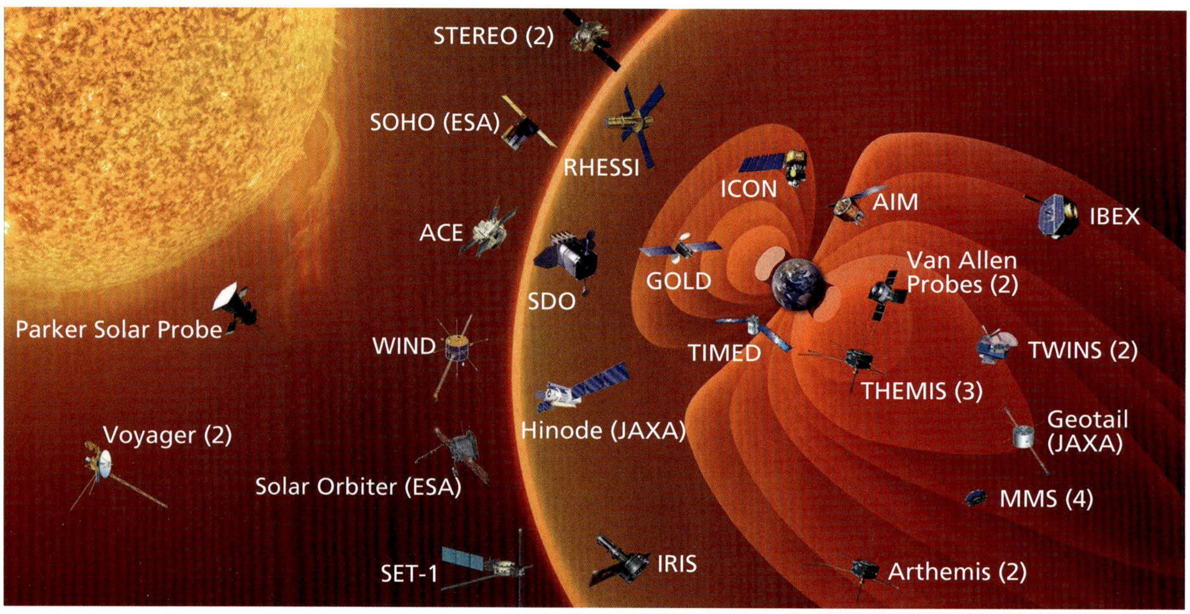

Um gefährliche Veränderungen im Weltraumwetter rechtzeitig zu erkennen, haben zahlreiche Satelliten permanent den Sonnenwind und das interplanetare Magnetfeld im Blick.

DIE PLANETEN

Acht Planeten ziehen im Sonnensystem ihre Bahnen. Die vier inneren sind gesteinsartig und der Erde ähnlich, die äußeren Planeten sind wesentlich massereicher und zählen zu den Gas- beziehungsweise Eisriesen. Darüber hinaus beherbergen die äußeren Planeten eine vielfältige Welt an Monden.

DER MERKUR

Der sonnennächste Planet ist mit einem Durchmesser von rund 4880 Kilometern zugleich der kleinste im Sonnensystem. Merkur läuft in 88 Tagen bei einem mittleren Abstand von 58 Millionen Kilometern einmal um die Sonne. Seine Bahnellipse ist ausgeprägter als diejenigen der übrigen Planeten des Sonnensystems, sie besitzt also eine große Exzentrizität. Für eine Eigendrehung benötigt er knapp 59 Tage: Während Merkur also zweimal die Sonne umrundet, dreht er sich dreimal um sich selbst und führt somit eine gebrochen-gebundene Rotation aus.
Weil Merkur die Sonne innerhalb der Erdbahn umrundet, hält er sich am Himmel stets in Sonnennähe auf und ist daher nur in der Morgen- oder Abenddämmerung am Ost- beziehungsweise Westhorizont für verhältnismäßig kurze Zeit zu sehen. Sein flüchtiges Erscheinen am Firmament trug ihm einst den Namen des römischen Götterboten und Gottes der Händler und Diebe ein.
Auf seinem Weg um die Sonne überholt Merkur regelmäßig die Erde. Da seine Bahnebene gegenüber der Ekliptik um sieben Grad geneigt ist, kreuzt er dabei aber nicht jedes Mal die Sichtlinie zwischen Erde und Sonne. Ist das aber der Fall, zieht das dunkle Merkurscheibchen vor der Sonne vorüber und es ereignet sich ein Transit. Typischerweise treten Merkurtransits 13- bis 14-mal pro Jahrhundert auf; aufgrund der Geometrie von Erd- und Merkurbahn geschieht dies jeweils um den 9. Mai und den 11. November. Da die Merkurbahn stark elliptisch ist, kommen Transits im November häufiger vor als im Mai. Der letzte Merkurtransit ereignete sich am 11. November 2019, der nächste wird am 13. November 2032 stattfinden. Da Merkur keine Atmosphäre besitzt, lässt er sich bei einem Transit, anders als Venus, gestochen scharf von der hellen Sonnenscheibe abgrenzen. Solche Planetentransits lassen sich übrigens nicht nur in unserem eigenen Sonnensystem beobachten. Profiastronomen nutzen dieses Phänomen auch dazu, um Exoplaneten bei fernen Sternen aufzuspüren
Bisher haben nur wenige Raumsonden Merkur besucht; denn um so weit ins Sonnensystem vorzudringen, sind aufwendige Abbremsmanöver nötig. Außerdem sind Raumsonden vor Ort extremen Bedingungen ausgesetzt: Die Tagestemperatur auf Merkur kann in Sonnennähe bis auf 430 Grad Celsius beziehungsweise in Sonnenferne 250 Grad Celsius steigen, auf der Nachtseite fällt sie bis auf –170 Grad Celsius ab. Damit herrscht auf Merkur

Als innerer Planet ist Merkur, hier zusammen mit der Sichel des zunehmenden Mondes abgelichtet, nur in der Abend- oder Morgendämmerung zu sehen.

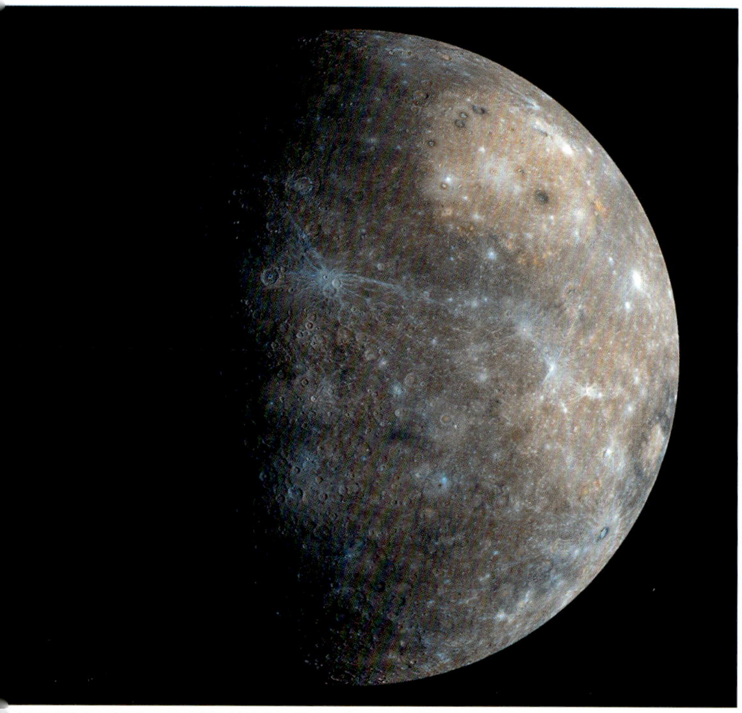

Merkur aus Sicht der Messenger-Sonde bei ihrem ersten Fly-By: Die Merkuroberfläche ähnelt mit ihren zahlreichen Einschlagskratern der Oberfläche des Erdmondes.

Das bei einem größeren Einschlag entstandene Caloris-Becken auf Merkur ist mit erstarrter Lava angefüllt, ein Indiz für Vulkanismus.

das größte Temperaturgefälle zwischen Tag und Nacht im gesamten Sonnensystem.

Nach ersten kürzeren Vorbeiflügen durch die Mariner-10-Mission in den 1970er-Jahren erkundete schließlich die Messenger-Sonde von 2011 bis 2015 den Planeten. Merkurs Oberfläche ist mittlerweile zu 95 Prozent kartiert. Mit ihren zahlreichen Einschlagkratern erinnert sie an die des Mondes. In Merkurs jüngstem großen Einschlagkrater, dem Caloris-Becken, fand Messenger Anzeichen für Vulkanismus.

In seinem Inneren besitzt Merkur einen Eisen-Nickel-Kern, wobei der Eisenanteil mit 70 Prozent im Vergleich zu den übrigen festen Planeten außergewöhnlich hoch ist. Ungeklärt ist, ob der Kern noch so flüssig ist, dass er als aktiver Dynamo das schwache Magnetfeld Merkurs erzeugen kann, oder ob der Kern erstarrt und damit der Dynamo versiegt ist. Dann müsste das Magnetfeld aus einer früheren Zeit „eingefroren" bis heute überdauert haben. Neue Erkenntnisse dazu soll die Raummission BepiColombo liefern.

BEPICOLOMBO – AUFBRUCH ZU MERKUR

Am 19. Oktober 2018 schickten die ESA und die japanische Raumfahrtagentur JAXA mit BepiColombo eine gemeinsame Mission Richtung Merkur. Sie umfasst zwei Orbiter auf einem gemeinsamen Transportmodul, die erst an ihrem Ziel getrennt werden. Ihre Reise zum innersten Planeten dauert sieben Jahre.

Um die Sonde auf die richtige Bahn zu lenken, absolviert BepiColombo mehrere Flugmanöver – eines an der Erde, zwei bei Venus und sechs an Merkur selbst. Dann ist sie ausreichend abgebremst und kann in ihre geplante Umlaufbahn um den Planeten einschwenken. Dort sollen die beiden Orbiter Merkur dann auf unabhängigen Umlaufbahnen umkreisen: Der Mercury Planetary Orbiter soll die Oberfläche und das Innere des Planeten untersuchen, der Mercury Magnetic Orbiter wird Merkurs Magnetfeld vermessen.

DIE VENUS

Die Venus ist von allen Planeten im Sonnensystem der Erde am ähnlichsten. Mit einem Durchmesser von rund 12.100 Kilometern und einer Masse von 0,82 Erdmassen ist der Gesteinsplanet nur wenig kleiner als die Erde. Dennoch sind die Bedingungen auf Venus aufgrund der hohen Temperaturen und der dichten, schwefelsäurehaltigen Atmosphäre alles andere als lebensfreundlich. Ihre Nähe zur Sonne ließe zudem flüssiges Wasser von der Oberfläche sofort verdampfen. Dennoch kam der Astrobiologe Sanjay Limaye von der University of Wisconsin in einer 2018 veröffentlichten Studie zu dem Schluss, dass es in der unteren Schicht der Venusatmosphäre durchaus mikrobiologisches Leben auf Basis von Eisen- und Schwefelstoffwechsel geben könnte.

ABEND- ODER MORGENSTERN

Venus umkreist die Sonne einmal in 224,7 Tagen in einer Entfernung von 0,7 Astronomischen Einheiten. Dabei rotiert sie selbst entgegen ihrer Umlaufrichtung um die Sonne, man spricht auch von rückläufiger Rotation. Zudem dreht sie sich mit 243 Tagen außergewöhnlich langsam um sich selbst; der Venustag ist somit länger als das Venusjahr. Die Rotationsachse der Venus ist mit nur 2,5 Grad kaum geneigt, sodass keine Jahreszeiten entstehen.

Da Venus innerhalb der Erdbahn um die Sonne kreist, ist sie ebenfalls nur am Morgen- und Abendhimmel zu sehen. Wer sehr gute Augen und **entsprechende Schutzvorrichtungen** hat, kann sie gelegentlich auch am Taghimmel in Sonnennähe erhaschen. Da sie sich am Firmament weiter von der Sonne entfernt als Merkur, ist sie länger am Himmel sichtbar und kann als brillanter Morgen- beziehungsweise Abendstern beeindrucken. Dies trug ihr wohl den Namen der römischen Gottheit der Schönheit und der Liebe ein. Auch sie überholt die Erde regelmäßig bei ihrem Lauf um die Sonne und zieht dabei zwischen uns und dem Tagesgestirn vorüber. Wegen der Bahngeometrien ereignen sich Venustransits allerdings sehr viel seltener als Merkurtransits. Der letzte Venustransit fand im Juni 2012 statt, der nächste wird sich erst im Dezember 2117 ereignen. Anzusehen sind sie dafür umso beeindru ckender: Das dunkle Venusscheibchen ist bereits mit bloßem Auge vor der hellen Sonne durch eine Sonnenfinsternis-Brille zu erkennen. Wegen ihrer Atmosphäre erscheint das Venusscheibchen vor dem hellen Hintergrund der Sonne nicht klar abgegrenzt, sondern am Rand verwaschen. Ein weiteres Indiz für die Venusatmosphäre ist der Lichtkranz, der die Venus umgibt, wenn sie vor die Sonnenscheibe ein- beziehungsweise aus ihr austritt. Er entsteht, wenn das Sonnenlicht in der Venusatmosphäre gebrochen wird.

Als innerer Planet ist Venus, hier oberhalb des Mondes, nur am Abend- oder Morgenhimmel und oft in hellem Glanz zu sehen.

TREIBHAUSEFFEKT UNTER HOCHDRUCK

Die Atmosphäre der Venus besitzt etwa die 90-fache Masse der Erdatmosphäre und so herrscht auf der Venus mit 92 bar auch etwa der 90-fache Druck verglichen zur Erde. Sie setzt sich zu 96 Prozent aus Kohlendioxid und 3,5 Prozent aus Stickstoff zusammen, hinzukommen Schwefelsäure sowie Spuren von Argon und Wasser. Eine geschlossene Wolkendecke aus

Die ESA-Sonde Venus Express entdeckte auf der Venus Hot Spots, die jenen heißen Gebieten in der Vulkanlandschaft auf Hawaii ähneln.

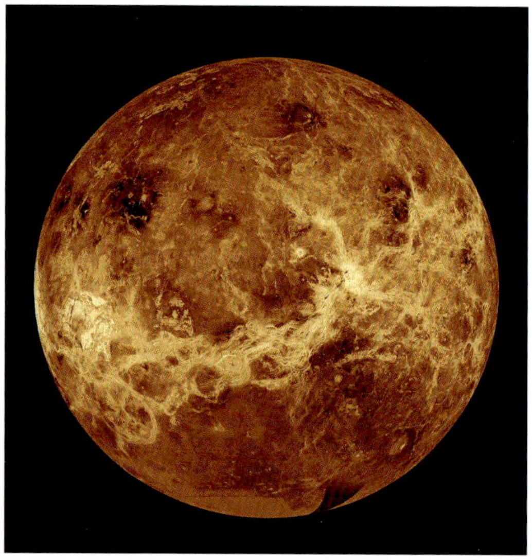

Diese Oberflächenkarte der Venus wurde aus Radarbeobachtungen der Magellan-Sonde rekonstruiert.

feinen Tröpfchen Schwefelsäure, die mit phosphor- und chlorhaltigen Aerosolen (Gas- und Schwebeteilchen) angereichert ist, macht sie undurchsichtig. Der hohe Anteil an Kohlendioxid in der Atmosphäre sorgt für einen ausgeprägten Treibhauseffekt und somit für eine hohe Bodentemperatur, die zwischen 437 und 497 Grad Celsius schwankt. Aufgrund des starken Treibhauseffektes gibt es keine nennenswerten Temperaturunterschiede zwischen Tag- und Nachtseite der Venus.

Venus ist stets vollständig in eine dichte, schwefelhaltige Wolkenschicht gehüllt. Daher lässt sich ihre Oberfläche nur mithilfe eines Radars abtasten.

Ähnlich wie die Erde besteht die Venus vermutlich aus einem Eisen-Nickel-Kern, einem Mantel und einer Kruste. Dennoch hat sie nur ein sehr schwaches Magnetfeld. Da sie keinen Mond besitzt und zudem sehr langsam rotiert, wirken in ihrem Inneren auch keine Gezeitenkräfte, die Ströme induzieren und so ein Magnetfeld aufbauen könnten.

Die Oberfläche der Venus haben bisher verschiedene Radarsonden inspiziert, denn nur mit Radiowellen lässt sich die dichte Atmosphäre durchdringen. Die Magellan-Sonde der NASA (1989–1994) kartierte zwischen 1990 und 1992 rund 98 Prozent der Venusoberfläche. Sie ist von Hochländern, Bergketten und Grabenstrukturen überzogen, wobei die Reliefs weniger stark ausgeprägt sind als auf der Erde. Der ESA-Sonde Venus Express (2005–2014) gelang in einem schmalen Bereich des Infrarotlichts ein Blick durch die sonst undurchsichtige Atmosphäre: Die Wärmebildkamera der Sonde entdeckte 2008 gleich mehrere heiße Stellen, sogenannte Hot Spots, auf der Venusoberfläche, die jenen Hot Spots in der Hawaiianischen Vulkanlandschaft auf der Erde ähneln. Bei den Hot Spots handelt es sich vermutlich um Lavaausflüsse in Grabenregionen – handfeste Spuren also für den bereits seit längerem vermuteten aktiven Vulkanismus auf der Venus.

DIE ERDE

Die Erde ist die Grundlage unserer Existenz. Ihre Ansicht von außen kennen wir erst seit dem Zeitalter der Raumfahrt. Unser Heimatplanet läuft einmal in 365,25 Tagen – einem Erdenjahr – auf einer fast kreisförmigen Ellipse um die Sonne. Währenddessen dreht sie sich in knapp 24 Stunden einmal um sich selbst. Da ihre Rotationsachse gegenüber der Bahnebene um 23,5 Grad geneigt ist, wenden sich im Jahreslauf Nord- und Südhalbkugel abwechselnd der Sonne zu: So entstehen die Jahreszeiten. Ihren sonnennächsten Punkt, das Perihel, passiert sie um den 3. Januar, also im Winter der Nordhalbkugel; ihren sonnenfernsten Punkt, das Aphel, um den 5. Juli herum. In einem mittleren Abstand von rund 150 Millionen Kilometern zur Sonne (einer Astronomischen Einheit) bewegt sich die Erde stets in einer für die Entstehung von Leben begünstigten Zone. Dort herrschen dauerhaft ausreichend moderate Temperaturen, sodass sich auf der Erde große Mengen flüssigen Wassers halten können. Rund zwei Drittel ihrer Oberfläche sind mit Ozeanen bedeckt, hinzu kommen Süßwasservorräte in Seen und Flüssen sowie unterirdische Reservoirs. Voraussetzung dafür ist einerseits das richtige Maß an Sonneneinstrahlung: Im Mittel fallen auf einen Quadratmeter der Erde etwa 1361 Watt an Leistung ein. Diese physikalische Größe wird als Solarkonstante bezeichnet, auch wenn sie sich langfristig verändert und nicht konstant ist. Zum anderen sorgt eine entsprechende Atmosphäre auf dem Planeten mit etwa einem bar auf Meereshöhe für ausreichenden Druck.

SCHUTZHÜLLE GEGEN GEFAHREN AUS DEM ALL

Die Erdatmosphäre, wie wir sie kennen, besteht zu 78 Prozent aus Stickstoff und zu 21 Prozent aus Sauerstoff, hinzu kommen das Edelgas Argon sowie Spuren von Aerosolen. Doch das war nicht immer so: Die leichte Gashülle aus Wasserstoff und Helium, die die Erde kurz nach ihrer Entstehung vor rund 4,6 Milliarden Jahren umgab, verflüchtigte sich schnell ins All. Bald darauf beförderte Vulkanismus Substanzen wie Wasserdampf, Kohlendioxid und Schwefelwasserstoff aus dem

Die Erde ist als Planet einzigartig. Vom Weltraum aus beobachten Satelliten das Wettergeschehen ebenso wie klimatische und Umweltveränderungen durch den Menschen.

Erdinneren an die Oberfläche. Daraus bildete sich eine dichtere Atmosphäre, die sich durch geologische, physikalische und später auch biologische Prozesse sowohl in ihrer Zusammensetzung wie auch klimatisch veränderte und aus der schließlich die heutige Lufthülle der Erde hervorging. Auch heute ist die Atmosphäre weiter im Wandel. Ein beträchtlicher Anteil der aktuellen klimatischen Veränderungen geht auf vermehrten Ausstoß klimaschädlicher Gase wie Kohlendioxid, Wasserdampf, außerdem Methan, Ozon und Distickstoffoxid durch die moderne Lebensweise der Menschheit zurück.
Nach außen hin schützt uns die Erdatmosphäre vor lebensfeindlichen Einflüssen aus dem Weltraum. Sie ist für die zellschädigende kurzwellige elektromagnetische Strahlung der Sonne jenseits des UV-Lichts undurchdringlich, ebenso schirmt sie die hochenergetische kosmische Teilchen- und Gammastrahlung ab, die uns aus den Tiefen des Alls erreicht. Außerdem bildet sie gegenüber kleineren Meteoroiden einen effektiven Schutzschild

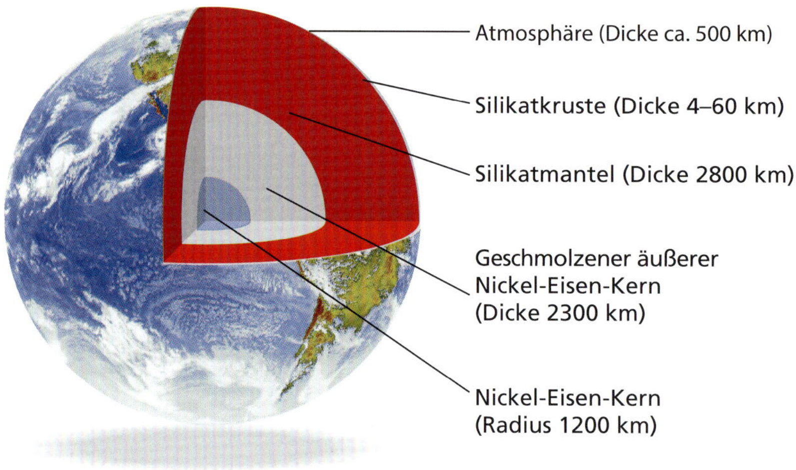

Die Erde besitzt einen Eisen-Nickel-Kern, daran schließt ein zähflüssiger Silikatmantel an. Bewegungen in der Mantelschicht verursachen Vulkanismus und Erdbeben.

Dieser von Alexander Gerst auf der Internationale Raumstation aufgenommene Sonnenuntergang

und vermag selbst die Wucht von Asteroiden mittlerer Größe bisweilen abzudämpfen. Nicht zuletzt lässt sie menschengemachten Weltraumschrott beim Wiedereintritt in die Atmosphäre größtenteils verglühen.

Dennoch konnten kosmische Ereignisse in der irdischen Gesteinskruste ihre Spuren hinterlassen. An der Erdoberfläche finden sich großräumige Strukturen von bereits erodierten Meteoritenkratern wie der Chicxulub-Krater in Mexiko oder das Nördlinger Ries in Süddeutschland. Sie entstammen Einschlägen vor 66 Millionen beziehungsweise 15 Millionen Jahren. Und in der ozeanischen Tiefseekruste entdeckten Forscher außerdem Einlagerungen von radioaktivem Eisen aus Sternen, die vor wenigen Millionen Jahren in einer Entfernung von 300 Lichtjahren als Supernova explodiert sind.

Unterhalb der Erdkruste schließt sich ein mehrschichtiger, zähflüssiger Erdmantel an. Bewegungen in der unteren und mittleren Mantelschicht verursachen Verschiebungen in der oberen Mantelschicht und der harten Erdkruste. Kontinentaldrift, Erdbeben und Vulkanismus sind die Folge.

Tief in ihrem Inneren vereint die Erde bis zu einem Radius von 3500 Kilometern rund ein Drittel ihrer Masse in einem Eisen-Nickel-Kern. Sein Zentrum besteht aus festem Eisen, der darüber liegende Teil besteht aus einer flüssigen Mischung aus Eisen und Nickel. In ihrem Innersten ist die Erde mit 5000–7000 Kelvin ungefähr so heiß wie die Oberfläche (Photosphäre) der Sonne. Das flüssige, leitfähige Material in der äußeren Schicht des Kerns treibt vermutlich den Dynamo an, der das Erdmagnetfeld erzeugt.

Näherungsweise lässt sich das Erdmagnetfeld wie das eines Stabmagneten beschreiben. Dabei befindet sich der geomagnetische Nordpol in der Nähe des geografischen Südpols in der Antarktis. Dort treten die magnetischen Feldlinien bildlich gesprochen aus dem Globus heraus, umspannen die Erde und treten am magnetischen Südpol im Norden von Kanada wieder in die Erde ein. In Polnähe beträgt das Erdmagnetfeld rund 60 Mikrotesla, in Äquatornähe ist es etwa halb so stark. Das Erdmagnetfeld reicht weit in den Raum hinaus und bildet im Zusammenspiel mit dem Sonnenwind die Magnetosphäre. Auf der sonnenzugewandten Seite staucht der Sonnenwind die Feldlinien des irdischen Magnetfelds zur Erde hin, auf der sonnenabgewandten Seite erstreckt es sich schweifartig weit in den Weltraum hinaus aus.

ERDBEOBACHTUNG

Gegen das tiefe Schwarz des Alls zeichnet sich die Erde als „blue marble“ (engl., „blaue Perle“) ab. Ein Anblick, der allein Astronauten vorbehalten bleibt

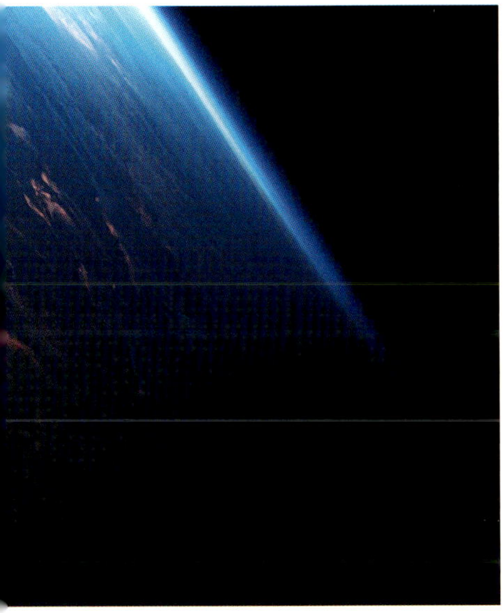

ffenbart, wie dünn die lebenserhaltende atmosphä-sche Schutzhülle unseres Heimatplaneten ist.

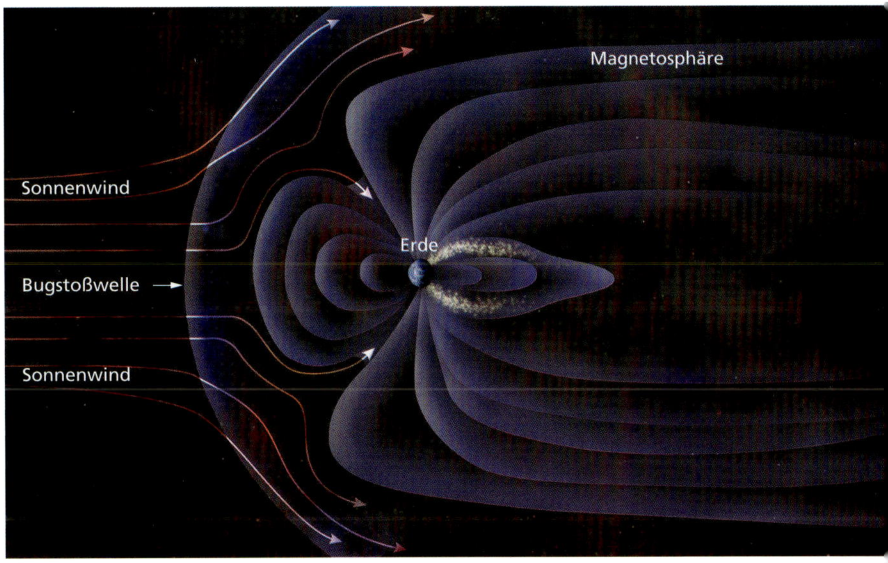

Der Sonnenwind drückt das Erdmagnetfeld auf der sonnenzugewandten Seite zur Erde hin; auf der sonnenabgewandten Seite erstreckt es sich schweifartig in den Raum.

und der die Einzigartigkeit ebenso wie die Zerbrechlichkeit unseres Heimatplaneten offenbart. Menschengemachte Veränderungen in Klima, Vegetation und Ozeanen lassen sich nur vom All aus in ihrem gesamten globalen Ausmaß erfassen. So überwacht eine Kohorte von Satelliten die Erde von außen und zeichnet neben dem Wetter auch langfristige Klimaveränderungen auf. Das derzeit umfassendste Programm zur Erdbeobachtung ist das Copernicus-Projekt, das die Europäische Weltraumorganisation ESA und die Europäische Kommission im Verbund betreiben. Das Projekt stellt mit seinen Sentinel-Satelliten die Infrastruktur zur Datenerfassung aus sämtlichen Bereichen der Erdbeobachtung wie Atmosphärenforschung, Landbeobachtung, Wasserüberwachung, Messungen der Eismengen und Höhe des Meeresspiegels zur Verfügung. Neben den Daten der Sentinel-Satelliten fließen außerdem auch Messungen aus anderen Erdbeobachtungsprogrammen ein. Alle erhobenen Daten stehen Forschungseinrichtungen, politischen Entscheidungsträgern ebenso wie Privatpersonen frei zur Verfügung.

KÜNSTLICHE SATELLITEN

Die Erdbeobachtungssatelliten reihen sich in eine ganze Flotte weiterer Satelliten ein, die im niedrigen und mittleren Erdorbit in 350 bis 2000 beziehungsweise 20.000 Kilometern Höhe sowie im geostationären Orbit in 36.000 Kilometern Höhe die Erde umkreist. Seit Beginn des Raumfahrtzeitalters, 1957 eingeläutet mit dem Start des ersten künstlichen Erdsatelliten Sputnik 1 durch die Sowjetunion, wurden über 8000 Satelliten in den Orbit geschickt. Anfang 2019 hielten sich dort laut dem UN-Büro für Angelegenheiten des äußeren Weltraums (United Nations Office for Outer Space Affairs, UNOOSA) noch 4987 auf. Davon waren rund 2000 aktiv und dienten der Forschung, der Navigation, der Kommunikation, der Erdbeobachtung oder dem Militär; die übrigen ziehen als Weltraumschrott ihre Bahnen.
Seit Anfang 2020 steigt die Anzahl rapide und könnte sich im Lauf der nächsten 20 Jahre verzehnfachen. Ein Grund dafür ist die zunehmend privatfinanzierte Raumfahrtbranche, die in der Nutzung des nicht-stationären erdnahen Satellitenorbits zwischen 360 und 1250 Kilometern Höhe eine lukrative Marktlücke entdeckt hat. Unternehmen wie SpaceX planen Multi-Satellitennetzwerke, die von dort aus künftig die Weltbevölkerung mit Breitbandinternet versorgen sollen.
Mittlerweile hat SpaceX über 600 Starlink-Satelliten (Stand August 2020) in den Orbit geschickt, Ende 2020 soll das erste Set mit 1500 Starlink-Satelliten in Betrieb gehen. Bis 2027 soll das

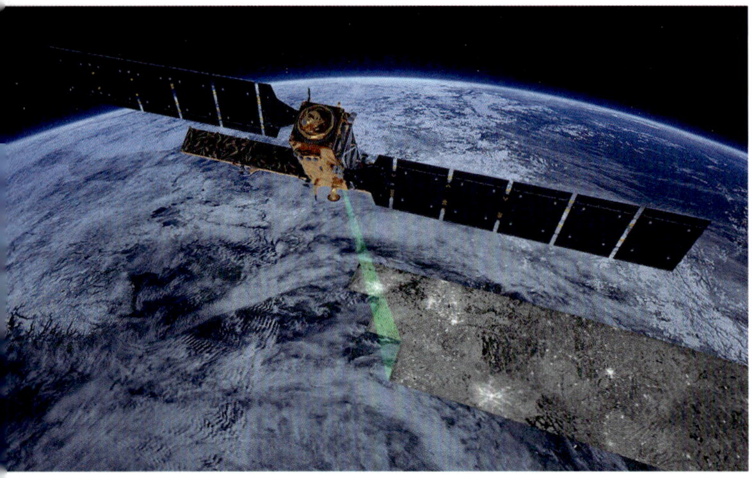

Das Copernicus-Projekt ist das umfassendste Programm zur Erdbeobachtung. Mit den Sentinel-Satelliten zeichnet es Veränderungen in Klima, Ozeanen, Eismassen und Umwelt auf.

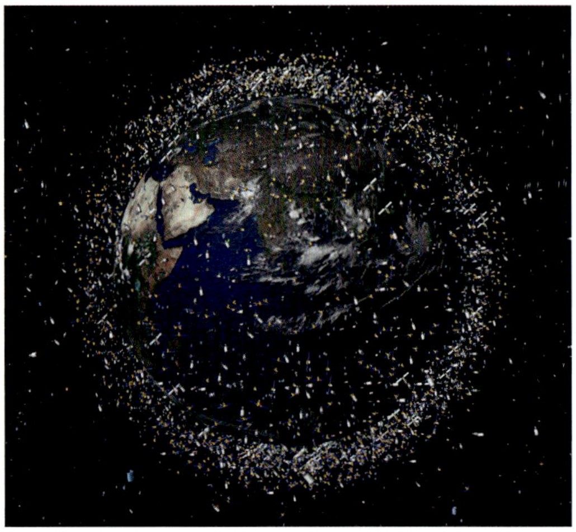

Im Erdorbit kreisen weit über 5000 künstliche Satelliten, etwa die Hälfte davon ist aktiv. Hinzu kommen über 750.000 Bruchstücke an Weltraumschrott.

Netzwerk auf 12.000 Satelliten aufgestockt werden und die Genehmigung für weitere 30.000 ist bereits beantragt.

WELTRAUMSCHROTT

Zu den aktiven und kontrolliert ausgedienten Satelliten kommen etliche Teile an Weltraumschrott, die bevorzugt in Höhen zwischen 600 und 12.000 Kilometern beziehungsweise nahe dem geostationären Orbit bei 36.000 Kilometern den Globus umhüllen. Darunter sind über 170 Millionen kleinere Teile, die größer als ein Millimeter sind, etwa 750.000 Objekte größer als ein Zentimeter und rund 18.000 Bruchstücke größer als zehn Zentimeter.

Für die bemannte wie unbemannte Raumfahrt können selbst kleinere unkontrolliert umherfliegende Bruchstücke gefährlich werden, da sie aufgrund ihrer Geschwindigkeiten eine zerstörerische Einschlagkraft entwickeln. Die Bruchstücke entstehen bei Kollisionen, wie zum Beispiel jener zwischen den beiden Satelliten Iridium 33 und Kosmos 2251 im Februar 2009. Daraus gingen mindestens 2296 Trümmerteile hervor, die sich von der Erde aus verfolgen ließen; hinzu kommen Hunderte weitere, die kleiner als zehn Zentimeter sind und sich nicht mit irdischen Radarsystemen auflösen lassen. Mit der zunehmenden Anzahl an aktiven Satelliten wird sich das Problem des Weltraumschrotts in den nächsten Jahren vermutlich rasant potenzieren.

Einige der Starlink-Satelliten in den niedrigen Orbits sind auch mit bloßem Auge gut zu erkennen. Für Profi- wie Amateurastronomen können sie die Beobachtung beeinträchtigen.

Daneben bleibt die wachsende Anzahl an Satelliten auch für die Astronomie nicht ohne Folgen: Insbesondere Satelliten der Starlink-Serie in niedrigeren Orbits erscheinen deutlich sichtbar bis in die tiefe Dämmerung hinein am Abend- oder Morgenhimmel und beeinträchtigen nicht nur Beobachtungen von Profiastronomen. Erste Bestrebungen seitens SpaceX, die Reflexion der Satelliten durch eine Spezialbeschichtung zu reduzieren, waren bisher mäßig erfolgreich. Dazu meint Bruno Leibundgut von der Europäischen Südsternwarte ESO: „Der Nachthimmel wird sich verändern. – SpaceX schafft hier Fakten in einem rechtsfreien Raum."

DER MOND

Der Mond ist der treue Begleiter der Erde; er umläuft sie in einer mittleren Entfernung von 384.400 Kilometern. Seine synodische Umlaufzeit, also bis er wieder dieselbe Stellung gegenüber der Sonne einnimmt und dieselbe Phase zeigt, dauert 29,5 Tage, die siderische in Bezug auf die Fixsterne 27,8 Tage. Mit einem Durchmesser von 3476 Kilometern ist er rund ein Viertel so groß wie die Erde; seine Masse beträgt $7{,}4 \cdot 10^{22}$ Kilogramm bei geringerer Dichte als die Erde. Die im System Erde–Mond entstehenden Gezeitenkräfte bewirken Ebbe und Flut, walken das Erdinnere durch und erhalten es so flüssig.

Der Mond steht mit der Erde in einer gebundenen Rotation, das heißt, er dreht sich während eines Umlaufs um die Erde genau einmal um sich selbst. Dadurch wendet er der Erde immer dieselbe Hemisphäre zu. Da der Mond, um seine Bahn zu stabilisieren, in seiner Rotation leicht pendelt (Libration), gibt er auch immer wieder ein klein wenig von seiner uns sonst abgewandten Rückseite preis. Dieser Effekt wird durch eine zusätzliche scheinbare Libration verstärkt, die durch die Bahngeometrie zustande kommt. So können wir von der Erde aus insgesamt 59 Prozent der Mondoberfläche sehen.

Seit Beginn des Raumfahrzeitalters haben zahlreiche Sonden den Erdtrabanten erkundet, kartiert und Gesteinsproben entnommen. Mit dem Apollo-Programm der NASA haben zwischen 1969 und 1972 zwölf Menschen den Mond betreten. 2018 ist mit der chinesischen Mission Chang'e 4 erstmals ein Lander auf der Rückseite des Mondes gelandet, der dort nun die Oberfläche untersucht.

Auf der Mondoberfläche heben sich markant die weitläufen dunklen Maria (Einzahl: Mare, von lat. für Meer) von den hellen Regionen, den Terrae (Hochländer), ab. Die Terrae sind vermutlich entstanden, als der anfangs heiße magmatische Mond eine erste Kruste bildete. Sie sind von Tälern und Faltengebirgen durchzogen. Die tiefergelegenen großflächigen Maria haben sich infolge von größeren Asteroideneinschlägen auf dem jungen Erdtrabanten geformt, bei denen sich die Einschlagkrater mit flüssiger Lava aufgefüllt

Der Mond ist der treue Begleiter der Erde. Charakteristisch für seine erdzugewandte Seite sind die dunkleren Maria und die heller erscheinenden Terrae sowie markante Einschlagskrater.

Die Rückseite des Mondes, hier in einer Aufnahme des Lunar Reconnaissance Orbiter, bekommen wir nie zu sehen.

haben. Zahlreiche weitere Krater unterschiedlicher Größe zeugen ebenfalls von Einschlägen durch kleinere Asteroiden und Meteorite.

Nach der heute gängigsten Theorie, dem Giant-Impact-Szenaio, ist der Mond möglicherweise

Nach derzeitiger Lehrmeinung ging der Mond aus einer Kollision der Proto-Erde mit einem marsgroßen Himmelskörper hervor.

sogar selbst aus einer Kollision hervorgegangen. Demnach soll ein etwa marsgroßer Körper, Theia genannt, mit der jungen Proto-Erde zusammengestoßen sein. Die dabei ausgeworfenen Bruchstücke aus Gesteinsschmelze sollen sich anschließend in einem Orbit um die Erde angesammelt und in kurzer Zeit den Mond gebildet haben. Endgültig geklärt ist dieses Szenario aber noch nicht.

Da der Mond so gut wie keine Atmosphäre besitzt, schlagen auch heute noch laufend kleinere Meteorite auf seiner Oberfläche ein. Diese Ereignisse sind bisweilen von der Erde aus als Blitze auf dem Mond zu beobachten. Durch die Einschläge wird beständig Material aus dem harten Boden herausgeschlagen, das die Mondoberfläche als feiner Regolithstaub überzieht.

MOON VILLAGE UND LUNAR GATEWAY

Nach jahrzehntelangem Desinteresse streben nun die großen Raumfahrtorganisationen ebenso wie der private Raumfahrtsektor zurück zum Mond. Ziel ist zum einen, wieder Menschen zum Mond zu schicken und den Erdtrabanten weiter zu erkunden. Zum anderen aber möchte man den Mond als Sprungbrett nutzen, um weiter ins Sonnensystem vorzudringen – sei es als Teleskopstandort, für die bemannte Raumfahrt oder auch für robotische Missionen. Mit dem Moon Village will der derzeitige ESA-Generaldirektor Johann-Dietrich Wörner eine dauerhaft bemannte Mondbasis errichten, an der sich alle raumfahrtaffinen Nationen beteiligten können. Der Mond als Basisstation könnte dann sowohl als Rohstoffquelle für Treibstoff als auch als Startrampe für zukünftige Missionen zum Mars dienen. Alternativ zum Moon Village steht das Lunar Gateway – eine Raumstation in einem Mondorbit – zur Debatte. Betrieben durch alle größeren Raumfahrtagenturen der Erde soll es als Testlabor und Zwischenstation für spätere Marsmissionen fugieren.

Noch ist das Moon Village eine Vision. Es könnte Technologiestandort und Sprungbrett zum Mars werden.

Alternativ dazu könnte das Lunar Gateway als Zwischenstation auf dem Weg in den tieferen Weltraum dienen.

DER MARS

Der rote Planet, benannt nach dem römischen Kriegsgott, zieht als äußerer Nachbar der Erde seine Bahn um die Sonne. Er umrundet sie einmal alle 687 Tage bei einer mittleren Entfernung von 228 Millionen Kilometern. Dabei dreht er sich in 24 Stunden und 37 Minuten einmal um sich selbst. Seine Äquatorebene ist um 25,19° gegenüber der Bahnebene geneigt, sodass, ähnlich wie auf der Erde, Jahreszeiten entstehen.
Mit einem Durchmesser von 6800 Kilometern ist der Mars nur rund halb so groß wie die Erde; mit Kern, Mantel und Kruste ist der Gesteinsplanet jedoch ähnlich aufgebaut wie sie. Sein Kern enthält neben Eisen allerdings wesentlich mehr leichte Elemente als der Erdkern – darunter Schwefel – und besitzt daher eine geringere Dichte. Die Marsoberfläche ist mit Staub aus Eisenoxid überdeckt, der ihm seine rostrote Färbung verleiht. Die Atmosphäre von Mars besteht hauptsächlich aus Kohlendioxid und ist vergleichsweise dünn. Regelmäßig tragen Staubstürme so viel Staub in die Atmosphäre und verteilen ihn über den gesamten Planeten, dass die Sicht auf seine Oberfläche zeitweise verhüllt wird. Das war auch bei dem letzten großen Staubsturm der Fall, der von Mitte 2018 bis 2019 auf dem Planeten tobte. Dem Mars-Rover Opportunity (2004–2018) setze der Staubsturm derart zu, dass er seine Mission auf dem Marsboden nach 14 Jahren beenden musste.

WASSER AUF DEM MARS?

Als der italienische Astronom Giovanni Schiaparelli im Jahr 1877 auf dem roten Planeten linienartige Strukturen entdeckte und diese als „Canali" bezeichnete, nahmen Spekulationen über zivilisiertes Leben auf dem Mars zunächst in den Medien und später selbst in der Fachwelt ihren Lauf.
Bei Schiaparellis Canali handelte es sich wohl teilweise um Canyons oder andere Höhenabstufungen im Marsgelände. Tatsächlich verfügt Mars über das breiteste Grabensystem im Sonnensystem: Die Valles Marineris erstrecken sich über eine Länge von 4000 Kilometern bei einer Breite von 700 Kilometern. (Zum Vergleich: Der Große Afrikanische Grabenbruch misst 6000 Kilometer in der Länge und 30–100 Kilometer in der Breite.) In den meisten Fällen kamen die von Schiaparelli und seinen Kollegen gesichteten Linienstrukturen aber vermutlich durch Kontrasteffekte zu Stande oder waren eine optische Täuschung oder Artefakte, die durch die damaligen Linsenfernrohre hervorgerufen wurden. Inzwischen ist Mars der am besten erkundete Planet. Seit den 1960er-Jahren haben ihn mehrere

Der Mars-Rover Curiosity erkundet seit 2012 die Oberfläche unseres rötlichen Nachbarplaneten.

Eisenoxid auf der Marsoberfläche verleiht dem Planeten seine rötliche Färbung. Gut zu erkennen ist das Canyon-System Valles Marineris. Die weiß erscheinenden Polkappen bestehen aus Kohlendioxideis, das mit etwas Wassereis vermischt ist.

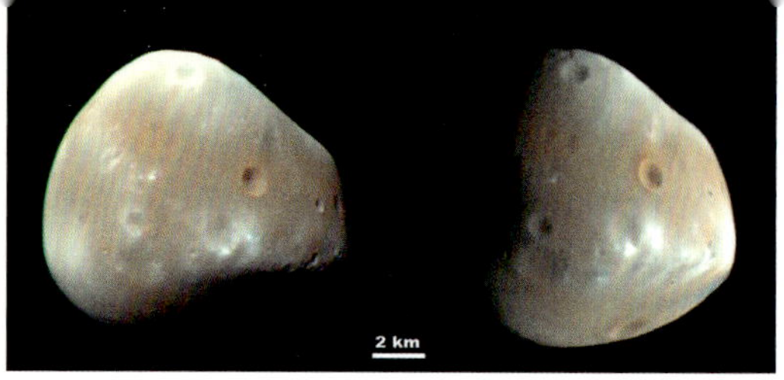

Oben: Der kleinere der beiden Marsmonde, Deimos, misst 15 Kilometer.
Unten: Der größere Marsmond, Phobos, ist knapp 27 Kilometer lang.

Raumsonden angeflogen, und seit über einer Dekade konnten sogar einige Erkundungsroboter erfolgreich auf dem Marsboden landen. Unter anderem erforscht der Marsrover Curiosity seit 2012 die Oberfläche des Planeten und liefert immer wieder atemberaubende Bilder. Seine Funde deuten darauf hin, dass auf dem Mars einst günstige Bedingungen für mikrobielles Leben herrschten.
Geochemische Untersuchungen sprechen dafür, dass es auf der Marsoberfläche einmal flüssiges Wasser gegeben hat; in welchen Mengen ist allerdings unklar. Eine Hypothese geht davon aus, dass einst flüssiges Wasser die Täler und Grabenverbindungen auf dem südlichen Mars geformt hat. Einer aktuelleren Studie zufolge könnten sich diese auch unter dem Druck von Gletschern ausgebildet haben. Die gefrorenen Polkappen, die in Aufnahmen als weiße Flächen zu sehen sind, bestehen vor allem aus Kohlendioxideis, vermischt mit etwas Wassereis. Weiteres Wassereis ist möglicherweise noch in unterirdischen Schichten sowie in schattigen Kraterregionen gespeichert. Jüngste Radarmessungen der Sonde Mars Express (seit 2003) deuten darauf hin, dass sich unter der Südpolkappe von Mars sogar ein Reservoir aus flüssigem Wasser verbergen könnte.
Neben Curiosity erkundet der Mars-Rover InSight (Interior Exploration using Seismic Investigations, Geodesy and Heat Transport, seit 2018) die geologische Struktur des roten Planeten. Er konnte bereits Marsbeben messen, Anzeichen für geologische Aktivität also, und bohrt sich unter die Oberfläche, um tieferliegende Schichten zu untersuchen. Zudem (Stand August 2020) sind die arabische Raumsonde Al-Amal und ein weiterer NASA-Rover, Perseverance, zu Mars unterwegs.

MARSMONDE

Mars besitzt zwei kleinere Monde, Phobos (griech., „Furcht“) und Deimos (griech., „Schrecken“). Ob es sich bei ihnen einst um zwei Asteroiden handelte, die sich der Planet eingefangen hat, oder ob sie ähnlich wie der Erdmond durch einen größeren Einschlag auf dem Mars entstanden sind, steht noch zur Diskussion. Der größere von beiden, Phobos, misst in seiner Länge 26,8 Kilometer, der kleinere, Deimos, 15 Kilometer.

Phobos wurde von der europäischen Mars-Sonde Mars Express unter die Lupe genommen und seine Bahndaten genau vermessen. Als innerer Mond ist er so starken Gezeitenkräften ausgesetzt, dass er in 40–70 Millionen Jahren auf den Mars stürzen wird.

DER JUPITER

Jupiter ist der König unter den Planeten des Sonnensystems und nicht ohne Grund nach dem Hauptgott der Römer benannt. Der Gasriese umrundet die Sonne jenseits des Asteroidengürtels in einer Entfernung zwischen 4,9 und 5,4 Astronomischen Einheiten. Für einen Umlauf benötigt er elf Jahre und 315 Tage. Um sich selbst dreht er sich einmal in rund zehn Stunden. Mit seiner Schwerkraft stabilisiert er den Asteroidengürtel und schützt damit die Erde weitgehend vor größeren Einschlägen (vgl. „Kleinkörper", S. 59). Jupiter misst in seiner Äquatorebene 143.000 Kilometer und ist 318-mal so massereich wie die Erde. Damit vereinigt er etwa zwei Drittel der gesamten im Sonnensystem vorhandenen planetaren Masse in sich. Und nicht nur das: Besäße er nur 13-mal mehr Masse, hätte er es zu einem Braunen Zwerg geschafft. So nennen Astronomen „verhinderte" Sterne, in denen anfangs zwar kurz Kernfusion zündet und Energie erzeugt wird, die dann jedoch nach einem hellen Aufleuchten nur noch im Infraroten vor sich hinglimmen. Dennoch strahlt Jupiter mehr Energie ab als er von der Sonne aufnimmt. Diese überschüssige Energie hat der Gasriese noch aus der Entstehungszeit gespeichert: Als dieser einst kontrahierte, heizte er sich in seinem Inneren auf, sodass in seinem Kern Modellen zufolge heute noch Temperaturen von mehr als 20.000 Grad Kelvin herrschen.
Jupiter besteht im Wesentlichen aus Gas, das in seiner Zusammensetzung aus Wasserstoff und Helium dem Elementverhältnis der Sonne ähnelt, wobei der Anteil an schweren Elementen etwas höher ist. Der Gasriese ist in eine rund 50 Kilometer dicke, mehrschichtige Wolkendecke gehüllt, in der Wolkenbänder in Ost- und Westrichtung zirkulieren. Zwischen gegenläufigen Wolkenbändern bilden sich Jetstreams mit hohen

Der Gasriese Jupiter besticht durch seine farbenfrohen Wolkenbänder. Prominent tritt der Große Rote Fleck hervor, ein seit über 350 Jahren bestehender Wirbelsturm.

JUPITERS GROSSER ROTER FLECK

Der Große Rote Fleck (GRF) ist ein gigantischer Wirbelsturm, der seit mindestens 350 Jahren in Jupiters äußerer Atmosphäre tobt. Erste Aufzeichnungen eines Phänomens wie des GRF gehen auf den Naturforscher Robert Hooke im Jahr 1664 zurück, möglicherweise besteht er jedoch bereits länger. In den äußeren Regionen des Großen Roten Flecks herrschen Windgeschwindigkeiten zwischen 430 und 680 Kilometern pro Stunde. Bereits seit längerem sichtbare dunklere Regionen innerhalb des Großen Roten Flecks, deren Natur bisher unbekannt war, ließen sich dank jüngster Beobachtungen mit dem Gemini-Teleskop auf Hawaii als tiefergelegene wärmere Schichten identifizieren. Der GRF misst in seiner Längsrichtung rund 16.500 Kilometer. In den letzten Jahren verkleinerte er sich zwar zusehends; dass er sich bald auflösen könnte, ist nach aktuellem Kenntnisstand allerdings nicht zu erwarten.

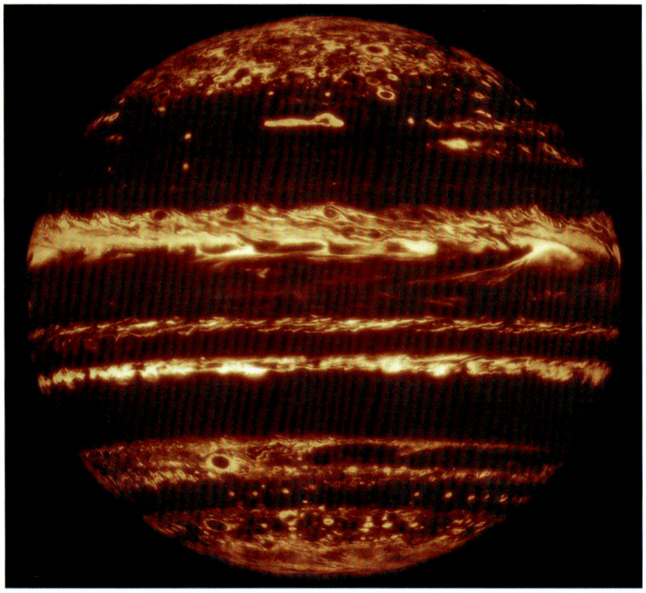

Diese Infrarotaufnahme des Gemini-Teleskops und des Hubble-Teleskops gibt einen Einblick in die wärmeren, tieferliegenden Schichten von Jupiter; dichte, für Infrarotstrahlung undurchlässige Wolkenschichten erscheinen dunkel.

Geschwindigkeiten. Treibende Kraft für das Wettergeschehen in Jupiters Atmosphäre ist der konvektive Wärmetransport aus tieferen Schichten an die Oberfläche. Zusätzlich bringt die für einen Gaskörper typische differenzielle Rotation, wie sie auch in der Sonne auftritt, Bewegung in die Atmosphäre. So benötigen Jupiters Gasmassen in der Äquatorregion nur 9 Stunden 50 Minuten für einen Umlauf, in den Polregionen hingegen 9 Stunden 55 Minuten. Beobachtungen der NASA-Sonde Juno zufolge, die Jupiter seit 2016 umkreist, beschränkt sich die differenzielle Rotation jedoch anders als erwartet auf die Schichten der Atmosphäre, in denen auch das Wettergeschehen stattfindet. Darunter scheint der Gasplanet wie ein starrer Körper zu rotieren.

An den Grenzen zwischen Wolkenbändern und Jets bilden sich Wirbel, die in die Bänder hineinragen und das Material aus den unterschiedlichen Höhen durchmischen. Sie verleihen Jupiter seine marmorierte Wolkenstruktur. Die Farben der Wolkenbänder changieren von weiß über gelb, orange und rot bis bräunlich, einige Regionen erscheinen eher bläulich. Die helleren Regionen enthalten vermutlich Ammoniak, die dunkleren Phosphor, Schwefel und womöglich Kohlenwasserstoffe. Braun- und Blautöne kommen wahrscheinlich durch bestimmte Aerosole zustande.

Im April 2020 veröffentlichte Aufnahmen liefern ganz erstaunliche Einblicke in das Wettergeschehen und zum Energiehaushalt des Planeten. Dazu kombinierten die Astronominnen und Astronomen um Michael Wong Infrarot-Beobachtungen des Gemini-Teleskops auf Hawaii mit Aufnahmen aus dem optischen und ultravioletten Spektralbereich des Hubble-Weltraumteleskops und Radiomessungen der Juno-Sonde aus den vergangenen drei Jahren.

Die Infrarot-Aufnahmen gaben den Blick durch dünnere Wolkenschichten in tiefere, wärmere Regionen frei. So ließen sich dichtere Wolken, die Infrarotstrahlung blockieren, abbilden und deren Ausmaß abschätzen. Ergänzend dazu verwendeten die Forscher Radioaufnahmen der Juno-Sonde, die Blitze in Jupiters Atmosphäre aufzeichnete. Die großräumigen elektrischen Entladungen bilden ihrerseits das Konvektionsverhalten in der Atmosphäre ab: Durch Konvektion werden unterschiedlich geladene Aerosole, Eiskristalle oder Wassertröpfchen separiert. So entsteht ein Spannungsgefälle entlang einer Konvektionszelle, das sich durch Blitze entlädt. Demnach entwickeln sich Jupiters stärkste Wirbelstürme, in denen auch die gewaltigen Blitze zucken, in der Umgebung von weitläufigen Konvektionszellen oberhalb einer Wolkenschicht aus Wassereis und Wasserdampf.

Unterhalb der oberen Atmosphäre verdichten sich die Gasschichten zusehends und der Druck steigt auf über einige Millionen Bar an. Unter diesen Bedingungen liegt Wasserstoff in flüssiger metallischer Form vor und wird elektrisch leitfähig. Herkömmliche Modelle von Jupiter gehen davon aus, dass in seinem Inneren ein fester Kern verborgen ist. Allerdings konnten Messungen der Juno-Sonde diese Annahmen bisher nicht bestätigen. Die leitfähigen Schichten in der Tiefe tragen vermutlich zum komplexen Magnetfeld von Jupiter bei, das Juno derzeit ebenfalls erkundet. Es lässt sich grob als dipolar (zweipolig) beschreiben, weist aber ausgeprägte Anomalien auf: Besonders stark konzentriert es sich in einer Region nahe des Äquators, dem sogenannten Großen Blauen Fleck

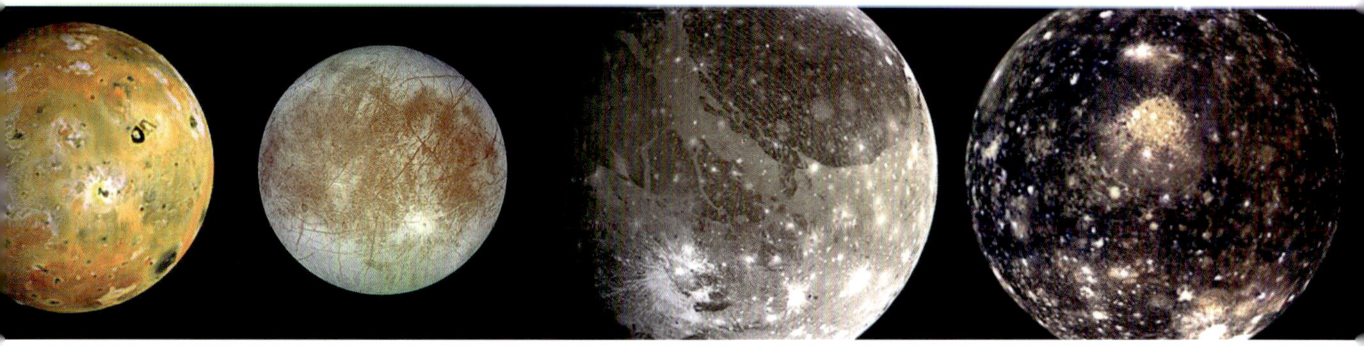

Oben: Im Dezember 2019 lichtete die Juno-Sonde diese stürmische Region auf der Nordhemisphäre von Jupiter ab. Die marmorierte Struktur kommt durch chaotische Wirbelstürme zustande.
Unten: Die vier Galileischen Monde: Io ist geprägt von starkem Vulkanismus; Europa ist von einer dicken Eisschicht überzogen; auch Ganymed und Kallisto besitzen eine Eiskruste.

(GBF), der allerdings nicht sichtbar ist. Erste Messungen von Juno zeigen im Vergleich zu den früheren Aufzeichnungen der Pioneer- oder Voyager-Sonden, dass sich das Magnetfeld von Jupiter verändert. Grund dafür könnten Winde in seiner Atmosphäre sein, die bis in 3000 Kilometer Tiefe reichen und dort die Schicht aus leitfähigem flüssigem Wasserstoff, die das Magnetfeld transportiert, aufrühren.

MONDE UND RINGSYSTEM

Jupiter besitzt 79 bekannte Monde, die vier berühmtesten unter ihnen – Ganymed, Kallisto, Io und Europa – werden als Galileische Monde bezeichnet und sind bereits in einem einfachen Fernglas als auffällige Lichtpünktchen nahe der Äquatorebene des Planeten gut zu erkennen. Galileo Galilei und Simon Marius haben sie unabhängig voneinander 1610 entdeckt, als ihnen die ersten einfachen Fernrohre zur Verfügung standen. Alle anderen Monde – bis auf Amalthea, den 1892 erstmals Edward Barnard am Lick-Observatorium in San Jose, Kalifornien, erspähte – wurden erst mit bessern Teleskopen im 20. oder 21. Jahrhundert entdeckt. Die ESA plant für 2022 den Start der Raumsonde JUICE (Jupiter Icy Moons Explorer), die ab 2029 die Eismonde im Detail untersuchen soll.

Jupiter ist von einem Ring aus winzigen, fein verteilten Staubteilchen umgeben, der so dünn ist, dass er sich nur mithilfe von Raumsonden beobachten lässt. Untersuchungen der Galileo-Mission (1989–2003) legen nahe, dass das Ringmaterial von Jupiters Gesteinsmonden stammt. Es ist wahrscheinlich durch Meteoriteneinschläge freigesetzt worden und von den Monden entwichen, da diese es mit ihrer geringen Schwerkraft nicht halten konnten.

DER SATURN

Saturn, benannt nach dem römischen Gott des Ackerbaus, ist der zweitgrößte Planet im Sonnensystem. Er beeindruckt schon in einem kleinen Teleskop mit seinem Ringsystem. Er läuft in 29 Jahren und 166 Tagen in einer Entfernung von neun bis zehn Astronomischen Einheiten um die Sonne. Dabei dreht er sich in 10,5 Stunden einmal um sich selbst, wobei die Äquatorregionen mit 10 Stunden und 13 Minuten etwas schneller und die Polregionen mit 10 Stunden 39 Minuten etwas langsamer rotieren. Saturn ist wie Jupiter ein Gasriese, seine Masse beträgt etwa 95 Erdmassen beziehungsweise $5{,}7 \cdot 10^{26}$ Kilogramm; das sind rund 30 Prozent der Masse des schwersten Planeten. Saturns mittlere Dichte ist im Vergleich zu den übrigen Planeten mit 0,69 Gramm pro Kubikzentimeter sehr gering; als einziger Planet im Sonnensystem ist er leichter als Wasser. Seine dichte Atmosphäre enthält hauptsächlich Wasserstoff (93 Prozent). Mit sieben Prozent ist der Anteil an Helium geringer als bei Jupiter. Gefrorene Ammoniakkristalle in der Atmosphäre verleihen Saturn seine gelblich-braune Färbung.

Der Druck der Saturnatmosphäre steigt zum Zentrum hin zusehends an. In tiefer gelegenen Schichten geht der Wasserstoff in einen flüssigkeitsähnlichen Zustand über und wird in einer Tiefe von 0,47 Saturnradien metallisch und somit elektrisch leitfähig. Modellrechnungen zufolge befindet sich im Inneren des Planeten ein fester Kern aus einem Eis-Silikat-Gemisch von etwa 16 Erdmassen.

Die Doppel-Raumsonde Cassini-Huygens, die 2004 in den Orbit um Saturn einschwenkte und sowohl den Gasriesen als auch seine Monde erforschte, lieferte eine Fülle detaillierter Bilder des Planeten, insbesondere auch von den Polregionen.

Saturn, der Herr der Ringe unter den Planeten. Die Ringe bestehen aus Eis, Staub und kleineren Gesteinsbrocken. Ihre Rillenstruktur entsteht durch die Wechselwirkung mit zahlreichen kleineren und größeren Monden.

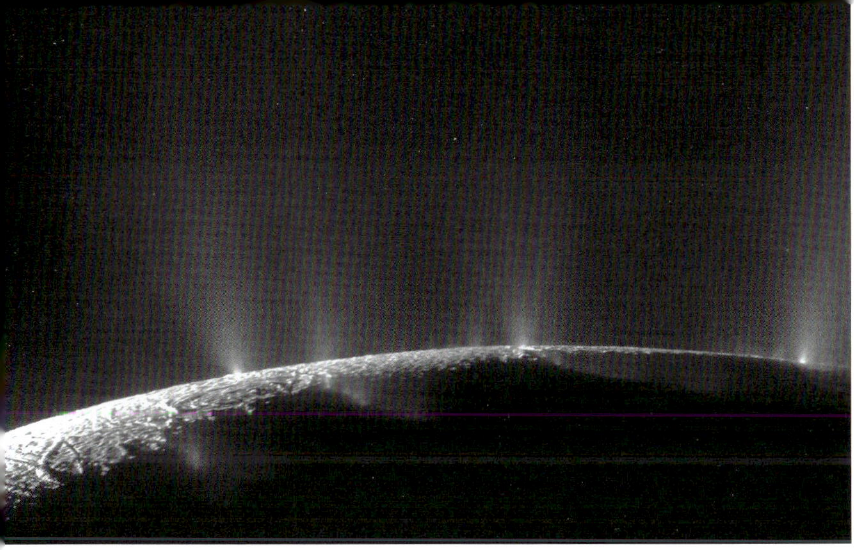

Die Raumsonde Cassini beobachtete auf dem Saturnmond Enceladus Geysire aus Wassereis und Wasserdampf.

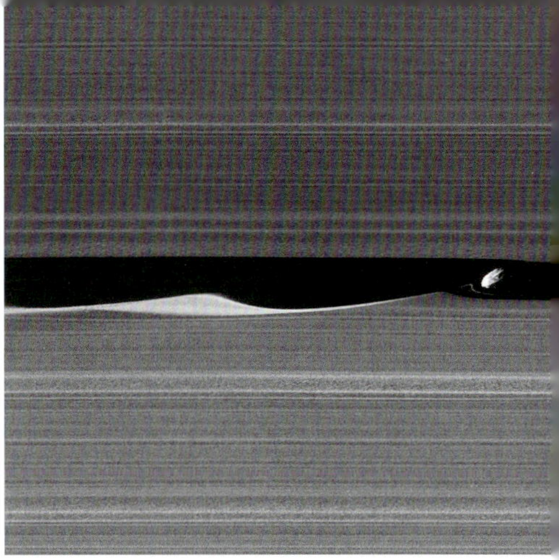

Der Mond Daphnis umkreist Saturn in der sogenannten Keeler-Lücke; durch seine Gezeitenwirkung erzeugt er Wellenstrukturen in dem angrenzenden Ring.

Dabei förderten die Aufnahmen neue Eindrücke einer bereits seit längerem bekannten bizarren Struktur zu Tage: Ein erstmals von der Voyager-1-Sonde aufgenommener, gigantischer sechseckiger Wirbelsturm, der den Nordpol des Planeten umströmt, änderte seine Farbe. Seine einst bläuliche Färbung ging zusehends ins Rötliche über. Ursache dafür könnte der Wechsel der Jahreszeit auf Saturn sein: Sie wurde beobachtet, als die Sonne auch die Nordhalbkugel beschien. So vermutet man, dass die Sonneneinstrahlung die Entstehung bestimmter Kristalle in der Saturnatmosphäre begünstigt, welche die rötliche Färbung hervorrufen.

Auch Saturn besitzt ein Magnetfeld in Form eines Dipols, das allerdings schwächer ist als dasjenige von Jupiter.

RINGE UND MONDE

Neben den Messungen für ein detailliertes Modell von Saturn selbst hat die Cassini-Sonde während ihrer 13-jährigen Missionszeit auch neue Erkenntnisse über das Ringsystem Saturns sowie über seine Monde geliefert.

Die Ringe des Saturn bestehen aus Eis- und Staubteilchen von Sandkorngröße oder größer, ebenso finden sich unter dem Material bis zu zehn Meter große Gesteinsbrocken. Sie haben eine Dicke von zehn bis 100 Metern und finden sich ab etwa 7000 Kilometer über der Oberfläche des Planeten. Die Hauptringe, die mit Buchstaben von A bis G benannt sind, reichen über 480.000 Kilometer in den Raum hinein; neueste Aufnahmen des Spitzer-Weltraumteleskops legen sogar nahe, dass es in mehreren Millionen Kilometern Abstand zur Saturnoberfläche noch einen extrem losen Ring gibt. Auffällig sind außerdem die charakteristischen Lücken, auch Teilungen genannt, zwischen den Ringen. Die größte und bekannteste ist nach ihrem Entdecker Giovanni Cassini benannt, der die Teilung 1675 erstmals im Fernrohr sah. Sie lässt sich bereits mit einem guten Amateurteleskop als dunkler Ring zwischen den hellen Ringen ausmachen. Die Lücken zwischen den Ringen werden durch Monde erzeugt, die die Teilchen durch ihre Gezeitenkräfte in die Ringe abdrängen und so ihre Bahn „freiräumen".

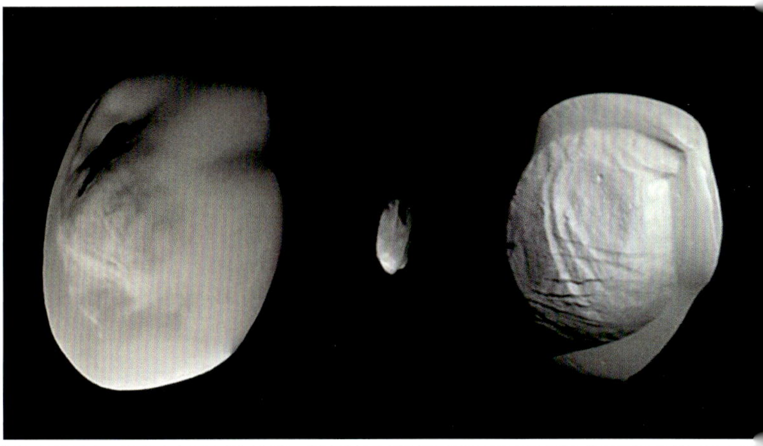

Die wenige Kilometer durchmessenden Saturnmonde Atlas, Daphnis und Pan (v. l. n. r.) haben Staubmaterial angesammelt, das sich krempenartig in ihrer Äquatorregion abgesetzt hat.

Saturn besitzt 82 Monde, die sich in Größe, Form und Struktur deutlich unterscheiden (nicht maßstabsgetreu).

Die Monde des Saturn sind in ihrer Form ebenso vielfältig wie in ihrer Größe. Die kleinsten von nur mehreren hundert Metern Durchmesser halten sich bedeckt und verraten sich allein durch auffällige Strukturen, die sie in den Ringen durch ihre Schwerkraft und Gezeitenwirkung hervorrufen. Einige der Monde mittlerer Größe, wie etwa der acht Kilometer durchmessende Daphnis, lenken die Teilchen der angrenzenden Ringe so ab, dass an ihren Rändern markante Wellenstrukturen entstehen. Kleinere Monde machen eher indirekt durch propellerartige Strukturen auf sich aufmerksam, die sie bei ihrer Bewegung wenig ober- und unterhalb eines Rings entlang hervorrufen.
Daphnis, Atlas oder Pan stören jedoch nicht nur die Ringe, sondern erscheinen selbst eigenartig geformt: Sie sind deutlich abgeplattet und um ihre Äquatorregionen haben sich feinste Staubteilchen zu einer krempenartigen Form angelagert.

CASSINI-HUYGENS

Die Doppel-Raummission Cassini-Huygens startete im Oktober 1997 von Cape Canaveral. Nach sieben Jahren Flugzeit gelangte der Satellit in die Umlaufbahn um Saturn; Anfang 2005 verließ die Sonde Huygens den Muttersatelliten und landete auf Titan (5150 km), dem größten der 82 bekannten Saturnmonde, um dort Daten über dessen Oberflächenbeschaffenheit zu sammeln. Cassini selbst lieferte eine Fülle von Detailaufnahmen von Saturns äußerer Atmosphäre, vor allem aber von seinen Ringen und Monden. Die Beobachtungen förderten überraschende Erkenntnisse wie etwa die Entdeckung eines Hot Spots sowie der Auswürfe von Eiskristallen auf dem Saturnmond Enceladus (504 km) zu Tage. Am 15. September 2017 endete die Mission der Raumsonde und Cassini wurde gezielt in die Saturnatmosphäre gelenkt, um dort zu verglühen.

DER URANUS

Noch weiter außen im Sonnensystem ziehen zwei massereiche Eisriesen ihre Bahnen. Der uns nächste von beiden ist Uranus, benannt nach dem griechischen Himmelsgott. Unter sehr guten Sichtbedingungen ist er sogar gelegentlich mit bloßem Auge zu sehen. Entdeckt und als Planet erkannt hat ihn jedoch erst Wilhelm Herschel mit seinem Teleskop im Jahr 1781.
Uranus ist mit rund 14 Erdmassen und vier Erddurchmessern der viertschwerste und drittgrößte Planet in unserem Sonnensystem. Er umkreist die Sonne in einer Entfernung von rund 19 Astronomischen Einheiten, also in etwa 2,9 Milliarden Kilometern einmal in 84 Jahren. Erstaunlicherweise ist seine Rotationsachse derart gekippt, dass sie fast in der Bahnebene liegt und Uranus dabei rückläufig rotiert – in 17 Stunden und 14 Minuten. Seine Bahnebene ist hingegen kaum gegenüber der Erdbahnebene geneigt.

In seinem Inneren besitzt Uranus einen Kern aus Gestein und Eis von etwa einer Erdmasse, dessen Konsistenz nicht genau bekannt ist. Dieser ist von einem dickflüssigen Mantel aus Wasser, Methan und Ammoniak in Form von Eis umgeben. Darüber erstreckt sich eine Atmosphäre aus Wasserstoff, Helium und etwas Methan. Die Gashülle ist recht homogen; markante Wolkenstrukturen fehlen. Uranus erscheint blaugrün, da die äußere Methanschicht den roten Anteil aus dem an der tieferen Wolkenschicht reflektierten Sonnenlicht herausfiltert.
Der Eisriese besitzt ein quadrupolartiges Magnetfeld. In den Polargegenden haben die Voyager-Sonden sowie das Hubble -Weltraumteleskop Polarlichtaktivität beobachtet.
Bisher sind von Uranus 27 Monde bekannt. Die fünf größten von ihnen, Miranda, Ariel, Umbriel, Titania und Oberon, sind nach Charakteren in Shakespeares *Sommernachtstraum* benannt. Zudem besitzt der Eisplanet ein unscheinbares Ringsystem, dessen Masse weniger Material enthält als die Cassinische Teilung der Saturnringe allein.

Uranus besitzt 27 bekannte Monde, die größten darunter tragen Namen aus Shakespeares Sommernachtstraum.

Uranus erscheint blau-grün; diese Keck-Aufnahme stammt allerdings aus dem Infraroten und wurde eingefärbt.

DER NEPTUN

Bald nach der Entdeckung von Uranus stellte sich heraus, dass dieser Planet nicht exakt der für ihn vorausberechneten Bahn folgte. Seine Bahnabweichungen deuteten darauf hin, dass es weiter außen im Sonnensystem noch einen anderen Planeten geben musste. Auf dieser Grundlage berechnete der französische Mathematiker Urbain Le Verrier 1846 die Himmelsposition eines weiteren vermuteten Planeten. Noch im selben Jahr entdeckte schließlich der deutsche Astronom Johann Gottfried Galle den achten Planeten. Benannt ist Neptun nach dem römischen Meeresgott.

Der zweite Eisriese unter den Planeten ist mit fast vier Erddurchmessern und 17 Erdmassen der viertgrößte und drittschwerste Planet im Sonnensystem. Mit einem Kern aus Gestein und Eis, einem dicken eisartigen Mantel aus Wasser-, Ammoniak- und Methaneis, an den sich eine dichte Atmosphäre aus Wasserstoff, Helium und Methan anschließt, ist er ähnlich aufgebaut wie Uranus. Neptun umläuft die Sonne auf einer fast kreisförmigen Bahn in einer Entfernung von rund 30 Astronomischen Einheiten bei einer Umlaufdauer von 165 Jahren. Die Neigung seiner Bahnebene gegenüber der Erdbahnebene ist sehr gering. Seine Bahn wird außerdem durch die des zu einem Zwergplaneten herabgestuften Pluto gekreuzt. Dieser bewegt sich auf einer extrem exzentrischen Bahn und hat eine 3:2-Resonanz zu Neptun entwickelt: So benötigt Neptun für drei Sonnenumläufe genauso viel Zeit wie Pluto für zwei. Die Eigenrotation von Neptun ist mit knapp 16 Stunden recht schnell, sodass seine Pole merklich abgeplattet sind.

Auch Neptun besitzt ein quadrupolartiges Magnetfeld, das vermutlich durch eine dünne leitende Schicht in seinem Inneren erzeugt wird. Sein feines Ringsystem wurde, wie auch das von Uranus, anhand von Sternbedeckungen entdeckt. Weiterhin sind bisher 14 Neptunmonde bekannt; der größte unter ihnen ist der Eismond Triton. Er misst 2707 Kilometer im Durchmesser und beherbergt Eisgeysire.

Diese Aufnahme der Voyager-2-Sonde zeigt den Eisriesen Neptun mit dem Großen Dunklen Fleck, einer Wolkenstruktur.

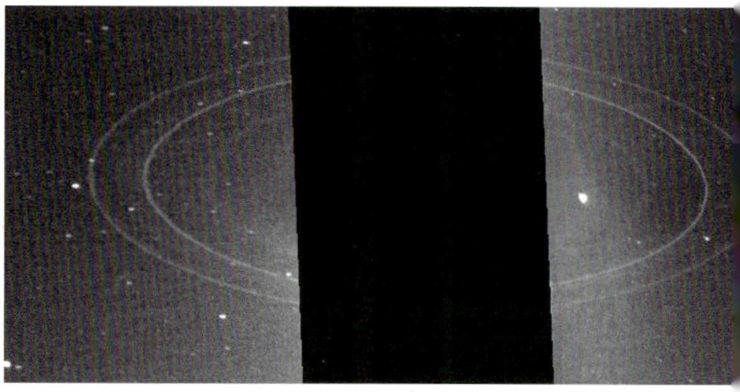

Oben: Die Ringe des Neptun werden erst sichtbar, wenn der Planet selbst ausgeblendet ist.
Unten: Der größte Neptunmond Triton besitzt mit nur 38 Kelvin die kälteste Oberfläche im ganzen Sonnensystem.

KLEINKÖRPER

Neben den Planeten tummeln sich im Sonnensystem zahlreiche Kleinkörper wie Asteroiden, Zwergplaneten und Kometen. Viele dieser Objekte haben sich im Asteroidengürtel sowie im Kuipergürtel angesammelt. Eine wichtige Quelle an Kometen ist zudem die Oortsche Wolke, die das Planetensystem weit außerhalb umgibt und bisher noch nicht beobachtet wurde.

ASTEROIDEN

In einem Bereich zwischen Mars und Jupiter, dem Asteroidengrütel (2,2–3,6 Astronomische Einheiten), zieht ein Schwarm von kosmischen Gesteinsbrocken seine Bahn, die aus der Entstehungszeit des Sonnensystems übriggeblieben sind. Asteroiden haben Durchmesser von wenigen Metern bis hin zu einigen Dutzend oder sogar Hunderten Kilometern. Die kleineren sind jedoch deutlich in der Überzahl. Vermutlich zwingt Jupiter die meisten dieser Kleinkörper dank seiner Schwerkraft auf geregelte Bahnen und schützt damit die Erde vor häufigen größeren Einschlägen. Einige Asteroiden bewegen sich außerdem auf sehr viel weitläufigeren Bahnen jenseits von Jupiter; eine ganze Reihe von ihnen umrunden die Sonne aber auch innerhalb der Mars- und manche sogar innerhalb der Erdbahn, so zum Beispiel die Gruppe der sogenannten Erdbahnkreuzer. Hinzu kommen als Trojaner bezeichnete Asteroiden, die Jupiter und Mars auf ihren Bahnen vorauseilen oder ihnen hinterherziehen. Trojaner halten sich um die Lagrange-Punkte der jeweiligen Planetenbahnen auf: An diesen Orten heben sich die Schwerkraft des Planeten und der Sonne mit der Zentrifugalkraft (Fliehkraft) gegenseitig auf.

Asteroiden enthalten weitgehend ursprüngliches Material aus der Entstehungszeit des Sonnensystems, das keinen geologischen oder gar biologischen Einflüssen ausgesetzt war, die es hätten verändern können. Da sie vornehmlich aus Gesteinsmaterial bestehen, müssen sie in eher wärmeren Regionen des Sonnensystems entstanden sein, in denen Wasser oder andere Gase nicht ausfrieren konnten. Allerdings enthalten Asteroiden durchaus größere Wassermengen, die chemisch in das Gestein eingebunden sind. Eine aktuelle Hypothese geht davon aus, dass Asteroiden einst die Erde während einer größeren Einschlagsperiode, dem Late Heavy Bombardment, vor etwa 3,95 Milliarden Jahren mit Wasser beliefert haben. Entsprechend ihrer näheren Zusammensetzung lassen sich Asteroiden grob in zwei Haupttypen unterteilen: die kohlenstoffhaltigen, sogenannten C-Asteroiden (C für das chemische Element Kohlenstoff) und die silikathaltigen S-Asteroiden. In Beobachtungen erscheinen C-Asteroiden dunkler, S-Asteroiden, die mehr Sonnenlicht reflektieren, heller.

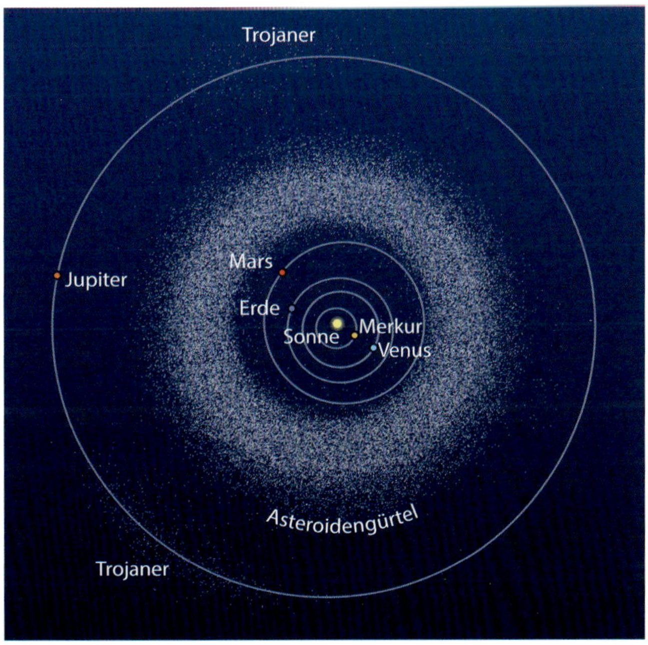

Im Asteroidengürtel zwischen Jupiter und Mars halten sich über 650.000 Objekte zwischen wenigen Metern bis Hunderten Kilometern Größe auf. Die kleineren sind jedoch deutlich in der Überzahl.

Die japanische Raumsonde Hayabusa 2 flog 2019 den Asteroiden Ryugu an und entnahm eine Materialprobe. Der Asteroid gleicht einem Schotterhaufen aus losem Geröll, zusammengehalten allein durch seine Schwerkraft.

Vorbeiflüge von Raumsonden seit den 1990er-Jahren gewährten erste Einblicke in die Formenvielfalt dieser Objekte. Dennoch ging man lange davon aus, dass Asteroiden kompakte Gesteinsbrocken wie aus einem Guss seien. Seit aber die ersten Raumsonden in den letzten Jahren auf Asteroiden gelandet sind, zeigt sich ein wesentlich differenzierteres Bild. Der erdnahe Asteroid Ryugu beispielsweise, von dem die japanische Raumsonde Hayabusa 2 mit einem Lander 2019 eine Probe entnahm, entpuppte sich als eine lose Ansammlung von kosmischen Schottersteinen, die durch die Schwerkraft zusammengehalten werden. Von ganz ähnlicher Natur scheint der Asteroid Bennu zu sein, den derzeit (Stand Juni 2020) die NASA-Sonde OSIRIS-REx (Origins Spectral Interpretation Resource Identification Security – Regolith Explorer) umfliegt. Im Herbst 2020 soll sie eine Bodenprobe von Bennu entnehmen und diese 2023 zur Erde zurückbringen. Forscher vermuten, dass beide Objekte entstanden sind, als zwei größere Gesteinsbrocken zusammenstießen und dabei auseinanderbrachen. Anschließend formten die Bruchstücke jeweils ein loses Agglomerat, das durch seine recht geringe Schwerkraft zusammengehalten wird.

PLUTO UND DER KUIPERGÜRTEL

Einst als neunter und äußerster Planet des Sonnensystems gehandelt, fristet Pluto seit der neuen Definition der International Astronomical Union

CERES

Ein Sonderfall im Asteroidengürtel ist Ceres: Mit seiner kugelförmigen Gestalt, seinem planetenähnlichen Aufbau und einem Durchmesser von rund 930 Kilometer gleicht er viel mehr einem kleinen Planeten als einem Asteroiden und zählt daher zur Klasse der Zwergplaneten. Solche Objekte kommen in diesen Regionen des Sonnensystems eigentlich gar nicht vor, sondern ziehen erst jenseits von Neptun ihre Bahnen. Die Raumsonde Dawn hat Ceres von 2015 bis 2018 erkundet. Dabei offenbarte sich Ceres als wahrer Miniplanet mit einer dünnen Silikatkruste, die, an einigen Stellen vermutlich durch heftige Asteroiden- oder Meteoriteneinschläge brüchig geworden, indirekt einen Blick in sein Innenleben gewährt.

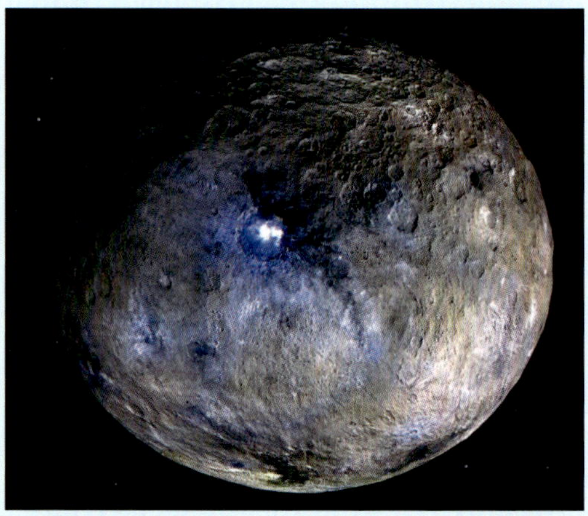

Der Zwergplanet Ceres ist eine Ausnahme im Asteroidengürtel. Die helle Gegend im Einschlagskrater Occator kommt möglicherweise durch Salzablagerungen zustande.

(IAU) von 2006 sein Dasein als immerhin größter Zwergplanet. Demnach zeichnet sich ein echter Planet nicht nur dadurch aus, dass er dank seiner ausreichend großen Masse eine kugelförmige Gestalt angenommen hat, sondern auch dadurch, dass er mit seiner Schwerkraft die Umgebung seiner Bahn um die Sonne von anderen Objekten frei geräumt hat. Das trifft auf Pluto nicht zu. Er umkreist die Sonne gemeinsam mit einem losen Schwarm weiterer planetarer Kleinkörper und Kometen jenseits des Neptuns zwischen 30 und 50 Astronomischen Einheiten, die dem sogenannten Kuipergürtel angehören. Bei den Mitgliedern des Kuipergürtels handelt es sich um Objekte, die es in der Entstehungsphase des Sonnensystems nicht geschafft haben, über Planetesimale hinaus zu wachsen.

Dass solche Objekte jenseits von Neptun beziehungsweise Pluto existieren sollten, hatten verschiedene Forscher, darunter der irische Astronom Kenneth Edgeworth und sein niederländisch-amerikanischer Kollege Gerard Kuiper, unabhängig voneinander seit Mitte des 20. Jahrhunderts vermutet. Die ersten Kuipergürtel-Objekte wurden in den 1990er-Jahren entdeckt. Mittlerweile sind rund 2000 Objekte bekannt. Schätzungen gehen von über 70.000 Mitgliedern aus, die größer als 100 Kilometer sind; hinzu kommen zahlreiche kleinere. Pluto selbst ist das sonnennächste und größte Objekt des Kuipergürtels.

Entdeckt hat ihn der amerikanische Astronom Clyde W. Tombaugh auf fotografischen Aufnahmen des Lowell Observatory am 18. Februar 1930, noch auf der Suche nach einem neunten Planeten im Sonnensystem. Dass ein solcher jenseits von Neptun existieren sollte, folgerten Astronomen damals aus Bahnunregelmäßigkeiten von Uranus und Neptun. Doch die tatsächliche Position von Pluto wich von der berechneten Position ab. Seine Masse reichte nicht aus, um die Bahnabweichungen der beiden Eisriesen zu erklären.

Mit einem Durchmesser von 2370 Kilometern ist Pluto kleiner als der Erdmond. Seine Bahn um die Sonne ist ausgesprochen exzentrisch und kreuzt die des Neptun, mit dem er sich in einer 3:2-Resonanz befindet. Für einen Umlauf benötigt Pluto 248 Jahre, sein sonnennächster Punkt befindet sich bei rund 30 Astronomischen Einheiten innerhalb der Neptunbahn, sein sonnenfernster bei 49 Astronomischen Einheiten.

Pluto besitzt fünf Monde. Der größte, Charon, misst 1208 Kilometer im Durchmesser. Pluto und Charon bewegen sich um ihren gemeinsamen Schwerpunkt, der sich außerhalb beider

Am 14. Juli 2015 passierte die Raumsonde New Horizons Pluto und offenbarte ungeahnte Details auf seiner Oberfläche. Im Hintergrund ist Plutos Hauptmond Charon zu sehen.

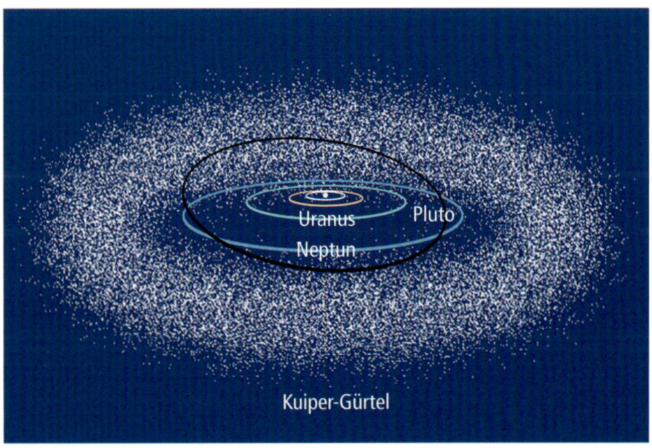

Pluto ist Teil des Kuipergürtels, in dem zahlreiche Zwergplaneten und Asteroiden jenseits von Neptun ihre Bahnen ziehen.

Im Gegenlicht zeichnet sich die dünne Atmosphäre von Pluto ab.

Himmelskörper befindet. Die übrigen vier deutlich kleineren Monde, Nix, Hydra, Kerberos und Styx, umlaufen das Pluto-Charon-System weitläufig.

Wegen seiner großen Entfernung war lange nur sehr wenig über Pluto bekannt. Das änderte sich schlagartig, als mit New Horizons am 14. Juli 2015 erstmals eine Raumsonde den Zwergplaneten passierte. Nach einer 9,5 Jahre dauernden Anreise flog New Horizons in einem Abstand von 12.500 Kilometern an Pluto vorüber. Die Bilder förderten Erstaunliches zutage. Sie zeigen eine markante Oberfläche des Zwergplaneten, die in der nördlichen Region ein großflächiges herzförmiges Areal aus verschiedenen Eis-Arten offenbart. Zudem gab die Oberfläche weitläufige Risse und Canyons preis, die auf jüngere geologische Aktivität schließen lassen. Dass Pluto verhältnismäßig wenige Kratereinschläge aufweist, könnte ebenfalls ein Hinweis darauf sein, dass seine Oberfläche verhältnismäßig jung ist. Möglicherweise konnte er aber auch schlicht durch seine Außenseiterposition einem heftigen Einschlagsregen durch Asteroiden in der Frühzeit des Sonnensystems entgehen.

Pluto ist von einer dünnen Atmosphäre aus Stickstoff umgeben. Sie verliert durch den Sonnenwind stetig an Masse, wird jedoch laufend durch Stickstoffvorräte aus seinem Inneren gespeist.

PLANET X

Einige Astronomen diskutieren, ob es im Sonnensystem noch einen weiteren bisher unentdeckten Planeten geben könnte. Eine Handvoll Objekte des äußeren Kuipergürtels umlaufen die Sonne außerhalb Neptuns auf außergewöhnlichen Bahnen. Ihre weitläufigen Ellipsen sind allesamt nahezu gleichartig stark gegenüber der Ebene des übrigen Planetensystems gekippt.

Scott Sheppard von der Carnegie Institution for Science of Washington und Chad Trujillo von der Northern Arizona University sowie einige ihrer Kolleginnen und Kollegen sehen diese Auffälligkeiten als Indiz dafür, dass weit außen im Sonnensystem ein bisher unbekannter Planet der zehnfachen Erdmasse seine Bahn ziehen könnte. Mit seiner Schwerkraft würde er die Kuipergürtel-Objekte auf ihren außergewöhnlichen Orbits halten. Jüngsten Berechnungen zufolge könnte sich ein solcher neunter Planet in einer Entfernung zwischen 200 und 1200 Astronomischen Einheiten aufhalten. Dafür spricht, dass auch in vielen extrasolaren Planetensystemen solche sogenannten Supererden in einer ähnlichen Distanz um ihre Muttersterne kreisen. Daher suchen Astronomen seit einigen Jahren intensiv nach dem unbekannten Planeten X, unter anderem mit dem Subaru-Teleskop auf Hawaii, – bisher allerdings ohne Erfolg.

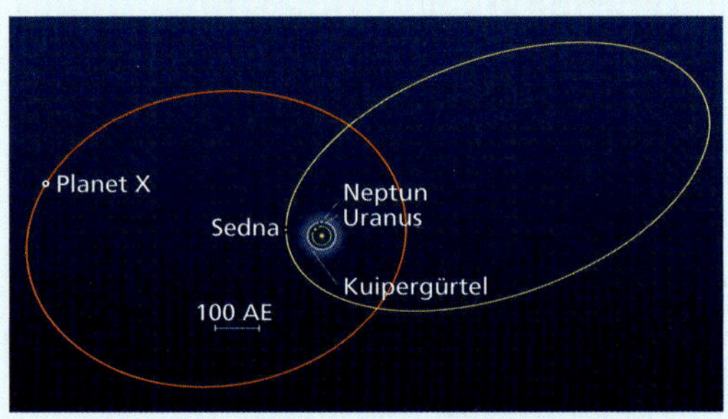

Ein noch unentdeckter Planet X könnte die außergewöhnliche Bahn des Kuipergürtelobjekts Sedna hervorrufen.

KOMETEN

Einst als Unglücksboten von den Menschen gefürchtet, bieten Kometen bisweilen ein faszinierendes Naturschauspiel und sind begehrtes Forschungsobjekt für Astronomen. Sie sind ähnlich wie Asteroiden Überreste aus der Entstehungszeit des Sonnensystems, setzen sich jedoch völlig anders zusammen. Sie bestehen aus einer Mischung aus Eis-Arten verschiedener Substanzen wie Wasser, Kohlendioxid oder Kohlenmonoxid, Methan und Ammoniak sowie aus Staub und Gestein. Also müssen sie in einer Gegend des jungen Sonnensystems entstanden sein, in der es kalt genug war, dass Wasser und andere sonst gasförmige Substanzen gefrieren konnten. Charakteristisch für alle Kometen des Sonnensystems ist ein verhältnismäßig hoher Wassergehalt sowie ein bestimmtes Mengenverhältnis von Sauerstoff, Kohlenstoff und Stickstoff, das jenem der Sonnenmaterie entspricht. Dennoch können schwerere Elemente und bestimmte Kohlenstoff-

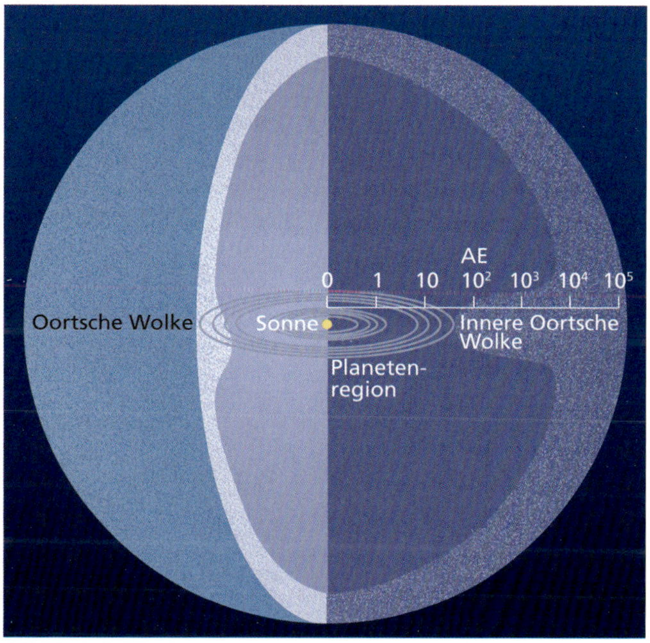

Als Reservoir von langperiodischen Kometen wird die Oortsche Wolke vermutet, die das Sonnensystem in einer Entfernung bis 100.000 Astronomischen Einheiten umgeben soll.

Der Koment C/2020 F8 (SWAN) war im Mai 2020 schwach mit bloßem Auge zu sehen. In Aufnahmen treten seine grünlich leuchtende Koma und sein langer, dünner Schweif hervor.

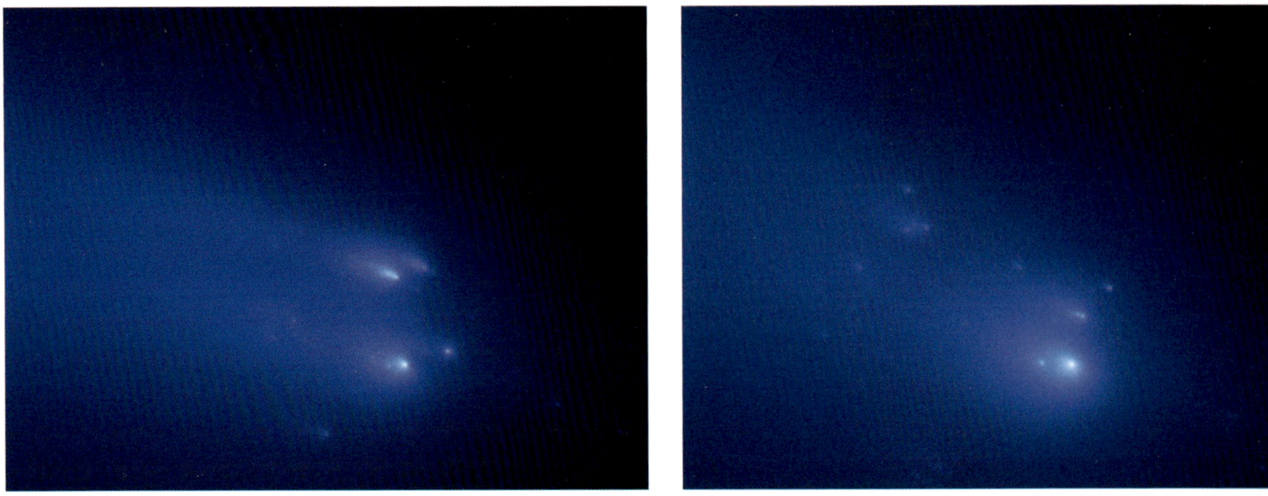

Der Koment C/2019 Y4 (ATLAS) überstand seine Sonnenpassage nicht. Die Aufnahmen des Hubble-Weltraumteleskops vom 20. April (links) und 23. April 2020 (rechts) zeigen ihn in mehrere Teile zerbrochen.

und Stickstoffverbindungen sowie komplexere Moleküle zu unterschiedlichen Anteilen vorkommen – abhängig von dem Ort im jungen Sonnensystem, an dem sie entstanden sind.

Kometen stammen aus den Außenbereichen des Sonnensystems und bewegen sich auf stark elliptischen Bahnen, auf denen sich viele von ihnen regelmäßig der Sonne nähern. Kometen mit einer Periode von weniger als 200 Jahren sind vermutlich im Kuipergürtel beheimatet, länger-periodische Kometen stammen wahrscheinlich aus einem viel weitläufigeren – noch hypothetischen – Kometenreservoir, der sogenannten Oortschen Wolke, die das Sonnensystem in einer Entfernung von 100.000 Astronomischen Einheiten umgibt.

Sobald sich ein Komet der Sonne auf weniger als fünf Astronomische Einheiten, also etwa auf Höhe der Jupiterbahn, nähert, erwärmt sich seine Oberfläche so weit, dass zuvor gefrorene Substanzen als Gas verdampfen und dabei Staub mit herauslösen. Das Material sammelt sich um den Kometenkern herum an und bildet die charakteristische diffuse Hülle des Kometen, die Koma. Sie kann sich zwei bis drei Millionen Kilometer um den Kern herum ausdehnen. Der Staub in der Koma streut das Sonnenlicht, das Gas leuchtet durch Fluoreszenz.

Nähert sich der Komet weiter der Sonne, blasen Sonnenwind und Strahlungsdruck Gas und Staub aus der Koma weit in den Raum hinaus. Der Komet erhält einen Schweif, der sich zwischen zehn und 100 Millionen Kilometer in den Raum erstrecken kann. Da Strahlungsdruck und Teilchenstrom der Sonne in unterschiedlicher Weise auf Gas und Staub wirken, spaltet sich der Schweif meist auf.

Wie sich ein Komet in Sonnennähe entwickelt, wie sehr sich seine Koma ausprägt und ob überhaupt ein Schweif entsteht, lässt sich kaum vorhersagen. Manche Kometen bilden bestenfalls eine bereits im Fernglas sichtbare Koma aus. Andere entpuppen sich als schmucke Fotomotive für Astrofotografen. In seltenen Fällen werden Kometen mit einem markanten Schweif sogar für das bloße Auge sichtbar. Bei manchen Kometen weicht der eishaltige Kern hingegen soweit auf, dass er auseinanderbricht oder sich vollständig auflöst, wie es zum Beispiel bei den Kometen C/2020 S1 (ISON) Ende 2013 oder C/2020 F8 (SWAN) und C/2019 Y4 (ATLAS) im Frühjahr 2020 der Fall war.

Koma und Schweif unterscheiden Kometen in ihrem Erscheinungsbild, abgesehen von ihrer Bahn, auch von größeren Asteroiden. Denn nach herkömmlicher Auffassung weisen Asteroiden selbst in Sonnennähe keinerlei Aktivität auf. Doch möglicherweise lassen sich diese beiden Objektarten gar nicht so klar voneinander abgrenzen. So beobachtete beispielsweise die STEREO-Sonde bei dem als Asteroid klassifizierten Himmelskörper Phaeton, dass von ihm Materie abströmte.

BOTEN DER FERNE – 1I/'OUMUAMUA UND 2I/BORISOV

Dass wir gelegentlich Besuch von Objekten anderer Sternensysteme bekommen sollten, ist keineswegs abwegig. Kometen und Asteroiden können in ihrem Ursprungssystem derart in die Fänge der Schwerkraft eines Riesenplaneten geraten, dass sie dort herausgeschleudert werden und durch den interstellaren Raum rasen. Die Entdeckung dieser Himmelskörper ließ lange auf sich warten, bis schließlich Karen Meech von der University of Hawaii im Oktober 2017 am Pan-STARRS1-Teleskop das erste interstellare Objekt ausfindig machte. Die Internationale Astronomische Union (IAU) gab ihm den Namen 1I/'Oumuamua. Dabei steht 1I für „erstes interstellares Objekt" und 'Oumuamua hawaiianisch für „Bote aus der Ferne, der als erster ankommt". Da sich 1I/'Oumuamua auf einer extrem exzentrischen Bahn und noch dazu mit fast 90 Kilometern pro Sekunde ausgesprochen schnell durch das Sonnensystem bewegte, musste er von einem anderen Stern stammen. Um ihn zu studieren, blieben den Wissenschaftlerinnen und Wissenschaftlern um Karen Meech nur wenige Wochen, denn er befand sich bei seiner Entdeckung bereits wieder auf dem Rückzug aus dem Sonnensystem.

„Das Merkwürdige an 'Oumuamua waren seine Form und sein Rotationsverhalten", sagt Karen Meech. Diese Eigenschaften, wie auch sein nur ungenau zu bestimmendes Reflexionsvermögen (Albedo), machten es schwierig, die Abmaße des Kometen zu bestimmen. Diese schwanken je nach Modell zwischen 160 und 800 Metern in der Länge sowie in Höhe und Breite jeweils zwischen 36 und 180 beziehungsweise acht und 80 Metern. Laut einer im April 2020 erschienen Studie könnte 'Oumuamua seine langgestreckte, zigarrenähnliche Form erhalten haben, als er seinem Heimatstern sehr nahe kam, kurz bevor er von dort aus

ROSETTA UND DER KOMET 67P/TSCHURJUMOW-GERASIMENKO

Nachdem Raumsonden bereits einige Kometen im Vorbeiflug erkundet hatten – den Anfang machte Giotto, die 1986 den Halleyschen Kometen besuchte – startete die ESA 2004 mit Rosetta eine vielversprechende Mission zum Kometen 67P/Tschurjumow-Gerasimenko. Nach zehn Jahren Flugzeit erreicht sie den Himmelskörper im August 2014; am 12. November 2014 gelang es ihr, mit Philae erstmals einen Lander auf einem Kometen abzusetzen. Neben spektakulären Bildern lieferte Rosetta eine Vielzahl neuer Erkenntnisse über Kometen. So war beispielsweise der Anteil an schwerem Wasserstoff, also Deuterium, im Wasser von 67P/Tschurjumow-Gerasimenko dreimal so hoch wie in irdischem Wasser. Das stellte die Hypothese, dass Kometen einst Wasser auf die Erde brachten, in Frage. Zudem enthielt der Komet verhältnismäßig wenig Eis. Er war vielmehr ein eisiger Staubball als – wie bisher angenommen – ein staubiger Schneeball.

2014 setzte die Raumsonde Rosetta den Lander Philae auf dem Kometen 67P/Tschurjumow-Gerasimenko ab.

Eine Fontäne aus Gas und Staub auf 67P/Tschurjumow-Gerasimenko in Sonnennähe.

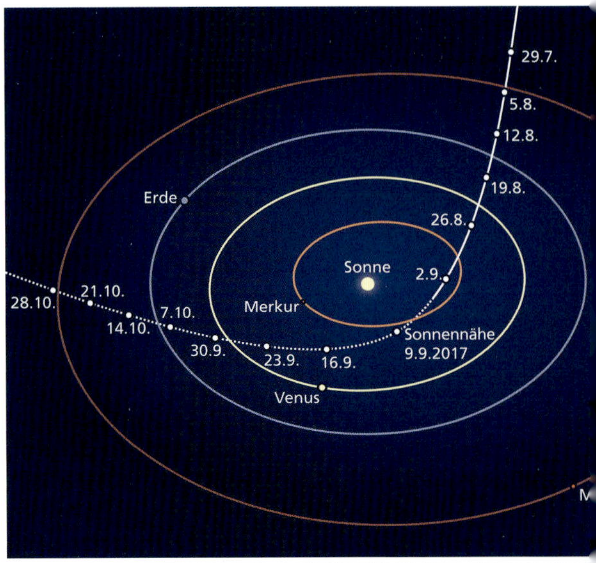

Das erste Objekt aus einem fernen Sternsystem 1I/'Oumuamua, hier in einer künstlerischen Darstellung. Aufgrund seiner Bahn und hohen Geschwindigkeit war schnell klar, dass es aus dem interstellaren Raum stammen musste.

ins All geschleudert wurde. Dabei wäre der Komet teilweise aufgeschmolzen und durch Gezeitenkräfte in die Länge gezogen worden, bis er sich in größerer Entfernung vom Stern wieder verfestigte. Die Art und Weise, wie er rotierte und weshalb er von seiner berechneten Bahn abwich, ließ sich nur damit erklären, dass Material von ihm abströmte und ihm dabei einen leichten Drall verlieh. Da er jedoch keine ausgeprägte, für Kometen typische Koma erkennen ließ, stuften die Astronomen ihn als Asteroiden ein. Seine vermutlich rötliche Färbung ließ auf Eisen oder Gesteinsmaterial schließen, wie es auch für Asteroiden in unserem Sonnensystem typisch ist.

Nur zwei Jahre später entdeckte der Amateurastronom Gennadi Borisov mit seiner Sternwarte auf der Krim den interstellaren Kometen 2I/Borisov. 2I/Borisov zeigte von Beginn an eine Koma, ein typischer Komet also. Auch hatten die Forscher diesmal mehr Zeit, das interstellare Objekt zu beobachten, denn Borisov befand sich bei seiner Entdeckung erst im Anflug auf die Sonne. So stand 2I/Borisov über ein halbes Jahr unter Dauerbeobachtung mit den besten Observatorien der Welt, darunter auch das Very Large Telescope der ESO in Chile und das Hubble Space Telescope. Anhand von Spektren der Kometenkoma konnten die Forscher einige Substanzen identifizieren. Dabei fanden sie, verglichen mit Kometen aus unserem Sonnensystem, auffällig viel Kohlenmonoxid. Weil Kohlenmonoxid bei niedrigeren Temperaturen gefriert als Wasser, muss 2I/Borisov in sehr kalten Regionen der protoplanetaren Scheibe seines Ursprungssystems weitab von seinem Heimatstern entstanden sein, so die Schlussfolgerung der Forscher. Im März 2020 zeigten Aufnahmen mit dem Hubble Space Telescope, dass sich der Kern des Kometen auseinanderzog und drohte, auseinanderzubrechen.

METEORE UND METEORITE

Entlang ihrer Bahn hinterlassen Kometen feine Staubteilchen sowie kleinere und teils auch größere Bruchstücke. Kreuzt die Erde eine solche Staubwolke, treffen die Staubteilchen mit hoher Geschwindigkeit auf die Atmosphäre. Durch die Reibung mit den Luftmolekülen werden sie dabei so stark erhitzt, dass sie verglühen. Das Material selbst und die Atmosphäre in ihrer Umgebung werden ionisiert und zum Leuchten anregt. All das geschieht in einer Höhe von mehr als 80 Kilometern. Die Staubteilchen werden als Meteore oder Sternschnuppen sichtbar. Der Komet Swift-

Tuttle etwa beliefert das Staubreservoir für den bekannten Meteorstrom der Perseiden, der Mitte August besonders aktiv ist; der Komet Tempel-Tuttle speist die Staubquelle der Leoniden, die im November zu sehen sind.

Neben den Hinterlassenschaften von Kometen unmittelbar entlang ihrer Bahn ist im gesamten Sonnensystem weiträumig interplanetarer Staub verteilt, der teils ebenfalls von Kometen, teils von Asteroiden stammt. Auch davon trifft regelmäßig Material auf die Erdatmosphäre. Wenn es nicht verglüht, gelangt es auf den Erdboden.

Schätzungen zufolge gehen täglich zwischen drei und 300 Tonnen kosmischer Staub auf der Erde nieder. Gut erhalten ist der kosmische Staub in und auf dem antarktischen Eis sowie im Meeressediment. Das Material aus dem All unterscheidet sich in seiner Zusammensetzung von irdischem Staub. Anhand der Isotopenverteilung bestimmter Elemente lässt es sich bis in die Ursprungszeit des Sonnensystems zurückdatieren.

Die Staubteilchen, die als Sternschnuppen in der Erdatmosphäre verglühen, sind meist nur sandkorngroß. Wenige Zentimeter große Steinchen erscheinen als besonders helle Meteore, sogenannte Feuerkugeln oder Boliden. Größere Materialbrocken ab etwa Dezimeter-Größe verglühen nicht mehr vollständig und Teile von ihnen landen auf dem Erdboden: kleinere als Mikrometeorite, die größeren als Meteorite.

Wie Asteroiden und Kometen enthalten sie Material aus der Frühzeit des Sonnensystems. So sind Forscher besonders daran interessiert, Meteorite zu finden, da ihre Zusammensetzung etwas über die Entstehungsgeschichte des Planetensystems aussagt. Sie enthalten die Zusammensetzung an schweren Elementen, wie sie im frühen Sonnensystem präsent war. Ein Großteil der Mikrometeorite enthält kohlenstoffhaltige Verschmelzungen, während die größeren Meteorite bevorzugt aus silikathaltigen Einschlüssen, sogenannten Chondren, bestehen. Diese Verschmelzung dürfte in einer Umgebung entstanden sein, in der kurzfristig hohe Temperaturen von einigen tausend Grad geherrscht haben. Eine Hypothese geht davon aus, dass Blitzentladungen in der ursprünglichen protoplanetaren Scheibe die Ursache sein könnten.

Die Perseiden, der bekannte Meteorstrom im August, scheinen alle aus dem Sternbild Perseus zu kommen.

Je größer die Staubkörner sind, die auf die Atmosphäre treffen, desto heller erscheinen die Meteore.

NEOS – NEAR EARTH OBJECTS

Bis zu einem Durchmesser von zehn Metern oder etwas mehr schützt die Atmosphäre sehr gut vor kosmischen Geschossen. Die meisten zerbersten und verglühen, wenn sie in die Lufthülle eintreten und sind als Feuerbälle oder Boliden sichtbar. Kleinere Bruchstücke davon gehen durchaus auf die Erde nieder, richten jedoch in der Regel keine Schäden an. Ab welcher Größe ein Gesteinsbrocken aus dem All gefährlich wird, hängt auch von seiner Zusammensetzung und seinem Einfallswinkel ab. Ist er von eher poröser Konsistenz, kann auch ein 20–40 Meter großer Asteroid beim Eintritt in die Atmosphäre zerbersten.

Erdnahe Asteroiden können eine Bedrohung für die Erde sein; derzeit ist kein Objekt mit Kurs auf die Erde bekannt.

Das geschah beispielsweise, als am 15. Februar 2013 über der russischen Provinzhauptstadt Tscheljabinsk ein Asteroid von rund 20 Metern Durchmesser in die Atmosphäre eintrat und dabei explodierte. Durch die Druckwelle gingen vor allem Fensterscheiben zu Bruch, es gab rund 1500 Verletzte durch herumfliegende Glassplitter. Direkt getroffen von dem kosmischen Gesteinsbrocken wurde jedoch niemand; einzelne Teile gingen über weitgehend unbewohntem Terrain nieder.

Doch auch kleinere Objekte können beträchtlichen Schaden anrichten. So schlug beispielsweise ein etwa 1,5 Meter großer Meteorit im peruanischen Carancas 2007 einen beachtlichen Krater in den Boden. Aufgrund seines flachen Eintrittswinkels konnte er die Erdatmosphäre recht unbeschadet durchqueren und bis zum Erdboden gelangen.

Um Asteroiden im Anflug auf die Erde frühzeitig zu erkennen und gegebenenfalls Schutzmaßnahmen zu ergreifen, um die Bevölkerung wie in einem Fall von Tscheljabinsk rechtzeitig zu evakuieren oder bei größeren Objekten Abwehrmission zu starten, halten Forscher gezielt nach erdnahen Objekten Ausschau.

Als erdnahe Objekte oder NEOs (engl., Near Earth Objects) gelten sämtliche Asteroiden oder Kometen, die auf ihrem Orbit der Erdbahn näher als 45 Millionen Kilometer (oder 0,3 Astronomische Einheiten) kommen können. Als potenziell für die Erde gefährlich stufen die Forscher in der Regel solche Objekte ein, deren Orbit sich der Erdbahn um weniger als 7,5 Millionen Kilometer annähert.

Über der russischen Provinzhauptstadt Tscheljabinsk zerplatzte am 15. Februar 2013 ein etwa 20 Meter großer Mini-Asteroid in der Atmosphäre. Die Druckwelle brachte Fensterscheiben zum Zerbersten.

1998 gab der US-Kongress eine Direktive an die US-Raumfahrtbehörde NASA aus, innerhalb von zehn Jahren 90 Prozent aller erdnahen Objekte mit einem Durchmesser von mindestens einem Kilometer zu finden. Schätzungen zufolge sind inzwischen über 90 Prozent dieser größeren Objekte bekannt. Von der Größenklasse ab 300 Meter aufwärts kennen wir etwa die Hälfte. Aktuell haben die NASA und ESA mit ihren Suchkampagnen vor allem Objekte ab einem Durchmesser von 140 Metern und mehr im Blick. Einige der derzeit laufenden Himmelsdurchmusterungen sind der von der University of Arizona geleitete Catalina Sky Survey, die Suche mit dem 2012 in Hawaii in Betrieb genommenen Teleskop Pan-STARRS und das Projekt LINEAR, das unter anderem Beobachtungstechnologien einsetzt, die ursprünglich zur Überwachung von Satelliten in der Erdumlaufbahn entwickelt wurden. Dabei gehen auch laufend kleinere Asteroiden ins Netz. Um auch kleinere Objekt bis hinab zu 30 Metern serienweise aufspüren zu können, betreibt die ESA seit kurzem das sogenannte „Fly Eye"-Projekt, bei dem künftig mehrere Teleskope mit einem großen Gesichtsfeld den ganzen Himmel in nur einer Nacht absuchen sollen. Weiterhin plant die NASA ein weltraumbasiertes Infrarotobservatorium namens NEOCam.

Dank der sich stetig verbessernden Beobachtungstechnologien ist die Anzahl der bekannten erdnahen Objekte in den vergangenen Jahren rapide angestiegen. So beläuft sich ihre Anzahl derzeit insgesamt auf über 23.000, davon sind etwa 900 mindestens ein Kilometer groß, über 9000 Objekte sind 140 Meter oder größer im Durchmesser, alle übrigen Objekte sind kleiner. Dennoch ist das Risiko eines für die menschliche Zivilisation potenziell gefährlichen Einschlags verhältnismäßig gering. Mit einem Ereignis wie in Tscheljabinsk ist statistisch gesehen etwa alle 150 Jahre zu rechnen; mit einem Treffer eines 100 Meter großen Asteroiden, der bereits erheblichen Schaden in der Zivilisation anrichten würde, alle 10.000 Jahre. Mit einem nahen Vorbeiflug wie jenem des Duende-Asteroiden am 15. Februar 2013 ist nur etwa alle 40 Jahre zu rechnen; mit einem Treffer auf die Erde noch deutlich seltener: alle 1000 Jahre. Kilometergroße

Das Fly-Eye-Teleskopsystem der ESA soll künftig permanent nach kleineren erdnahen Asteroidensuchen.

Objekte, die die menschliche Zivilisation global gefährden würden, sind extrem rar, sodass es statisch gesehen alle 500.000 bis einige Millionen Jahre zu einer Kollision kommen kann. Derzeit ist kein Objekt bekannt, das in den nächsten Jahrzehnten der Erde gefährlich werden könnte.

ASTEROIDENBERGBAU

Die Vision, Asteroiden als Rohstoffquelle anzuzapfen, reicht bis lange vor die Raumfahrtära zurück. Heute scheint dieses Science-Fiction-artige Szenario in greifbare Nähe gerückt zu sein. Tatsächlich ist im Sonnensystem reichlich Schotter vorhanden, der einiges an Ressourcen bereithalten könnte. Die aus der Entstehungsphase des Sonnensystems übrig gebliebenen Asteroiden enthalten vermutlich ähnliche Materialien wie die Erde, wenn auch in anderer Zusammensetzung. Einige private Unternehmen wittern im Asteroidenbergbau bereits ein Milliardengeschäft, doch auch die etablierte Raumfahrtbranche interessiert sich für die Ressourcen aus dem All. Dabei geht es vor allem darum, die Ressourcen vor Ort zu nutzen. Denn die Beförderung von Treibstoff, Wasser oder sonstigen Versorgungsgütern ist es, was es so teuer macht, Menschen ins All zu schicken, vor allem über die Internationale Raumstation hinaus zum Mond oder schließlich zum Mars.

Blaues Hexagon an Saturns Nordpol

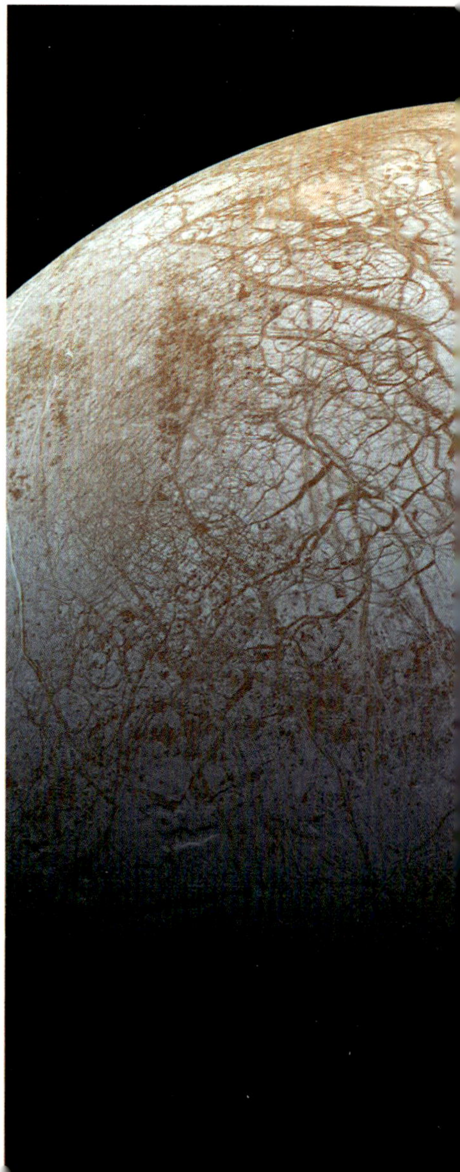

Saturn im Gegenlicht

Vereiste Nordpolkappe des Mars mit Trogtälern

Polarlicht auf Jupiter

Jupiters Eismond Europa

Saturnmond Iapetus mit äquatorialem Bergrücken

Komet 67P/Tschurjumow-Gerasimenko, Größe: 4 x 3,5 x 3,5 Kilometer

Der „Hals" des Kometen

Geröll auf der Kometenoberfläche

Oberfläche aus verbackener Staubschicht

Durch bewusste Überbelichtung werden die Jets deutlich sicherbar.

Aktivität des Kometen in Sonnennähe

STERNE, STERNENSTAUB UND EXOPLANETEN

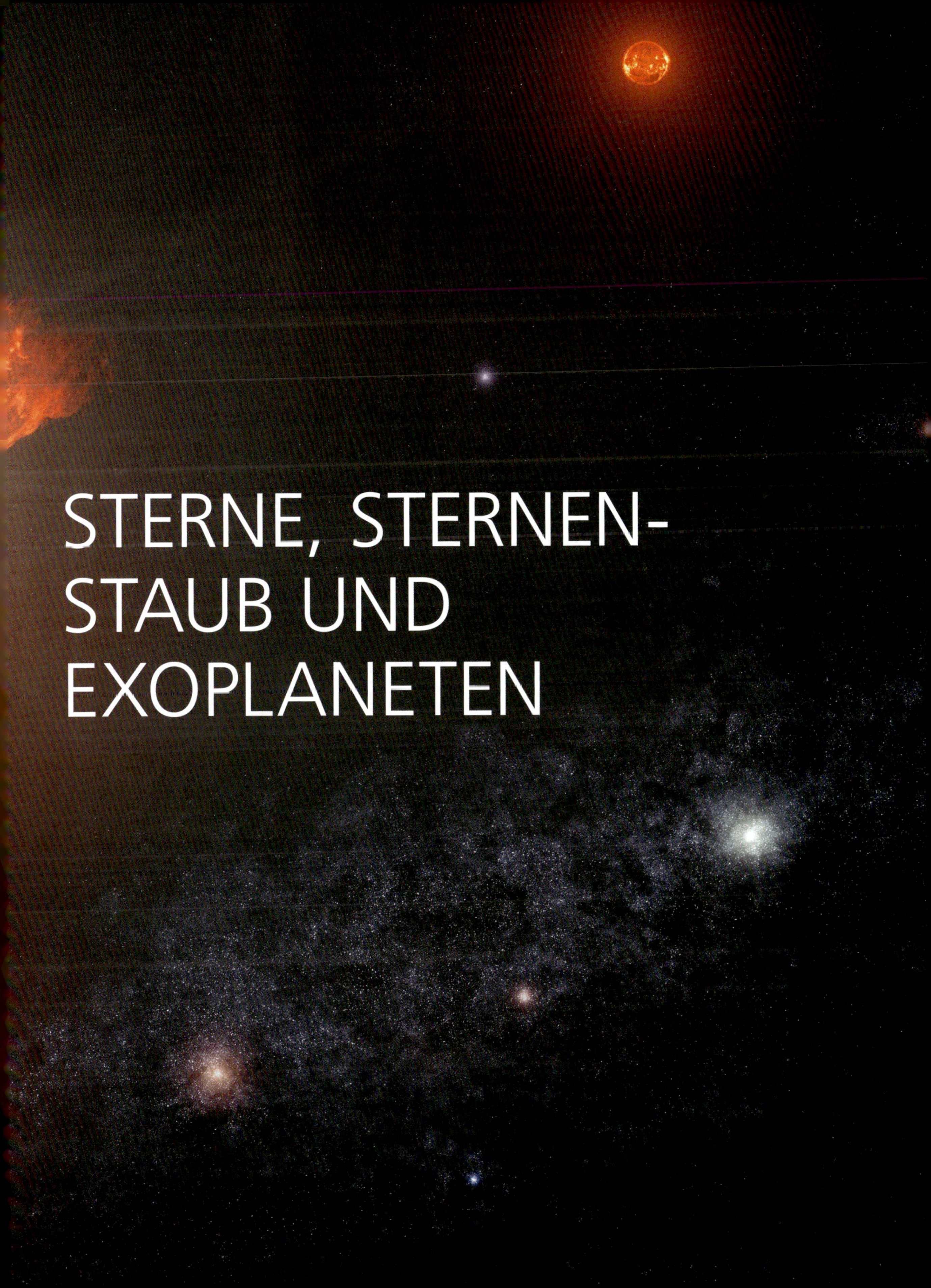

STERNE IM WANDEL

Scheinbar unvergänglich prangen die Fixsterne am Firmament. Dass diese kosmische Ordnung jedoch nicht vollkommen unveränderlich sein könnte, mögen die Gelehrten früh geahnt haben, wenn den Aufmerksamem unter ihnen auffiel, dass manche Sterne ihre Helligkeit änderten oder gar ein neuer Stern – eine Nova – am Himmel auftauchte.

Einige dieser neuen Sterne leuchteten vorübergehend sogar so hell, dass sie am helllichten Tag zu sehen waren, bevor sie wieder verschwanden. Dass alle Sterne einem kosmischen Kreislauf des Werdens und Vergehens unterliegen, blieb den Himmelskundigen von einst hingegen verborgen. Denn dieser Kreislauf spielt sich auf Zeitskalen von Jahrmillionen oder gar Jahrmilliarden ab. Erst bei sehr genauem Hinsehen mit den Mitteln der modernen Naturwissenschaften konnte er sich uns erschließen. Die Vielfalt der Sterne lernten Astronominnen und Astronomen Ende des 19. Jahrhundert kennen, als sie anfingen, das Sternenlicht in seine spektralen Bestandteile aufzuspalten. Aus der Chemie wusste man damals bereits um das Leuchtverhalten heißer Gase, und dass die darin enthaltenen chemischen Elemente mit ihren Absorptions- oder Emissionslinien einen spezifischen Fingerabdruck hinterlassen. Erklären ließen sich diese Phänomene erst mit der zu Beginn des 20. Jahrhunderts aufkommenden Quanten- und Atomphysik. Von da an gingen Beobachtungen und die Entwicklung theoretischer Modelle zum Aufbau von Sternen in der Astrophysik Hand in Hand. Die Kernphysik konnte zusam-

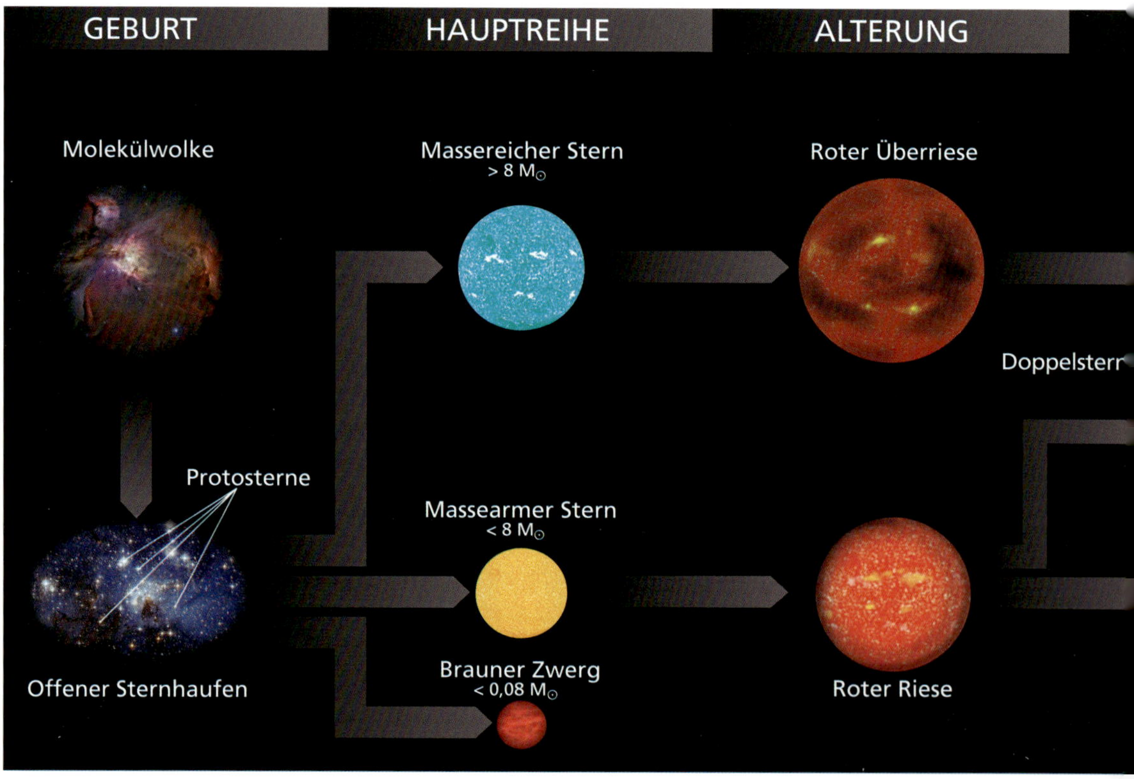

men mit der Thermodynamik den inneren Aufbau von Sternen beschreiben und schließlich sogar ihre Lebensdauer und die Art des Sternentods vorhersagen, die beide von der Masse eines Sterns abhängen. Bahnbrechend war die Erkenntnis in den 1950er-Jahren, dass sich sämtliche Elemente – abgesehen von Wasserstoff sowie geringen Mengen Helium und Lithium, die bereits kurz nach dem Urknall entstanden waren – erst in Sternen oder Sternexplosionen bildeten. So stammt beispielsweise das Gold eines Eherings oder einer Zahnfüllung vermutlich aus der Kollision von Neutronensternen! Ebenso beliefern sterbende Sterne das Universum mit dem notwendigen Stoff für die Planetenentstehung sowie die Entstehung von Leben. Erst auf der Grundlage von Silizium, Sauerstoff und Kohlenstoff können sich feinste Staubteilchen bilden, die in der Umgebung junger Sterne zu Planeten nwachsen. Doch obwohl wir mit modernen Teleskopen tief in die Geburtsstätten von Sternen und Planeten blicken können, ist nach wie vor nicht endgültig geklärt, wie das Wachstum vom winzigen Staubkorn zum Planeten gelingen kann.

Umso mehr faszinieren Beobachtungen von astrophysikalischen Objekten unter extremen Bedingungen, die die Allgemeine Relativitätstheorie stets erneut mit immer präziseren Messungen auf die Probe stellen. Bisher hat sie kein einziges Mal versagt. Mit abgelenkten Lichtstrahlen können Astronomen Weiße Zwerge wiegen und so ihre Entwicklungsmodelle für diese Sterne überprüfen. Mit den seit wenigen Jahren verfügbaren Mitteln der Gravitationswellenastronomie können Astrophysiker direkt den Puls von Raum und Zeit erspüren. Kosmische Katastrophen wie die Kollision zweier Schwarzer Löcher oder Supernova-Explosionen versetzen die Raumzeit in Schwingung. Diese Gravitationswellen breiten sich im All mit Lichtgeschwindigkeit aus. An der Erde angekommen, verursachen sie messbare Ausschläge in hochpräzisen Detektoren, die teils winziger sind als ein Tausendstel des Protondurchmessers. Und doch gelingt es Astrophysikerinnen, ihnen Informationen über Orte im Universum zu entlocken, von denen uns kein Licht oder andere elektromagnetische Strahlung erreicht.

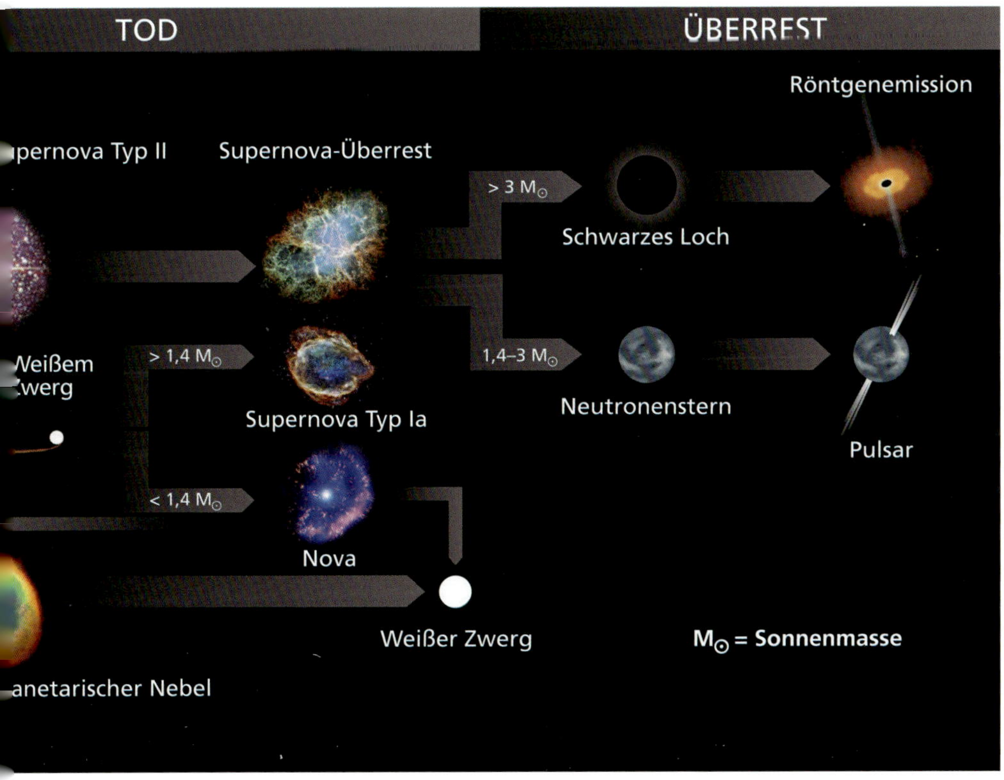

Auch Sterne werden geboren, existieren und vergehen. Wie ihr Dasein verläuft und wie sie enden, hängt von ihrer Masse ab: Die massearmen sterben einen sanften Tod, die massereichen explodieren als Supernova.

DER LEBENSLAUF DER STERNE

Im Laufe unseres irdischen Daseins erhaschen wir nur eine Momentaufnahme eines Hunderte Millionen oder gar Milliarden Jahre dauernden Sternenlebens. Umso erstaunlicher ist es, dass wir die Lebensläufe der Sterne inzwischen recht gut kennen.

Mit der Zeit haben Astrophysiker gelernt, sämtliche unter der Vielzahl der Sterne vertretene Entwicklungsstadien zu identifizieren und aus diesem Gesamtbild heraus die Lebensgeschichten der unterschiedlichen Sterntypen zu rekonstruieren. Bereits dem bloßen Auge präsentieren sich die Sterne in ihrer Vielfalt: Sie sind nicht nur unterschiedlich hell, sondern erstrahlen auch in verschiedenen Farben. Während die scheinbare Helligkeit eines Sterns von seiner Leuchtkraft und seiner Entfernung abhängt, ist die Farbe eine unmittelbare Kenngröße eines Sterns. Und so fällt beispielsweise Aldebaran im Stier durch seine rote Farbe auf, Antares im Skorpion leuchtet orange und Sirius, der Hauptstern des Sternbildes Großer Hund (lat.: Canis Major), erscheint eher bläulich.

SPEKTRALANALYSE

Noch bevor man Genaueres über den inneren Aufbau von Sternen wusste, war sich die Fachwelt weitgehend darüber einig, dass Sterne glühende

Massereiche und junge Sterne, wie hier in dem nur zehn Millionen Jahre alten Sternhaufen NGC 3293, leuchten bläulich.

In der Zentralregion der Milchstraße tummeln sich junge, alte, große und kleine Sterne: Entsprechend ihren unterschiedlichen Temperaturen leuchten sie in verschiedenen Farben.

Gasbälle seien. Auch war in der zweiten Hälfte des 19. Jahrhunderts bereits bekannt, dass heiße Körper über ein breites, kontinuierliches Spektrum strahlen. Dabei hängt die Wellenlänge, bei dem ein Körper die meiste Strahlung aussendet, von seiner Temperatur ab. Zudem fanden die Chemiker Gustav Kirchhoff und Robert Bunsen um 1860 heraus, dass die chemischen Elemente charakteristische Linien bei bestimmten Wellenlängen im Spektrum hinterlassen, und entwickelten daraus die Spektralanalyse von Gasen. Nun ließen sich auch die Linien erklären, die Joseph Fraunhofer bereits 1814 im Sonnenspektrum entdeckt und in den Folgejahren ausführlich untersucht hatte.

Mit diesem Hintergrundwissen untersuchte der Jesuit Angelo Secchi am Vatikanobservatorium um 1867 die Spektren von mehr als 500 Sternen und unterteilte diese nach ihren Merkmalen zunächst in drei Gruppen, die er später um zwei erweiterte. Etwa um dieselbe Zeit studierten Margaret Lindsay und William Huggins an ihrer Privatsternwarte in London ausgiebig die Spektren von Sternen und bereiteten so zusammen mit Secchi den Weg für die stellare Spektralanalyse.

Ende des 19. Jahrhunderts durchforstete eine Gruppe von Astronominnen, die Edward Charles Pickering, Direktor des Harvard Observatory, als günstige Arbeitskräfte angestellt hatte, reihenweise Sternspektren und sortierte diese nach ihren Signaturen. Williamina Fleming, Antonia Maury und Annie Cannon entwickelten daraus ein System, das als „Harvard-Spektralklassifikation" bekannt wurde und das Astrophysikerinnen und Astrophysiker noch heute weltweit in erweiterter Form zur Identifizierung von Sterntypen verwenden.

Dabei kristallisierte sich ein phänomenologischer Zusammenhang zwischen Farbe – und damit der Oberflächentemperatur – und der Leuchtkraft der Sterne heraus. Zudem zeigten sich einzelne Spektrallinien je nach Temperatur und Leuchtkraft eines Sterns verschieden stark ausgeprägt.

Die Einordnung in die wichtigsten Spektralklassen erfolgt mit den Großbuchstaben O, B, A, F, G, K, M; hinzu kommen mit römischen Ziffern gekennzeichnete Unterklassen.

O-Sterne sind äußerst heiße und daher auch extrem helle, blau leuchtende Sterne mit Oberflächentemperaturen von 30.000–50.000 Kelvin. In den Spektren dieser Sterne tauchen beispielsweise Spektrallinien von ionisiertem Helium auf. In der Klasse der weiß-bläulich leuchtenden B-Sterne, deren Oberflächen mit 10.000–25.000 Kelvin etwas kühler sind, treten hingegen die Linien von neutralem Helium hervor. Sterne der Spektralklassen A und F weisen Oberflächentemperaturen von 7500–9800 Kelvin beziehungsweise 6000–7400 Kelvin auf und zeigen eine weiße beziehungsweise gelblichweiße Farbe. Unsere Sonne, ein unscheinbarer Stern mit einer Oberflächentemperatur von etwa 5800 Kelvin, zählt zum Spektraltyp G mit seinen typischen Kalziumlinien. Die Oberflächentemperaturen von Sternen der Typen K und M liegen zwischen 3500–4900 Kelvin beziehungsweise 2000–3400 Kelvin und lassen sie orange oder rot-orange leuchten.

Heutzutage simulieren Astrophysiker derartige Sternspektren anhand bekannter Gesetze der Atomphysik am Computer, um die Sterne noch detaillierter verstehen zu können. So geben derartige Simulationen beispielsweise Aufschluss darüber, wie die Strahlung an die Oberfläche transportiert wird und wie stark die Gravitation an der Oberfläche ist.

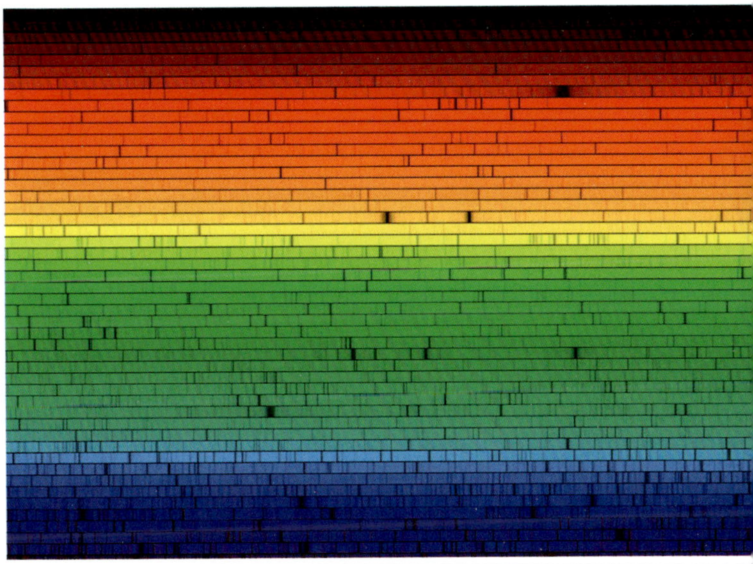

Die dunklen Linien im Sonnenspektrum entstehen, da die unterschiedlichen chemischen Elemente Licht bei verschiedenen Wellenlängen absorbieren.

DAS HERTZSPRUNG-RUSSELL-DIAGRAMM

Um die Sterne in der Umgebung der Sonne genauer zu klassifizieren, trug der dänische Astronom Ejnar Hertzsprung zu Beginn des 20. Jahrhunderts ihre absolute Helligkeit gegenüber ihrer Farbe in einem Diagramm auf. Im Gegensatz zur scheinbaren Helligkeit ist die absolute Helligkeit unabhängig von der Entfernung und daher ein Maß für die Leuchtkraft eines Sterns (vgl. „Faszinierendes Universum", S. 6).
In dieser Darstellung besiedeln die meisten Sterne die Hauptreihe, die sich von der linken oberen Ecke des Diagramms mit besonders hell leuchtenden, blauen Sternen diagonal in die rechte untere Ecke mit den leuchtschwachen, rötlichen Sternen erstreckt. Doch nicht immer konnte Hertzsprung Sterne einer bestimmten Farbe eindeutig einer bestimmten Helligkeit zuordnen. Es gab rötliche Sterne, die deutlich heller strahlten als die übrigen derselben Farbe, oder weiß-bläuliche, die blasser erschienen als ihre leuchtstarken Gegenspieler. Daher führte Hertzsprung die Unterscheidung zwischen Riesen- und Zwergsternen ein. Sein amerikanischer Kollege Henry N. Russell verbesserte diese Darstellungsweise und präsentierte 1913 das Diagramm bei einer Tagung der Royal Astronomical Society erstmals der Öffentlichkeit. Mittlerweile ist das Hertzsprung-Russel-Diagramm, kurz HR-Diagramm, zum wichtigsten Handwerkszeug der Astrophysik avanciert.
Als es dem britischen Physiker Sir Arthur Eddington 1926 gelang, den physikalischen Zusammenhang zwischen der Leuchtkraft eines Sterns und seiner Masse herzuleiten, ließ sich den Sternen im HR-Diagramm auch eine Masse zuordnen. In der Folgezeit entwickelte sich die Theorie der Sternentwicklung immer weiter: Auf Grundlage von Thermodynamik und Kernphysik sagt sie die Lebensdauer von Sternen und ihre sich in den verschiedenen Lebensphasen ändernde Leuchtkraft in Abhängigkeit von ihrer Masse voraus. Und so verstand man schon bald, dass sich im HR-Diagramm die Lebensläufe der Sterne ab-

MERKMALE DER SPEKTRALTYPEN

SPEKTRALTYP	OBERFLÄCHENTEMPERATUR IN KELVIN	AUFFÄLLIGKEITEN UND SIGNATUREN	MASSE IN SONNENMASSEN
O	30.000–50.000	ionisiertes Helium; ionisierter Stickstoff; ionisiertes Silizium; kaum Wasserstoff; gelegentlich Emission	60
B	10.000–25.000	neutrales Helium; teil-ionisiertes Silizium und Sauerstoff; Wasserstoff	18
A	7500–9800	kein Helium; prominent: stark ionisierter Wasserstoff; teil-ionisiertes Magnesium und Silizium; schwach: Eisen; Titan; teil-ionisiertes Kalzium	3,2
F	6000–7400	Kalzium; Eisen; einfach ionisiertes Titan; neutrales Kalzium; Wasserstoff schwächer	1,7
G	5000–5900	stark: einfach ionisiertes Kalzium; übrige Elemente wie Eisen, Titan, etc. neutral	1
K	3500–4900	Wasserstoff schwach; neutrale Atome ausgeprägt; Molekülbanden	0,8
M	2000–3400	neutrale Atome; Kalzium ausgeprägt; Titanoxid-Banden	0,3

zeichnen: Hat ein junger Stern begonnen, Wasserstoff zu verbrennen, nimmt er im HR-Diagramm seinen Platz auf der Hauptreihe ein. Dort verweilt er so lange, bis der fusionsfähige Wasserstoffvorrat in seinem Inneren aufgebraucht ist. Für die anschließenden kürzeren Phasen des Kernbrennens verlässt ein Stern die Hauptreihe (vgl. „Stellare Nukleosynthese", S. 84). Sterne mit geringer und mittlerer Masse, wie auch unsere Sonne, driften im HR-Diagramm nach dem Aufbrauchen ihres Wasserstoffvorrats nach rechts oben. Sie blähen sich zu Roten Riesen auf und werden dabei etwas heller, kühlen jedoch gleichzeitig etwas aus. Ist der Fusionsvorrat vollends versiegt, werfen diese Sterne ihre Hülle ab; der Überrest des Sterns bleibt als Weißer Zwerg zurück. Derartige Sterne finden sich in der unteren linken Ecke des HR-Diagramms. Sie sind anfangs heiß, aber recht klein und massearm; deshalb leuchten sie weiß-bläulich, aber nicht sehr hell. Massereiche Sterne hingegen verlassen die Hauptreihe horizontal nach rechts; sie blähen sich zu Roten Überriesen auf, werden dabei kaum heller als zuvor, aber kühler. Ihnen steht ein Ende als Supernova bevor.

Je massereicher ein Stern ist, desto höher sind Druck und Temperatur in seinem Zentrum. Das hat wiederum zur Folge, dass der Wasserstoff schneller fusioniert – massereiche Sterne haben daher eine kürzere Lebensdauer als masseärmere Sterne. Während ein sonnenähnlicher Stern rund zehn Milliarden Jahre leuchtet, bringt es ein Stern mit 60 Sonnenmassen nur auf etwa drei Millionen Jahre. Unsere Sonne hat mit einem derzeitigen Alter von 4,6 Milliarden Jahren ungefähr die Hälfte ihrer Lebensdauer erreicht.

Trägt man die Mitglieder eines Sternhaufens in ein HR-Diagramm ein, liegen nur die Sterne junger Haufen allesamt auf der Hauptreihe. Denn besonders massereiche Sterne entwickeln sich schon nach wenigen Millionen Jahren zu Roten Überriesen und driften von der Hauptreihe ab. Je älter ein Sternhaufen ist, umso mehr Sterne auch geringerer Masse werden bereits die Hauptreihe verlassen haben. Auf diese Weise lässt sich das Alter von Sternhaufen anhand des Hertzsprung-Russell-Diagramms recht genau bestimmen.

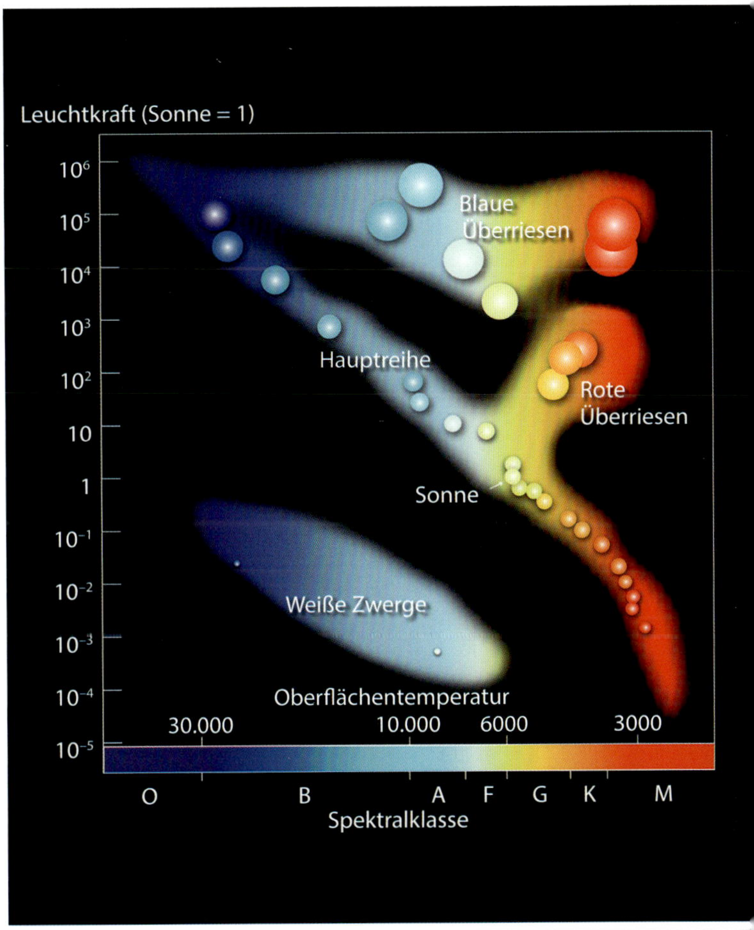

Im Hertzsprung-Russell-Diagramm zeichnen sich die Lebensläufe der Sterne ab. Wenn Sterne altern, verlassen sie die Hauptreihe.

LEBENSDAUER VERSCHIEDENER STERNE

STERNENMASSE IN SONNENMASSEN	LEBENSDAUER
0,1	1000 Milliarden Jahre
1 (Sonne)	10 Milliarden Jahre
1,5	3 Milliarden Jahre
3	370 Millionen Jahre
10	32 Millionen Jahre
30	11 Millionen Jahre
60	3 Millionen Jahre

STELLARE NUKLEOSYNTHESE

Zeit ihres Lebens erzeugen Sterne in ihrem Inneren Energie durch Kernfusion: Atomkerne leichter Elemente wie Wasserstoff verschmelzen zu Kernen schwererer Elemente und setzen dabei Energie frei. Zugleich produzieren sie dabei den nötigen Stoff für Sterne der nächsten Generation und vor allem auch für Planeten.

Den Durchbruch zum Verständnis der stellaren Nukleosynthese, also der Elementbildung in Sternen, lieferte die britisch-amerikanische Astrophysikerin Margaret Burbidge zusammen mit ihrem Ehepartner Geoffrey Burbidge sowie ihren Kollegen William A. Fowler und Fred Hoyle im Jahr 1957. Ihre Arbeit fußte auf den Erkenntnissen der mittlerweile etablierten Kernphysik, den beobachteten Elementhäufigkeiten im Universum und dem damals bereits vorhandenen Wissen über die Kernumwandlung im Inneren von Sternen. So war beispielsweise bekannt, dass Sterne über die sogenannte Proton-Proton-Reaktion beziehungsweise den Bethe-Weizsäcker-Zyklus Helium aus Wasserstoff

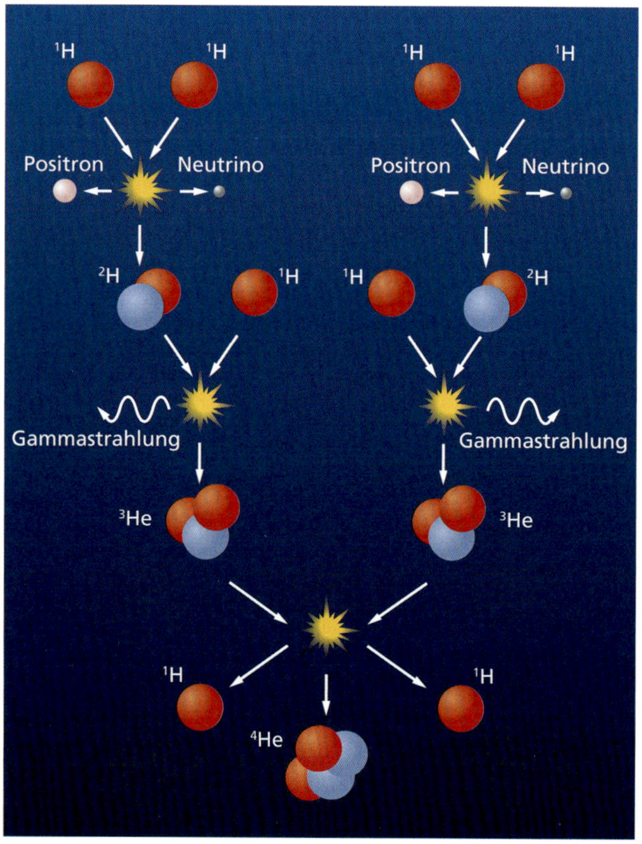

Masseärmere Sterne wie die Sonne fusionieren Wasserstoff zu Helium über die Proton-Proton-Kette. Dabei wird Gammastrahlung und ein Neutrino frei.

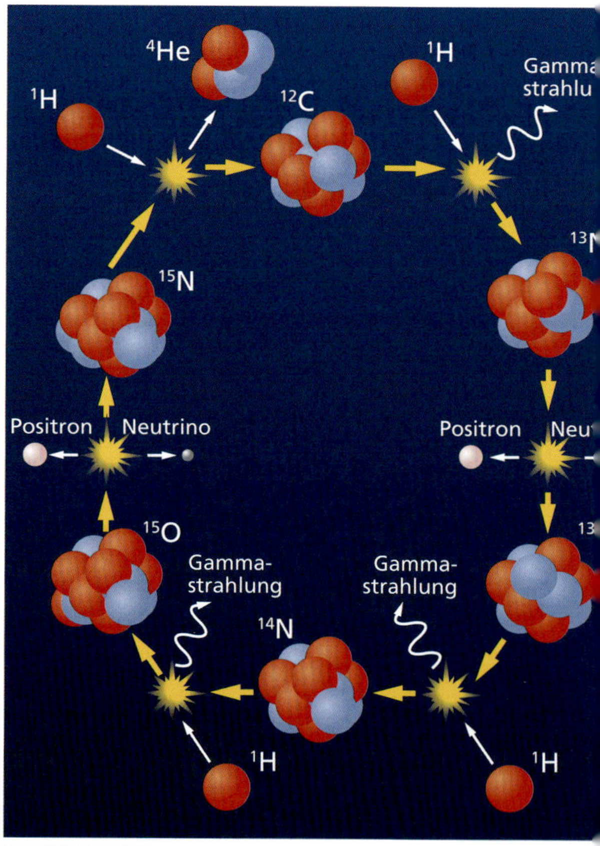

In massereicheren Sternen läuft die Wasserstofffusion über den Bethe-Weizsäcker-Zyklus ab, bei dem Kohlenstoff als Katalysator dient.

erzeugen. Dennoch herrschte bis in die 1950er-Jahre die Lehrmeinung vor, sämtliche Elemente im Universum seien primordialen Ursprungs, das heißt mit dem Urknall entstanden.
Wie wir heute wissen, kühlte das Universum anfangs jedoch so schnell ab, dass kurz nach dem Urknall neben Wasserstoff nur etwa 25 Prozent Helium und geringe Mengen Lithium entstehen konnten (vgl. „Vom Urknall bis heute", S. 170). Der Großteil des Lithiums sowie sämtliche übrigen in der Natur vorkommenden Elemente haben sich erst in den Sternen, in energiereichen Supernova-Explosionen oder gar in Kollisionen von Neutronensternen gebildet.
In der Mitte ihres Lebens, während sie im HR-Diagramm auf der Hauptreihe zu finden sind, erzeugen alle Sterne ihre Energie durch Wasserstofffusion. Je nach Masse und Zentraltemperatur des Sterns läuft dieser Fusionsprozess jedoch auf unterschiedlichen Wegen ab. In sonnenähnlichen Sternen verbinden sich vier Protonen in mehreren Zwischenschritten zu einem Heliumkern, wobei sich zwei der Protonen jeweils in ein Neutron umwandeln. Dabei werden zwei Positronen frei – die positiv geladenen Antiteilchen der Elektronen – sowie zwei Neutrinos und zwei Gammaquanten, elektromagnetische Strahlungsenergie also. Vergleicht man das Gewicht von vier Protonen mit demjenigen eines Heliumkerns, stellt man fest, dass die vier einzelnen Protonen mehr wiegen als der gebundene Heliumkern. Diese Massendifferenz wandelt sich bei der Kernfusion nach der berühmten Formel $E=mc^2$ in Energie um, die den Stern zum Leuchten bringt und ihn im Gleichgewicht hält (vgl. „Die Sonne", S. 32).
Der zweite Weg der Wasserstofffusion zu Helium ist der sogenannte der CNO- oder Bethe-Weizsäcker-Zyklus, bei dem Kohlenstoff als Katalysator dient. In kleineren Sternen wie unserer Sonne läuft dieser Prozess als Nebenreaktion ab. In massereicheren Sternen mit Kerntemperaturen von über 20 Millionen Kelvin ist er der dominierende Fusionsprozess. Dabei nimmt ein Kohlenstoffkern zunächst ein Proton (Wasserstoffkern) auf und verwandelt sich in einen Stickstoffkern. Über mehrere Schritte und verschiedene Isotope des Kohlenstoffs (C), Stickstoffs (N) und Sauerstoffs (O) läuft diese Kette so lange weiter, bis ein

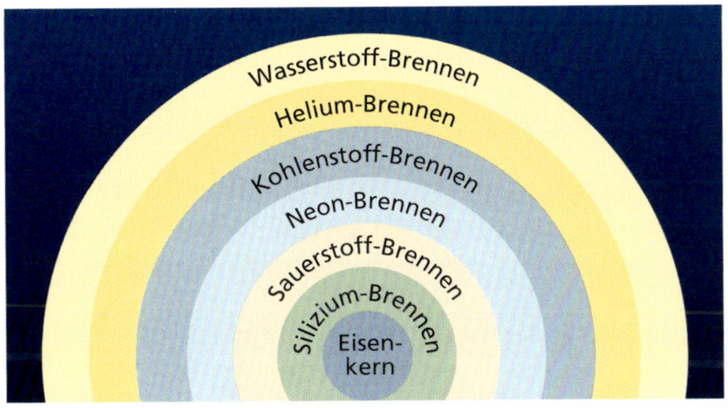

Massereiche Sterne durchlaufen im Kern Fusionszyklen bis hin zu Eisen. In darüber liegenden Schichten läuft das Schalenbrennen ab.

Heliumkern abgespalten wird und wieder ein Kohlenstoffkern zurückbleibt. Nun kann der Prozess erneut beginnen.
Ist der Wasserstoffvorrat im Inneren des Sterns aufgebraucht und vollständig zu Helium umgewandelt, kommt die Kernfusion zum Erliegen. Daraufhin sinkt die Temperatur im Zentrum und somit auch der Druck. Dieser reicht nun nicht mehr aus, um dem nach innen gerichteten Gravitationsdruck des Sterns entgegenzuwirken – der Stern fällt in sich zusammen. Bei diesem Kollaps steigen Druck und Temperatur im Inneren wieder an, bis die Bedingungen für einen weiteren Fusionsprozess – das Heliumbrennen – erreicht sind. In Sternen unter 2,5 Sonnenmassen setzt es explosionsartig durch den sogenannten Heliumblitz ein; bei massereicheren Sternen zündet das Heliumbrennen allmählich. Indem Helium zu Kohlenstoff verschmilzt, erzeugt der Stern erneut ausreichend Energie, um sich im Gleichgewicht zu halten.
Gleichzeitig heizt sich die an den Kern angrenzende Schicht immer weiter auf, bis dort Wasserstoff zu Helium fusioniert. Man spricht vom sogenannten Schalenbrennen. Während des Schalenbrennens steigen die Temperaturen auch in den äußeren Sternschichten an. Um den Stern zu kühlen, bläht sich seine Hülle auf. Der Stern entwickelt sich zu einem Roten Riesen oder – bei sehr massereichen Sternen – zu einem Roten Überriesen.
Nach einer gewissen Zeit ist auch der Heliumvorrat im Sterninneren erschöpft. Die Fusion kommt erneut zum Erliegen und der Vorgang beginnt von vorn: Das Zentrum kühlt ab, der Druck lässt nach,

der Stern sackt unter seiner eigenen Schwerkraft in sich zusammen. Ob und welche weiteren Fusionsprozesse nun im Stern ablaufen, hängt von seiner Masse ab. Sonnenähnliche Sterne sind nicht in der Lage, weitere Fusionsprozesse in Gang zu setzen. Sie stoßen ihre äußere Hülle ab und enden als Weiße Zwerge (vgl. „Tod der Sterne“, S. 102). Bei massereicheren Sternen heizt sich das Innere durch Kontraktion hingegen wieder ausreichend stark auf und verdichtet sich, sodass ein weiterer Fusionszyklus einsetzt: das siliziumproduzierende Kohlenstoffbrennen. In den Hüllen um den Kern fusionieren Helium beziehungsweise Wasserstoff.

Das Ende dieses Wechselspiels von Fusion, Kollaps, erneuter Fusion und Schalenbrennen ist erreicht, wenn im Zentrum des Sterns ein Nickel- oder Eisenkern entstanden ist. Die Atomkerne dieser beiden Elemente haben die höchste Bindungsenergie im Periodensystem, sodass bei ihrer weiteren Fusion keine Energie mehr freigesetzt wird. Sogar das Gegenteil ist der Fall: Es müsste Energie aufgewendet werden. Eine weitere Fusionsstufe würde dem Stern also Energie entziehen und könnte sich nicht selbst aufrechterhalten. Spätestens hier endet der Fusionskreislauf auch für die massereichsten Sterne und sie explodieren als Supernova (siehe S. 103). Die so in den Sternen entstandenen Elemente gelangen durch die abgestoßenen Sternhüllen aufgeblähter Riesensterne oder bei Supernova-Explosionen in die Weiten des Alls, mischen sich unter die interstellare Materie und stehen für die nächste Generation von Sternen und Planeten zur Verfügung.

Das im Universum verfügbare Eisen stammt allerdings nicht aus dem Inneren von Sternen. Da der Eisenkern eines massereichen Sterns bei einer Supernova kollabiert, kann das Eisen nicht entweichen. Allerdings fusioniert während der Explosion die weiter außen liegende Siliziumschicht schlagartig zu Eisen. Dieses Eisen ist es, das in den Raum geschleudert wird. Leichtere Elemente wie Lithium, Beryllium oder Bor, die in den Fusionszyklen innerhalb der Sterne nur in geringem Maße oder gar nicht gebildet werden, entstehen überhaupt erst infolge einer Supernova-Explosion: Teilchen, die durch die Supernova auf extrem hohe Geschwindigkeiten beschleunigt werden, sind in der Lage, die Kerne schwerer Elemente in der Umgebung zu spalten. Dieser Prozess ähnelt jenem in irdischen Kernreaktoren. Schwerere Elemente als Eisen wie beispielsweise Kupfer bilden sich, indem Kerne bereits vorhandener Elemente nach und nach freie Neutronen aus Supernova-Explosionen einfangen und sich dann umwandeln. Viele schwere Elemente wie zum Beispiel Gold können sich sogar erst in noch energiereicheren Ereignissen bilden, nämlich bei der Kollision zweier Neutronensterne. Aus den in der Umgebung von Supernova-Explosionen angereicherten schweren Elementen bilden sich außerdem größere Mengen an Staub, der den notwendigen Grundstoff für die Entstehung von Planeten liefert.

DAUERN DER KERNBRENNPHASEN

Nachdem der Wasserstoffvorrat im Sterninneren versiegt ist, fusionieren dort in Abhängigkeit von der Sternmasse stufenweise Helium, Kohlenstoff, Neon, Sauerstoff und Silizium zu jeweils schwereren Elementen. Die folgende Tabelle zeigt die Dauern der einzelnen Kernbrennphasen beispielhaft für einen massereichen Stern mit mehr als acht Sonnenmassen.

KERNBRENNPHASE	STERNMASSE > 8 SONNENMASSEN
Wasserstoffbrennen	bis einige zehn Millionen Jahre
Heliumbrennen	einige Millionen Jahre
Kohlenstoffbrennen	100 Jahre
Neonbrennen	1 Jahr
Sauerstoffbrennen	wenige Monate
Siliziumbrennen (→ Eisen)	1 Tag

STERNENTSTEHUNG HEUTE

Sterne entstehen meist im Verborgenen. Doch mit modernen Teleskopen wie dem Hubble Space Telescope oder dem ALMA-Observatorium in den chilenischen Anden können Forscher mittlerweile in stellare Kinderstuben blicken und den Entstehungsprozess von der kollabierenden Materiewolke bis zum Protostern verfolgen.

In ausreichend lang belichteten Aufnahmen erscheint Orion großflächig von einem rötlich schimmernden, filigranen Schleier überzogen. Ein kleiner, besonders heller Teilbereich des leuchtenden Gasnebels ist in einer klaren Winternacht sogar mit bloßem Auge zu erkennen: der Orion-Nebel, auch M 42 genannt, im Schwert unterhalb der Gürtelsterne des Himmelsjägers. Das Sternentstehungsgebiet im Orion ist die wohl am besten untersuchte, aktive stellare Geburtsstätte in unserer kosmischen Nachbarschaft. In einer Entfernung von 1350 Lichtjahren erstreckt es sich als zusammenhängende Gaswolke über 300 Lichtjahre, die wir auf dreierlei Weise beobachten können: Einzelne junge, sehr heiße Sterne heizen dort das Gas in ihrer Umgebung auf 11.000 Kelvin auf. Mit ihrem hohen Anteil an UV-Strahlung entreißen sie den Wasserstoffatomen, aus denen die Wolke zu 90 Prozent besteht, ihre Elektronen: Sie ionisieren den Nebel (Photoionisation). Nach einiger Zeit fangen die Atome die Elektronen wieder ein: Sie rekombinieren. Die Elektronen fallen dann schrittweise, nach einem festgelegten Muster der Quantenphysik, in ihren ursprünglichen Energiezustand in der Atomhülle zurück. Dabei senden sie Licht aus, unter anderem bei einer für Wasserstoff charakteristischen Wellenlänge von 656,3 Nanometern: Das Gas leuchtet als rötlicher Emissionsnebel. Neben Wasserstoff enthält der Orion-Nebel etwa zehn Prozent Helium, zudem Spuren von Sauerstoff, Kohlenstoff, Schwefel, Argon und Magnesium. Werden die Atome dieser Elemente ebenfalls ionisiert und rekombinieren, mischen sich im Emissionsnebel für sie charakteristische Farben, etwa blau von Helium oder grün von Sauerstoff, dazu. Der Gasnebel enthält zudem etwa ein Prozent Staub aus Silikat- und Kohlenstoffpartikeln. In dichteren Regionen verdeckt dieser Staub das

Im Sternbild Orion befindet sich das uns nächste Sternentstehungsgebiet, das hier im roten Licht des ionisierten Wasserstoffs leuchtet.

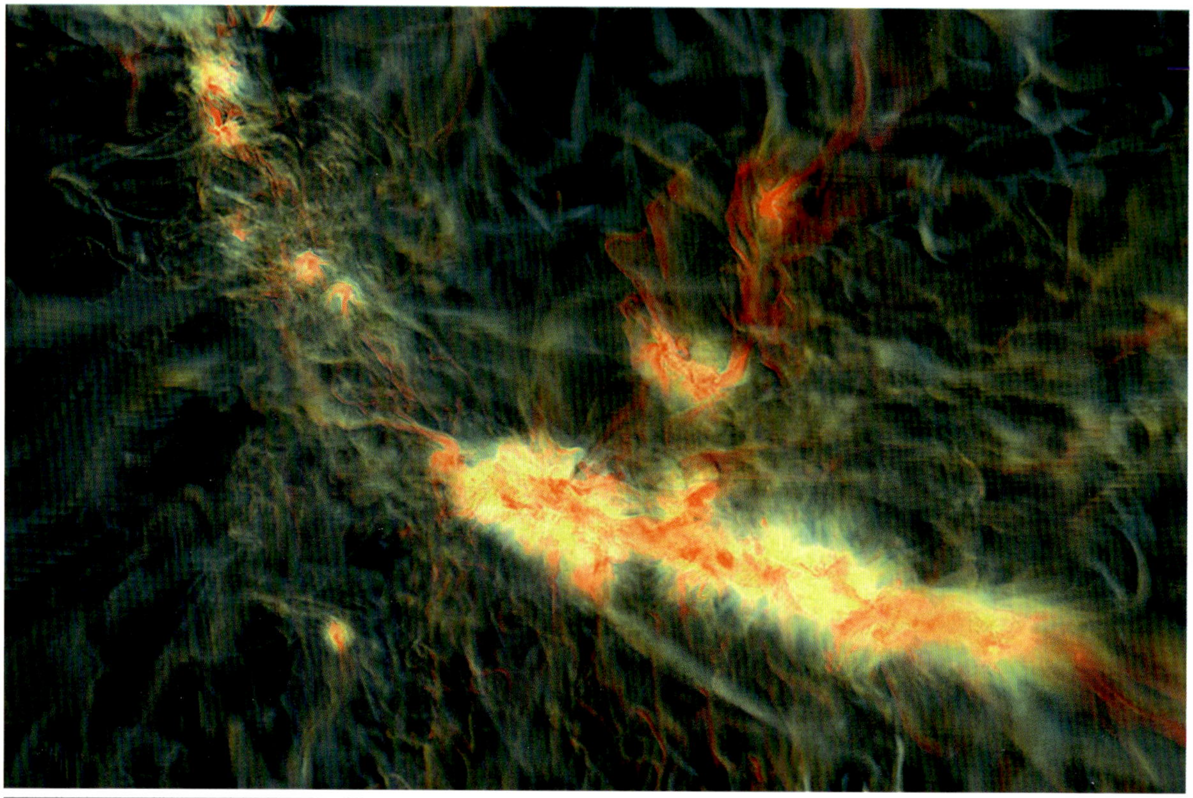

Sternentstehung im Computer simuliert: Interstellare Materie verdichtet sich durch Turbulenzen. Schließlich kollabieren die dichteren Teilbereiche (rot) unter ihrer eigenen Schwerkraft und bilden Sterne.

Licht dahinterliegender Sterne und gibt sich als Dunkelwolke zu erkennen. In der Nähe hell leuchtender Sterne reflektiert der Staub ihr Licht hingegen und wird als Reflexionsnebel sichtbar. Vorläufer solcher Sternentstehungsregionen sind weitläufige, ausgedünnte kalte Regionen interstellarer Materie aus Gas und Staub, die sich noch heute in sternarmen Gebieten in den Spiralarmen der Milchstraße ansammeln. Mit nur drei bis zehn Kelvin über dem absoluten Nullpunkt bieten gerade diese kältesten Orte im Universum überhaupt erst die Voraussetzungen dafür, dass so heiße Objekte wie die Sterne entstehen können. Aufgrund der niedrigen Temperaturen ist der Druck in diesen Wolken so gering, dass sie schließlich unter ihrer eigenen Schwerkraft in sich zusammenstürzen und Sterne formen. Wären sie wärmer, würde der thermische Druck die Materie auseinandertreiben. Dennoch muss das Material zunächst eine kritische Dichte erreichen, damit die Materiewolke kollabieren kann.

Die Teilchendichte der kalten interstellaren Materie liegt mit 80–50.000 Teilchen pro Kubikzentimeter je nach Temperatur bereits nahe an dieser kritischen Dichte. Heutige Modelle gehen davon aus, dass Turbulenzbewegungen die Gasmassen in diesen Wolken umwälzen, bis sie die kritische Dichte erreichen.

„Wir gehen auch immer mehr davon aus, dass äußere Einflüsse wie Sternwinde oder von Supernova-Explosionen ausgehende Stoßwellen das Wolkenmaterial großräumig zusammentreiben und so die Sternentstehung in großem Maßstab in Gang setzen", erläutert Thomas Henning, Direktor am Max-Planck-Institut für Astronomie. Zugleich schleudert eine Supernova schwere Elemente in den Raum, die der sterbende Stern während seines Lebens produziert hat oder die während der Explosion entstehen. In einem solchen Szenario dürfte nach derzeitigem Kenntnisstand auch unsere Sonne entstanden sein. Spuren von Aluminiumisotopen, die sich noch heute im

Sonnensystem finden, lassen sich auf ein solches Ereignis zurückführen.
Ist die kritische Dichte in einem Wolkengebiet erst einmal erreicht, zerfällt es in kleinere Teilbereiche, die schließlich zu Wolkenkernen kollabieren. So entstehen Sterne stets zu mehreren gleichzeitig. Alle Mitglieder einer solchen Gruppe gleichen sich in ihrer chemischen Zusammensetzung und bewegen sich noch lange gemeinsam durch den Raum. Ein Forscherteam um Henrik Beuther vom Max-Planck-Institut für Astronomie hat diesen Prozess mit dem ALMA-Observatorium Anfang 2019 erstmals detailliert in der Sternentstehungsregion G351.77-0.54 im Sternbild Skorpion beobachtet.

ALMA – ATACAMA LARGE MILLIMETER/SUBMILLIMETER ARRAY

Auf dem Chajnantor-Hochplateau der Atacama-Wüste im Norden Chiles thront in 5000 Metern Höhe eines der ambitioniertesten Projekte der Astronomie: das Atacama Large Millimeter/submillimeter Array, kurz ALMA.
ALMA ist ein Radioteleskop-Observatorium, bestehend aus 66 Parabolantennen – 54 davon mit einem Durchmesser von zwölf Metern; zwölf Antennen besitzen einen Durchmesser von sieben Metern. Sie alle lassen sich zu einem einzigen großen Teleskop zusammenschalten. Dabei wird das Licht, das gleichzeitig bei allen Teleskopschüsseln eintrifft, zu einem Bild überlagert.
Je kleiner die beobachtete Wellenlänge ist, umso größer muss der Durchmesser des zusammengeschalteten Teleskops sein, um eine scharfes Bild zu erhalten. Die einzelnen Antennen sind daher transportabel angelegt, sodass sich der maximale Abstand – und somit der Teleskopdurchmesser – zwischen 150 Metern und 16 Kilometern variieren lässt und auf die zu beobachtende Wellenlänge angepasst werden kann.
So ist ALMA im Stande, Bereiche des Universums zu erfassen, die für optische oder Infrarotteleskope unsichtbar sind. Bei einer Wellenlänge zwischen 0,32 und 3,6 Millimetern deckt es den Bereich zwischen Infrarot (IR)- und Radiostrahlung ab. Für diesen Spektralbereich ist die Atmosphäre der Erde zwar durchlässig; der hohe Gehalt an Wasserdampf filtert allerdings einen Großteil dieser Strahlung heraus. In einer Höhe von 5000 Metern über dem Meeresspiegel und noch dazu in der Atacama-Wüste, einem der trockensten Orte der Welt, ist der Wasserdampfgehalt jedoch ausreichend gering, sodass sich Beobachtungen zwischen Infrarot- und Radiobereich gut durchführen lassen.

Dem ALMA-Observatorium auf dem Chajnantor-Plateau in den chilenischen Anden kommt die trockene Luft in 5000 Metern Höhe bei Beobachtungen zwischen dem infraroten und dem Radiobereich zugute.

PROTOSTERNE

Bis aus einem Wolkenfragment ein fertiger Stern wird, vergehen rund eine Million Jahre. Unterdessen reifen aus den dichten Wolkenkernen sogenannte Protosterne heran. Sobald sich diese Vorstufen der Sterne durch die beim Gravitationskollaps freiwerdende Energie auf etwa 1000 Kelvin aufgeheizt haben, werden sie im Infrarotbereich sichtbar. Ein Blick in die bereits fortgeschrittenen stellaren Kinderstuben im Orion-Nebel zeigt diese Objekte von Staubscheiben umgeben und noch weitläufig in eine dichte Materiewolke eingehüllt. Über diese mit dem Stern rotierenden Materiescheiben, sogenannte Akkretionsscheiben, sammeln die Protosterne weiter Material auf und verdichten sich zunehmend.

Ein Teil des Materials, das auf den Protostern fällt, fließt in dünnen Materieströmen senkrecht zur Akkretionsscheibe wieder in den Raum zurück. Wie diese auch in einigen Hubble-Aufnahmen sichtbaren Materieströme entstehen, ist noch nicht genau verstanden. Für die Sternentstehung scheinen sie allerdings von Bedeutung zu sein: Sie bremsen den Stern in seiner Rotation aus und verhindern so, dass er sich immer schneller dreht. Andernfalls würde die Fliehkraft des Sterns so groß, dass er kein neues Material aufsammeln könnte.

So kann der Protostern stetig weiterwachsen und sich verdichten, bis die Temperaturen in seinem Inneren so weit gestiegen sind, dass die Kernfusion zündet. Ab etwa 15 Millionen Kelvin liefert die Wasserstofffusion die Energie dafür, dass der Druck im Stern der Schwerkraft entgegenwirkt. Der Stern ist dann im Gleichgewicht. Nun leuchtet er so stark, dass seine Strahlung die übrige Materiehülle wegbläst. Gerade bei sehr massereichen Sternen können diese sogenannten Sternwinde sehr heftig sein und sogar noch werdenden Sternen in der Nachbarschaft Material entreißen, sodass dort die Sternentstehung zum Erliegen kommt.

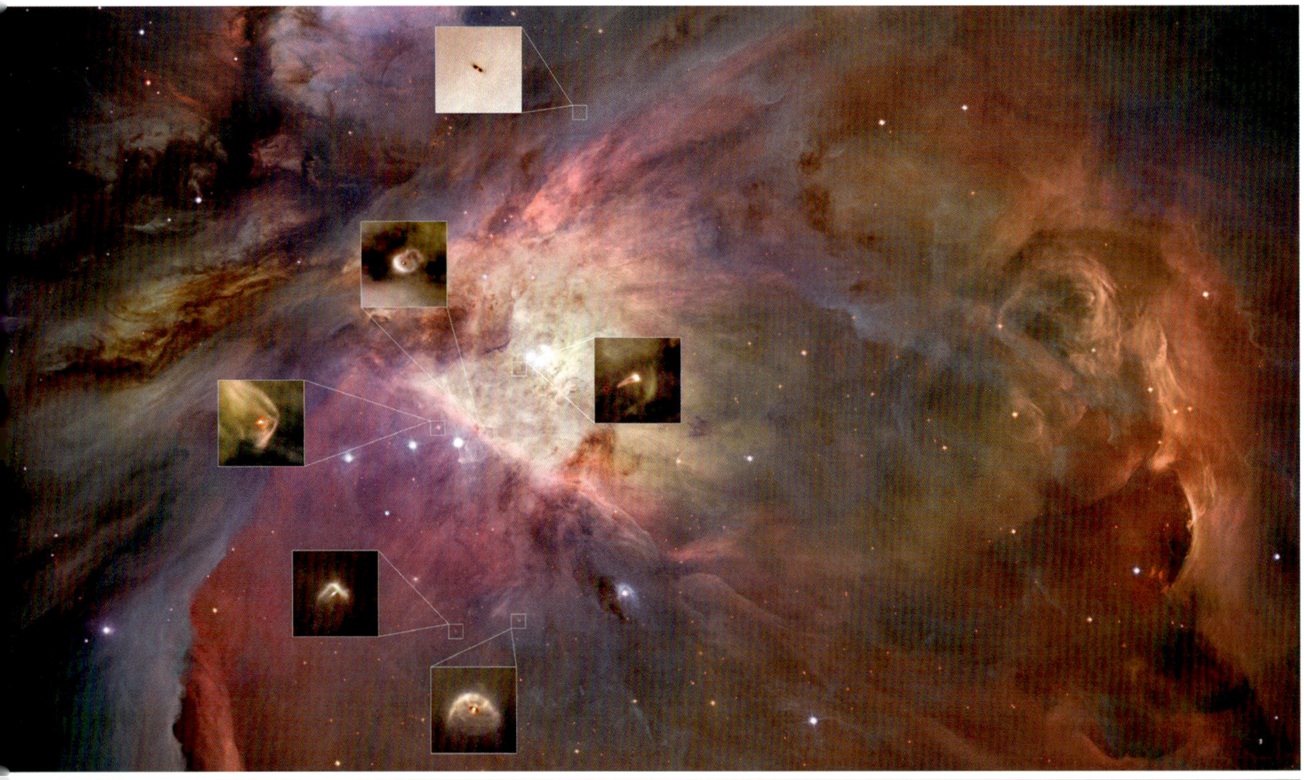

Die Protosterne im Orion-Nebel sind in eine Materiewolke eingehüllt und von einer Scheibe aus Gas und Staub umgeben, zu erkennen als dunkle Silhouette oder hell leuchtend, wenn sie von einem nahen Stern angestrahlt werden.

OFFENE STERNHAUFEN

Ihren Gruppencharakter behalten Sterne noch in jungen Jahren bei. Davon zeugen offene Sternhaufen, deren Mitglieder – das können wenige hundert bis einige tausend sein – einst aus einer gemeinsamen Mutterwolke aus Gas und Staub entstanden sind. Sie bewegen sich noch einige hundert Millionen Jahre gemeinsam durch den Raum. Doch im Gegensatz zu den sehr viel massereicheren Kugelhaufen (vgl. „Die Milchstraße“, S. 132), die aus einigen 100.000 bis eine Million Sternen bestehen können, reicht die Schwerkraft bei offenen Haufen nicht aus, um sie dauerhaft zusammenzuhalten. Mit der Zeit verlieren die Sterne ihre gravitative Bindung untereinander und ziehen ihre eigenen Bahnen im Raum.

DIE PLEJADEN

Ein auch mit dem bloßen Auge gut sichtbarer offener Sternhaufen sind die Plejaden im Sternbild Stier. Von dieser Sternengruppe, die im Volksmund auch „Sieben Schwestern“ oder „Siebengestirn“ genannt wird, lassen sich mit bloßem Auge

ASTEROSEISMOLOGIE

Ein noch recht junges Forschungsgebiet ist die Asteroseismologie. Mit ihr messen Astrophysiker Schwingungen eines Sterns, die auf seinen inneren Aufbau schließen lassen. Anhand des Sternenlichts lässt sich zwar die Oberfläche von Sternen untersuchen, doch über ihren inneren Aufbau lässt sich meist kaum etwas herausfinden. Diese Schwingung der Sterne hinterlassen feine, sich wiederholende Muster in den Sternspektren, die durch die Dopplerverschiebung zustande kommen. Aus diesen Schwingungen können Astrophysikerinnen die innere Struktur der Sterne ermitteln, zum Beispiel wie tief Konvektions- beziehungsweise Strahlungsschichten reichen oder wie Sterne unter der Oberfläche rotieren. Auch soll untersucht werden, wie sich der innere Aufbau von Sternen während ihrer einzelnen Entwicklungsstufen verändert. Daraus erhoffen sich die Forscherinnen, Sterne, die sich nicht eindeutig anhand ihrer Entwicklungsstufe klassifizieren lassen, besser zu charakterisieren. So verwendete das Team um die Astrophysikerin Konstanze Zwintz von der Universität Innsbruck bereits die Methoden der Asteroseismologie, um das Alter von jungen Sternen genauer zu ermitteln. Dazu nutzten sie unter anderem Messungen des COROT-Satelliten sowie theoretische Modelle und konnten nachweisen, dass junge Protosterne langsamer schwingen als solche, die kurz vor dem Zünden der Kernfusion stehen.

Der offene Sternhaufen der Plejaden passiert auf seinem Weg durch das All interstellare Materie.

In dieser Infrarotaufnahme des WISE-Satelliten tritt der Staub um die Plejaden prominent hervor (eingefärbt).

je nach Sichtbedingungen und individueller Sehfähigkeit unterschiedlich viele Sterne erkennen. Meist sind sechs oder sieben helle Sterne auszumachen, bei optimalen Beobachtungsbedingungen können sogar zehn Sterne zu sehen sein. Dass man in den Plejaden gelegentlich einen Stern mehr oder weniger zählt, ist übrigens kein Problem der eigenen Sehschärfe.

Der siebthellste Stern verändert nämlich seine Helligkeit in unregelmäßigen Abständen und entzieht sich daher zwischenzeitlich tatsächlich unserer Wahrnehmung.

Die Plejaden sind allesamt Teil eines offenen Sternhaufens mit weit mehr als 1000 Mitgliedern. Mit einer Entfernung von etwa 440 Lichtjahren ist er das uns nächste Objekt dieser Art und eigentlich nahe genug, um die Entfernung einzelner Mitglieder gut mithilfe der Parallaxenmethode zu bestimmen. Dennoch wichen die Werte bisheriger unabhängiger Messungen aus unbekannten Gründen voneinander ab. Den aktuellsten Messwert für die Entfernung hat das Weltraumteleskop Gaia der Europäischen Weltraumorganisation ESA ermittelt; er beträgt 437 Lichtjahre.

Die Plejaden sind rund 100 Millionen Jahre alt. Astronomen schätzen, dass sich die Sternansammlung in weiteren 250 Millionen Jahren aufgrund gravitativer Wechselwirkungen mit der galaktischen Umgebung auflösen wird.

Vor allem auf fotografischen Aufnahmen erscheinen die hellsten Sterne der Plejaden bläulich; sie sind also massereich und vor allem noch recht jung. Außerdem sind sie von einem weiß-bläulich schimmernden Nebel umgeben. Dabei handelt es sich um Staub, der von den Sternen beschienen wird und das Licht reflektiert. Lange Zeit nahm man an, dass dieser Reflexionsnebel aus restlichem Material der Entstehungswolke der Plejaden bestehen könnte.

Doch mittlerweile gehen Astronomen davon aus, dass die intensive Strahlung der jungen Sterne die letzten Reste ihrer Geburtswolke nach etwa 100 Millionen Jahren vollständig weggefegt hat. Der Nebel um die heutigen Plejaden besteht vermutlich aus interstellarer Materie, welche die Sternansammlung derzeit auf ihrem Weg durchs All durchquert.

Der offene Sternhaufen M 6 befindet sich im Sternbild Skorpion in einer Entfernung von 1600 Lichtjahren.

Der offene Sternhaufen M 41 umfasst etwa 100 Mitglieder, die recht lose auseinander stehen.

Im Zentrum des offenen Sternhaufens M 11 befinden sich viele junge, heiße Sterne.

Der offene Sternhaufen M 18 in einer Entfernung von 4600 Lichtjahren ist etwa 30 Millionen Jahre alt.

PLANETENENTSTEHUNG

Während ein Protostern weiter zum fertigen Stern ausreift, beginnt in der ihn umgebenden Scheibe aus Gas und Staub ein Wettlauf mit der Zeit: Dabei geht es darum, ob sich Planeten bilden können oder nicht.

Anfang der 1940er-Jahre entwickelte der Philosoph und Physiker Carl Friedrich von Weizsäcker das Modell einer turbulenten Materiescheibe um die junge Sonne als Ort der Planetenentstehung. Weizsäckers Überlegungen sind auch heute noch Grundlage der modernen Theorien zur Planetenentstehung – sowohl für unser Sonnensystem als auch bei fernen Sternen. Die Lebensdauer derartiger turbulenter Gasscheiben, sogenannter protoplanetarer Scheiben, ist begrenzt, da sie sich durch innere Reibung mit der Zeit auflösen. Sie können nicht länger als wenige Millionen Jahre existieren. Beobachtungen, wie sie beispielsweise das Weltraumteleskop Spitzer im Infraroten durchführte, bestätigen diese Abschätzungen. Wie in dieser dennoch vermeintlich langen Zeitspanne aus mikrometerkleinen Staubteilchen einmal Planeten wie die Erde entstehen können, ist allerdings bis heute nicht im Detail verstanden. Nach dem einfachsten Szenario wachsen die Staubteilchen, indem sie gelegentlich zusammenstoßen und aneinander haften bleiben. Solange der Staub jedoch noch keine Brocken mit Durchmessern im Meterbereich gebildet hat, ist er der Reibung durch das umgebende Gas ausgesetzt und wird abgebremst. Dann driftet das Material in den Stern, bevor sich daraus Planeten bilden können. Erst ab einer Größe von etwa zehn Metern kann die Reibung derartigen Brocken nicht mehr viel anhaben. Doch um so weit anzuwachsen, bräuchten sie nach diesem Mechanismus länger, als die protoplanetare Scheibe überhaupt existiert. Astronomen vermuten, dass Wirbel in der turbulenten Gasscheibe die Staubteilchen zusätzlich zusammentreiben, sodass diese rascher verklumpen. Dann könnten sich auch schnell genug große Gesteinsbrocken formen. Ein anderes Modell geht davon aus, dass sich die Staubteilchen ähnlich wie Eiskristalle oder Aerosole in irdischen Gewitterwolken durch Reibung aufla-

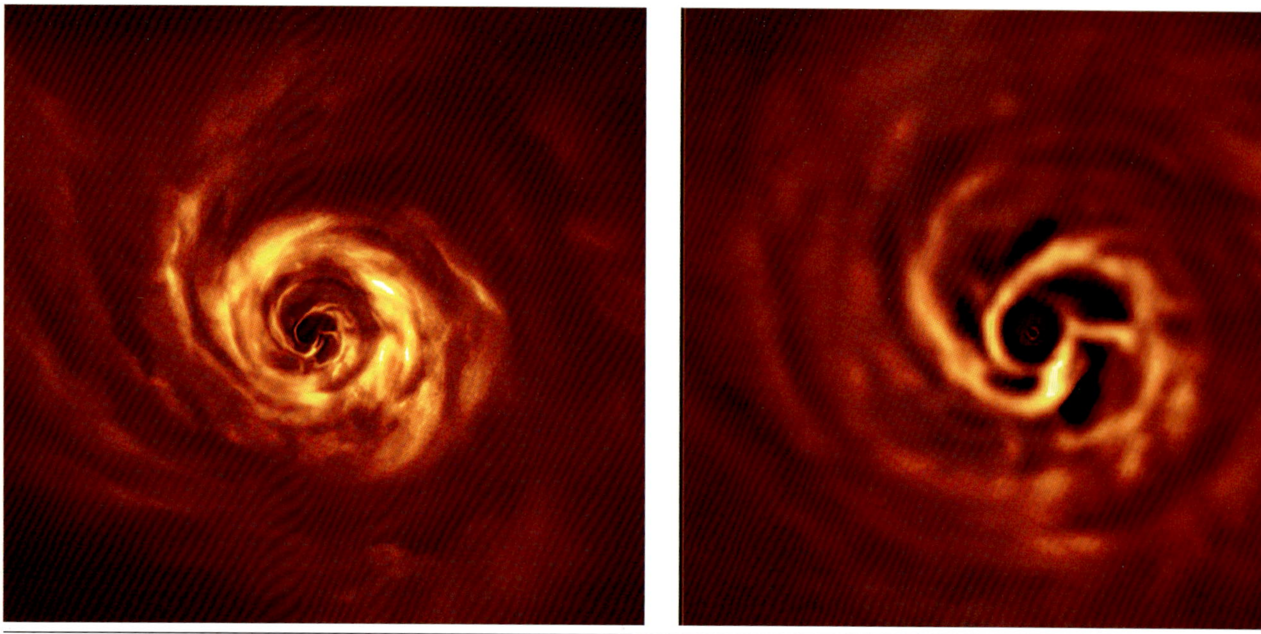

Planetengeburt: In der protoplanetaren Scheibe um den jungen Stern AB Aurigae im Sternbild Fuhrmann formt sich in der helleren, verdrillten Region nahe dem Zentrum vermutlich gerade ein Planet.

den könnten. Durch die zusätzlich wirkenden elektrischen Kräfte könnte sich der Staub dann in einer Art Schneeballeffekt flugs zu sehr viel größeren Agglomeraten zusammenballen.
Dass der Staub die Grundlage für die Planetenentstehung bildet, ist allerdings unbestritten.
So kennen wir mittlerweile nicht nur über 4000 extrasolare Planeten (kurz: Exoplaneten), die auf irgendeine Weise aus dem Restmaterial der Sternentstehung entstanden sein müssen. Die Infrarot-Weltraumteleskope Herschel und Spitzer haben auch zahlreiche protoplanetare Scheiben bei jungen Sternen entdeckt, in denen das Staubwachstum unterschiedlich weit fortgeschritten ist.
Haben die wachsenden Brocken schließlich Durchmesser von einigen hundert Metern oder wenigen Kilometern erreicht, spricht man von Planetesimalen. Sie ziehen weiter Gas und Staub an, wachsen zu Planeten an und bereinigen dabei gleichzeitig ihre Bahn.
Auch diese Phase der Planetenentstehung lässt sich mittlerweile mit modernen Teleskopen bei verschiedenen jungen Sternen beobachten. So hat beispielsweise Anfang des Jahres 2020 ein Forscherteam um Anthony Boccaletti vom Observatoire de Paris die protoplanetare Scheibe um den werdenden Stern AB Aurigae im Sternbild Fuhrmann mit dem Very Large Telescope (VLT) der ESO in Chile aufgenommen. Unregelmäßigkeiten in der Materieverteilung lassen auf einen momentan entstehenden Planeten inmitten der Scheibe schließen, der Material aus seiner Umgebung aufsammelt.
Ob ein Planet einmal erdähnlich – also ein Gesteinsplanet – oder zu einem Gas- oder Eisriesen wird, hängt maßgeblich von seinem Entstehungsort in der Materiescheibe ab: Da der Sternwind des jungen Sterns mit der Zeit das Gas in seiner näheren Umgebung wegbläst, können Gasriesen wie Jupiter oder Saturn erst in größerer Entfernung zum Stern entstehen. In noch weiter abgelegenen, kälteren Regionen frieren schließlich sonst flüchtige Substanzen wie Methan oder Kohlenmonoxid aus, sodass sich Eisriesen wie Neptun oder Uranus bilden können. In Sonnennähe bleiben hingegen Gesteinsplaneten wie die Erde oder Merkur zurück. Bei sehr massereichen jungen Sternen kann der Sternwind mitunter so stark sein, dass er die protoplanetare Scheibe vollständig auflöst und Planeten erst gar nicht entstehen können. Daher finden sich Planeten in der Regel nur bei Sternen mittlerer oder geringer Masse.

DOPPELSTERNE UND VERÄNDERLICHE

Mindestens die Hälfte aller Sterne sind Doppelsterne. Auch Dreifach- oder Vierfachsysteme, in denen die Mitglieder um einen gemeinsamen Schwerpunkt kreisen, sind keine Seltenheit. Viele von ihnen fallen durch wechselnde Helligkeiten auf. Wieder andere Sterne schwanken in ihrer Leuchtkraft selbst, wenn sie sich ihrem Lebensende nähern.

Mizar und Alkor im Sternbild Großer Bär sind ein Vierfach-Sternsystem aus zwei engen Doppelsternen (oben links und mittig rechts), die sich jeweils nur spektroskopisch auflösen lassen.

BEDECKUNGS-VERÄNDERLICHE

In vielen Mehrfachsternsystemen stehen die Komponenten so nah beieinander, dass sie sich aus der Entfernung selbst mit einem Teleskop nicht einzeln auflösen lassen. Dennoch verraten sich einige von ihnen dadurch, dass ein scheinbarer Einzelstern seine Helligkeit periodisch ändert. Blicken wir nämlich zufällig von der Seite auf ein Doppelsternsystem, zieht in regelmäßigen Zyklen ein Stern vor dem anderen vorüber und verdunkelt diesen zeitweise. Je nachdem, wie sich die beiden Objekte in Größe und Leuchtkraft unterscheiden, fällt der beobachtete Helligkeitseinbruch unterschiedlich stark aus.
Der wohl berühmteste dieser sogenannten Bedeckungsveränderlichen ist Algol, der zweithellste Stern im Sternbild Perseus. Algols auffälliges Verhalten fiel bereits versierten Himmelsbeobachtern des Altertums auf. Möglicherweise hatten schon die alten Ägypter die periodischen Helligkeitsschwankungen erkannt; darauf deuten bestimmte kalendarische Eintragungen hin. Der amerikanische Astronom Edward Charles Pickering fand 1881 schließlich Hinweise darauf, dass Algol ein Doppelstern sein könnte. Wenig später bestätigte der Astronom Hermann Carl Vogel diese Vermutungen mittels spektroskopischer Beobachtungen.
Mit der Zeit avancierte Algol zum Prototypen für eine ganz bestimmte Klasse von Sternen: die Bedeckungsveränderlichen. Eigentlich handelt es sich bei Algol sogar um ein Dreifachsystem in einer Entfernung von 90 Lichtjahren. Die beiden engen Komponenten umrunden sich einmal in 2,87 Tagen in einem Abstand von nur 0,062 Astronomischen Einheiten (AE). Dabei sitzen sie so nahe aufeinander, dass sie gelegentlich Materie austauschen. Der dritte Stern umrundet diese bei-

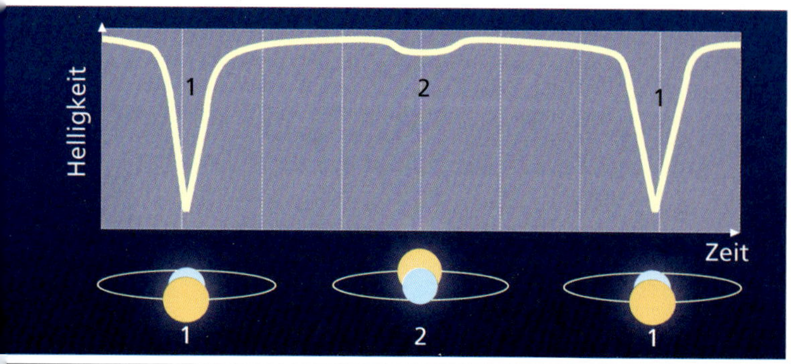

Bedeckungsveränderliche Doppelsterne machen sich durch regelmäßige Helligkeitsschwankungen bemerkbar, wenn der eine Stern vor dem anderen vorüberzieht.

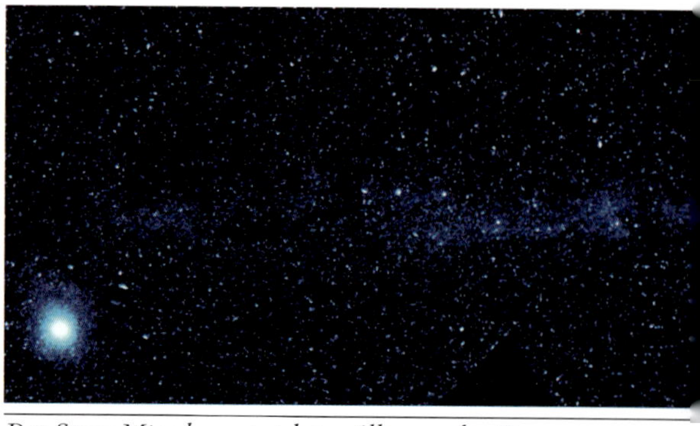

Der Stern Mira bewegt sich im All gegen den Strom. So hat sich das von ihm abgeworfene Material zu einem Schweif formiert.

den in einer Entfernung von 2,69 Astronomischen Einheiten in 681 Tagen.

Zu einem sichtbaren Helligkeitseinbruch kommt es, wenn der größere, aber dunklere Stern der beiden inneren Komponenten den kompakteren, helleren teilweise verdeckt. Vom Beginn des Helligkeitsabfalls bis zum Minimum dauert es etwa vier Stunden. Dieses hält zwei Stunden an, bis das System nach weiteren vier Stunden zu seiner gewöhnlichen Helligkeit zurückgefunden hat. Dieses Hauptminimum lässt sich gut mit dem bloßen Auge verfolgen, indem man Algol zu verschiedenen Zeitpunkten mit ähnlich hellen Sternen in seiner Umgebung vergleicht. Ein weiteres, kleineres Minimum entsteht, wenn die hellere Komponente die dunklere teilweise bedeckt; dies lässt sich jedoch nur fotometrisch oder anhand von Aufnahmen messen.

PULSATIONS-VERÄNDERLICHE

Ganz anderer Natur sind die Helligkeitsschwankungen des Sterns Mira, was übersetzt „die Wundersame" bedeutet, im Sternbild Walfisch. In einer Entfernung von etwa 300 Lichtjahren ändert dieser Rote Riese seine Helligkeit über eine Periode von 332 Tagen enorm. Während seines Maximums lässt er sich leicht mit bloßem Auge beobachten; im Minimum ist er hingegen nicht mehr auszumachen.

Als Roter Riese ist der Stern am Ende seines Daseins angelangt und hat längst seinen Vorrat an Wasserstoff zu Helium verbrannt. Sogar der dabei entstandene Heliumkern ist bereits teilweise weiter fusioniert (vgl. „Stellare Nukleosynthese", S. 84). Mit 1,2 Sonnenmassen ist Mira nicht viel

SPEKTROSKOPIE ENGER DOPPELSTERNE

Selbst wenn sich Sterne in Doppel- oder Mehrfachsystemen nicht einzeln beobachten lassen, verraten sie ihre Existenz im Sternenlicht. Die Spektren dieser Mehrfachsterne lassen sich nämlich keinem der typischen Muster von Einzelsternen zuordnen. In ihnen überlagern sich die Spektrallinien der einzelnen Komponenten, die in der Regel unterschiedlichen Sterntypen angehören. Da die Sterne außerdem um ihren gemeinsamen Schwerpunkt kreisen, bewegen sie sich abwechselnd ein klein wenig auf die Erde zu und wieder von ihr weg. Dadurch ändert sich die Position der Spektrallinien periodisch aufgrund des Dopplereffekts. Aus diesen spektralen Signaturen können die Astronomen schließlich ablesen, ob ein System beispielsweise aus einem Roten Riesen und einem Zwergstern besteht. Anhand der Radialgeschwindigkeitsmethode, die auch bei der Suche nach Exoplaneten eingesetzt wird, lässt sich zusätzlich das Massenverhältnis beider Komponenten abschätzen (vgl. „Planetenentstehung", S. 93).

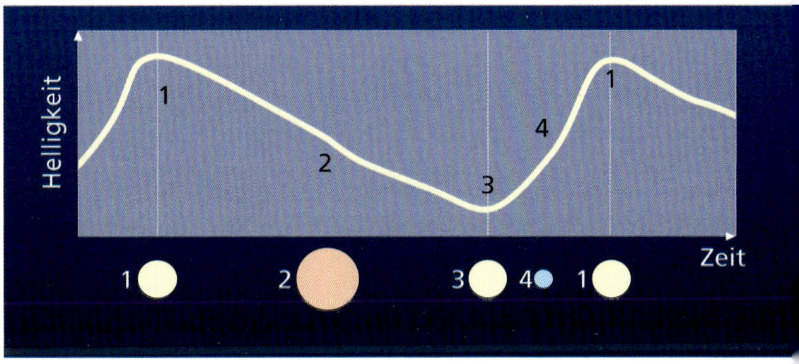

Bei Pulsationsveränderlichen dehnt sich die Hülle des Sterns aus und schrumpft anschließend wieder. Dadurch ändert sich die Oberflächentemperatur und somit die Leuchtkraft des Sterns.

schwerer als unsere Sonne. Um die Temperatur in dieser Phase zu regulieren, hat sich die Hülle des Sterns allerdings auf mehr als das 300-Fache des Sonnenradius ausgedehnt. Dabei pulsiert sie in einem Rhythmus, mit dem sich auch die Oberflächentemperatur des Sterns und damit seine Leuchtkraft ändert. Da Mira den größten Teil ihrer Energie im Infraroten abstrahlt, ist die Änderung ihrer Helligkeit in diesem Spektralbereich bei weitem nicht so ausgeprägt wie im visuellen Wellenlängenbereich. Mira-ähnliche Sterne bilden eine spezielle Gruppe der sogenannten Pulsationsveränderlichen. Mira macht ihrem Namen nicht nur aufgrund ihrer schwankenden Helligkeit alle Ehre: Als bisher einziger bekannter Stern zieht die Wundersame einen gewaltigen Schweif hinter sich her, wie Aufnahmen des GALEX-Weltraumteleskops (Galaxy Evolution Explorer) aus dem Jahr 2007 zeigen. Dieser bildet sich aus Materie, die der Stern regelmäßig an seine Umgebung abgibt. Das abgestoßene Material formiert sich gewissermaßen im Fahrtwind des Sterns durch Wechselwirkung mit interstellarer Materie, da sich Mira gegen den Strom der übrigen Sterne und des interstellaren Mediums im Spiralarm der Galaxis bewegt. Irgendwann einmal wird der alte Stern seine gesamte Hülle abstoßen, die dann zu einem planetarischen Nebel wird. Vom Stern zurückbleiben wird sein kompakter, heißer Kern als Weißer Zwerg (vgl. „Tod der Sterne", S. 102). Eine ähnliche Entwicklung hat bereits der Weiße Zwerg Mira B hinter sich, der mit Mira (A) ein Sternsystem bildet und mit ihr um den gemeinsamen Schwerpunkt rotiert. Wenn ein Roter Riese wie Mira A und ein Weißer Zwerg wie Mira B in einem Doppelsternsystem umeinander kreisen,

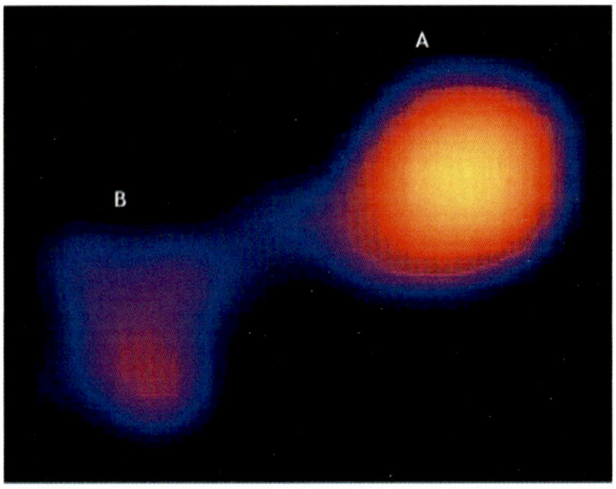

In einem engen Doppelsternsystem kann Materie von einer Komponente auf die andere überströmen.

gehen sie bisweilen eine symbiotische Beziehung miteinander ein. So strömt auch im Mira-System beständig Material vom Roten Riesen in den Einflussbereich der Schwerkraft des 70 Astronomische Einheiten entfernten Weißen Zwergs. Dabei wird die Materie beschleunigt und so sehr aufgeheizt, dass sie Energie im Röntgenbereich abstrahlt. Diese Röntgenstrahlung konnte das NASA-Röntgenteleskop Chandra beobachten.

CEPHEIDEN

Eine spezielle Klasse der pulsationsveränderlichen Sterne, die Cepheiden, dient Astronomen als wichtiges Handwerkszeug zur Entfernungsmessung im Kosmos. Als die amerikanische Astronomin Henrietta Swan Leavitt am Harvard College Observatory Ende des 19., Anfang des 20. Jahrhunderts Fotoplatten mit Sternaufnahmen auswertete, stieß sie in den Magellanschen Wolken auf 1777 Sterne, deren Helligkeit nach demselben Muster variierte, wie der bereits als Veränderlicher bekannte Stern Delta Cephei im Sternbild Kepheus. Leavitt bemerkte, dass die Helligkeitsschwankungen umso länger anhielten, je heller die Sterne strahlten. Da die Sterne in den Magellanschen Wolken alle gleich weit entfernt von uns sind, musste dieser Zusammenhang in der physikalischen Natur der Sterne selbst liegen. So entdeckte die Astronomin die Perioden-Leuchtkraft-Beziehung für den Sterntyp der Cepheiden.

Kennt man die Periode eines Cepheiden-Veränderlichen, lässt sich auf seine Leuchtkraft schließen und aus ihr und der beobachteten Helligkeit wiederum seine Entfernung ermitteln. Mit heutigen Teleskopen wie dem Hubble-Weltraumteleskop funktioniert diese Methode selbst für ferne Galaxien bis zu Distanzen von 60 Millionen Lichtjahren. Somit spielen Cepheiden eine Schlüsselrolle bei der Festlegung der kosmischen Entfernungsskala (vgl. „Vom Urknall bis heute“, S. 170).

Der physikalische Mechanismus dafür, weshalb Sterne periodisch ihre Leuchtkraft ändern, ist bei allen Pulsationsveränderlichen ähnlich. Mit welcher Periode sie das tun und wie stabil diese Pulsationen sind, hängt im Wesentlichen von ihrer Masse und ihrem Alter ab. Cepheiden befinden sich im HR-Diagramm am Beginn des Roten-Überriesen-Astes. Sie pulsieren mit Perioden von typischerweise einem bis 50 Tagen.

Eine andere Klasse Pulsationsveränderlicher bilden die RR-Lyrae-Sterne. Sie pulsieren mit Perioden zwischen wenigen Stunden und etwa einem Tag, sind masseärmer als Cepheiden und gleichen eher unserer Sonne. Im Hertzsprung-Russell-Diagramm sind sie am Beginn des Rote-Riesen-Abschnittes zu finden.

Henrietta Swan Leavitt (hinten, Mitte links, sitzend) durchforstete mit ihren Kolleginnen Fotoplatten am Harvard College Observatory. Dabei entdeckte sie die Perioden-Leuchtkraft-Beziehung der Cepheiden.

BETEIGEUZE – EIN SONDERFALL AM ENDE SEINES LEBENS

Beteigeuze im Sternbild Orion durchlief Ende 2019/Anfang 2020 einen ungewöhnlich starken Helligkeitseinbruch, verursacht vermutlich durch Staub, der sich in seiner Hülle gebildet hatte (links: Jan. 2019, rechts: Dez. 2019).

Nahe an ihrem Lebensende angekommen, wird der Puls alter Sterne unregelmäßiger. Prominenter Vertreter solcher Sterne ist Beteigeuze. Der markante linke Schulterstern des Wintersternbilds Orion hatte ab Oktober 2019 deutlich sichtbar an Helligkeit eingebüßt. Die in sattem Rot erstrahlende Beteigeuze ist für gewöhnlich der zweithellste Stern im Orion. Während seines Helligkeitsminimums im Februar 2020 war Beteigeuze nur noch ungefähr so hell wie der dritthellste Stern im Orion – Bellatrix – an dessen rechter Schulter. Im Anschluss daran stagnierte der Helligkeitsabfall, und der Stern wurde langsam wieder heller und erreichte schließlich seine ursprüngliche Helligkeit.

Ein derart merklicher Leistungsabfall eines Überriesen könnte Vorbote einer Supernova sein. In einer Entfernung von nur etwa 640 Lichtjahren wäre Beteigeuzes Supernova ein eindrucksvolles Himmelsspektakel. Tatsächlich gilt Beteigeuze als aussichtsreicher Kandidat für eine bevorstehende Sternexplosion, die allerdings erst in den nächsten 1000 bis 10.000 Jahren zu erwarten ist.

Die Helligkeitsschwankungen von Beteigeuze sind jedoch kein neues Phänomen. Sie werden bereits seit über hundert Jahren beobachtet und systematisch aufgezeichnet. In der Regel fallen diese Schwankungen jedoch geringer aus als der Helligkeitseinbruch zwischen Oktober 2019 und April 2020.

Als Stern mit anfangs 20 Sonnenmassen ist Beteigeuze bereits im Alter von nur 8,5 Millionen Jahren an ihrem Lebensabend angelangt. Der für die Kernfusion in ihrem Zentrum verfügbare Wasserstoffvorrat ist aufgebraucht und in Helium umgewandelt; nach derzeitigem Kenntnisstand befindet sich Beteigeuze am Beginn des Heliumbrennens. Sie hat sich zum Überriesenstern aufgebläht und schwankt regelmäßig in ihrer Leuchtkraft. Die Zyklen können mehrere hundert Tage dauern. Die zwei markantesten Schwankungsperioden von Beteigeuze erstrecken sich über 400–430 Tage und 5,5–7 Jahre.

Wie diese Helligkeitsschwankungen bei Beteigeuze entstehen, ist bislang nicht geklärt. Sie scheinen nicht dem klassischen Pulsationsmuster zu folgen, das von anderen, Cepheiden-ähnlichen Überriesensternen bekannt ist.

Doch wie für einen Roten Überriesen typisch, stößt auch Beteigeuze bei ihren Pulsationen ihre äußeren Schichten ab. Darin kondensieren schwerere Elemente aus und sammeln sich als lichtschluckender Staub um den Stern an. Dieser Staub – so eine frühere Hypothese – könnte auch den extremen Helligkeitseinbruch verursacht haben.

Zwischenzeitlich wurde ein völlig anderes Szenario diskutiert, das Beteigeuze verdunkelt haben könnte: und zwar riesige dunkle Flecken auf der Oberfläche des Sterns. Im August 2020 veröffentlichte Aufnahmen des Hubble-Weltraumteleskops legen wiederum die Staubhypothese nahe. Allerdings hat sich der Staub demnach in einem etwas anderen Szenario gebildet: Vermutlich ist aus einer übergroßen Konvektionszelle Plasma in den Raum hinausgeschossen. Dieses Material kühlte anschließend aus und bildete so eine Staubwolke, die den Stern verdunkelte.

STERNE AM LIMIT

Es scheint eine universell gültige Regel zu sein, dass unter allen neuen Sternen nur sehr wenige extrem massereiche Sterne entstehen. Sterne mit nur einigen Sonnenmassen sind hingegen viel zahlreicher vertreten. Die theoretische obere Massengrenze für Sterne, wie sie im heutigen Universum entstehen, liegt bei rund 150 Sonnenmassen, die untere bei etwa 0,08 Sonnenmassen.

BRAUNE ZWERGE

Ab einer bestimmten unteren Massengrenze kann ein werdender Stern in seinem Inneren nicht mehr den nötigen Druck und die Temperatur aufbauen, um Wasserstofffusion zu zünden und dauerhaft aufrecht zu erhalten. Objekte zwischen 0,012 und 0,07 Sonnenmassen verbrennen noch kurzzeitig Deuterium und Lithium – diese Elemente fusionieren bereits bei niedrigeren Temperaturen als Wasserstoff, sind jedoch nur in sehr geringen Mengen vorhanden. Nach wenigen Millionen Jahren kommt der Fusionsprozess schließlich zum Erliegen und derart „verhinderte" Sterne erlöschen wieder; fortan glimmen sie im Infraroten als Braune Zwerge weiter vor sich hin. Diese Strahlung entstammt zum einen Teil der Nachwärme der Fusion, zum anderen Teil der Gravitationsenergie aus der Kontraktionsphase.

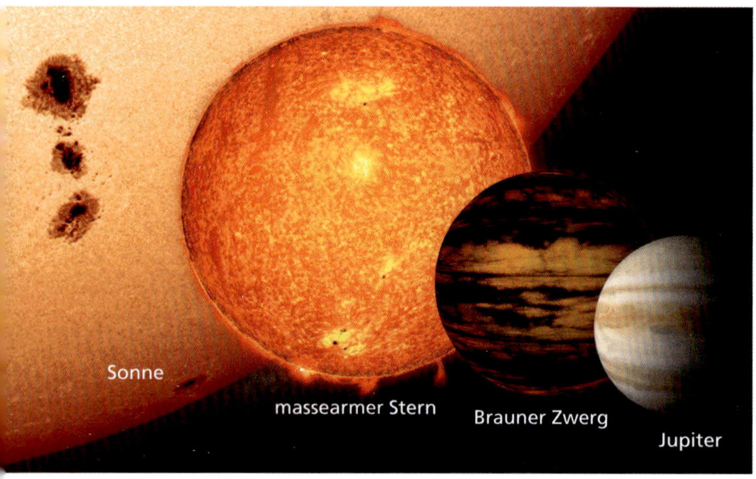

Braune Zwerge schließen die Lücke zwischen extrem massearmen Sternen und Riesenplaneten wie Jupiter.

Braune Zwerge finden sich sowohl als Riesenplanet-ähnliche Objekte in ihrem Orbit von „richtigen" Sternen, als Begleiter von Sternen in verhinderten Sternsystemen aber auch als Einzelgänger. Einige der ursprünglich als jupiterartige Exoplaneten deklarierten Objekte entpuppten sich im Laufe der Zeit als Braune Zwerge, denn der Übergang von sehr massereichen Gasplaneten zu Braunen Zwergen ist fließend. Wäre Jupiter gut 13-mal massereicher, wäre auch er ein Brauner Zwerg geworden und hätte zu Beginn seines Daseins Deuterium zu Helium verbrannt.
Die Existenz dieser verhinderten Sterne sagte bereits 1963 der indische Astrophysiker Shiv Kumar anhand von Sternentwicklungsmodellen voraus. Die ersten Exemplare dieser Art entdeckten Astronomen schließlich Mitte der 1990er-Jahre. Einer der ersten Nachweise gelang 1995 dem Team um Rafael Rebolo López vom Astrophysikalischen Institut der Kanarischen Inseln. Das von ihnen entdeckte Objekt trägt den Namen Teide 1, ist etwa 50-mal so schwer wie Jupiter und mit nur 2000 Kelvin weniger als halb so heiß wie unsere Sonne an ihrer Oberfläche. Noch im selben Jahr bestätigte das Team um Tadashi Nakajima vom National Astronomical Observatory of Japan mithilfe von Aufnahmen des Hubble-Teleskops, dass es sich bei dem schon 1994 entdeckten Objekt namens Gliese 229 B um einen Braunen Zwerg handelt, der ein Doppelsystem mit einem Roten Zwergstern (Gliese 229 A) bildet. Letzterer ist außerdem Mutterstern eines Planetensystems: So wurden im Abstand von sechs Jahren – erstmals 2014 und erneut im Jahr 2020 – zwei Exoplaneten um Gliese 229 A entdeckt.

Extrem massereiche Sterne wie Eta Carinae mit 100–200 Sonnenmassen sind in der Milchstraße rar. In der Großen Magellanschen Wolke gibt es dagegen einige noch massereichere, wie R136a1 mit geschätzt 265 Sonnenmassen.

BLAUE ÜBERRIESEN

Am oberen Massenende der stellaren Existenz stehen besonders große, massereiche Sterne, so genannte Hyperriesen. Rekordhalter in unserer eigenen Galaxis ist nach aktuellem Kenntnisstand der Stern Eta Carinae, ein Blauer Überriese. Eigentlich verbirgt sich hinter diesem Namen ein Doppelsternsystem der Extraklasse: Der Hauptstern ist ein kosmisches Schwergewicht von 100–200 Sonnenmassen. Von diesem Kaliber gibt es in der Milchstraße nur sehr wenige. Sein Partner mit 30–80 Sonnenmassen ist auch nicht gerade leicht. Einige Forscher vermuten sogar, dass es noch einen unsichtbaren Dritten, einen Neutronenstern, in diesem System geben könnte. Eta Carinae, gehört zum Sternbild Kiel des Schiffs am Südhimmel und ist Teil eines offenen Sternhaufens, der sich in einer größeren Nebelregion aus Gas und Staub befindet.

Wegen des hohen Drucks und der Temperatur, die im Inneren dieser schweren Sterne herrschen, verbraucht ein Stern wie Eta Carinae seinen Fusionsvorrat im Gegensatz zur Sonne in nur wenigen Millionen Jahren. Entsprechend hoch ist auch der Energiebedarf, der an Strahlung frei gesetzt werden muss, um das hydrostatische Gleichgewicht aufrecht zu erhalten und den Stern davor zu bewahren, unter seiner eigenen Schwerkraft in sich zusammenzustürzen. Bereits jetzt befindet sich Eta Carinae nicht mehr richtig im Gleichgewicht: Der Stern durchläuft die instabile Phase als „leuchtkräftiger Blauer Veränderlicher", wie es vermutlich alle Sterne mit mehr als 20 Sonnenmassen in ihrem Leben tun; diese dauert nur wenige zehntausend Jahre. In dieser Periode ändert der Stern seine Leuchtkraft merklich.

Am Ende seines Lebens, voraussichtlich in den nächsten 100.000 Jahren, wird Eta Carinae als extrem helle Hypernova explodieren und als Schwarzes Loch enden.

In der Großen Magellanschen Wolke existiert sogar ein noch massereicherer Stern: der Blaue Hyperriese R136a1 mit etwa 265 Sonnenmassen. Er gehört zu dem jungen Sternhaufen R136 im Tarantelnebel, der viele sehr massereiche und heiße Sterne enthält. Seine Anfangsmasse wird sogar auf 320 Sonnenmassen geschätzt. Er ist damit massereicher als die theoretische anerkannte Massenobergrenze von Sternen, die bei 150 Sonnenmassen liegt.

TOD DER STERNE

Sterne sterben wie sie gelebt haben. Die massseärmeren unter ihnen, die gemächlich über Jahrmilliarden hinweg ihre Vorräte verbraucht haben, hauchen ihr Leben verhältnismäßig unspektakulär aus. Ihnen wird es auch unsere Sonne gleichtun. Die schwergewichtigen hingegen, die ihre Vorräte allzu schnell vergeudet haben, enden in einer fulminanten Explosion.

Eines ist allen Sterntypen am Ende gemein: Sie sind nicht mehr in der Lage, in ihrem Inneren Kernfusion zu betreiben und so die notwendige Energie aufzubringen, um den Gravitationskollaps zu verhindern.

WEISSE ZWERGE

Sterne wie unsere Sonne blähen sich am Ende ihres Lebens zu einem Roten Riesenstern auf und stoßen anschließend ihre äußere Materiehülle aus Wasserstoff und Helium ins All ab. Der verbleibende Stern, der in der Regel aus nicht mehr als 1,4 Sonnenmassen besteht, fällt unter seiner eigenen Schwerkraft in sich zusammen. Während sich der Sternüberrest immer mehr verdichtet, baut sich erneut ein Gegendruck auf: Nach den Gesetzen der Quantenmechanik lassen sich Teilchen wie die schnellen freien Elektronen im dichten heißen Plasma des Sternüberrests nämlich nicht auf einen beliebig engen Raum zusammendrängen. Dieser sogenannte Entartungsdruck wirkt dem weiteren Kollaps entgegen. Zurück bleibt ein Weißer Zwergstern aus Sauerstoff und Kohlenstoff, mit Temperaturen von 25.000–100.000 Kelvin. Überschreitet der zurückbleibende Weiße Zwerg 1,4 Sonnenmassen, reicht

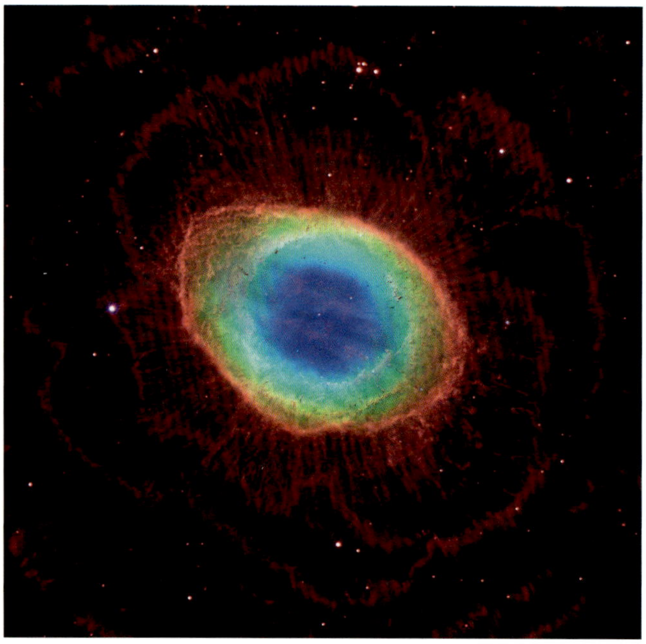

Im Ringnebel M 57 (farbverstärkt) leuchtet in der inneren, satt blauen Region Helium, grünlich leuchtet Sauerstoff und rot Wasserstoff.

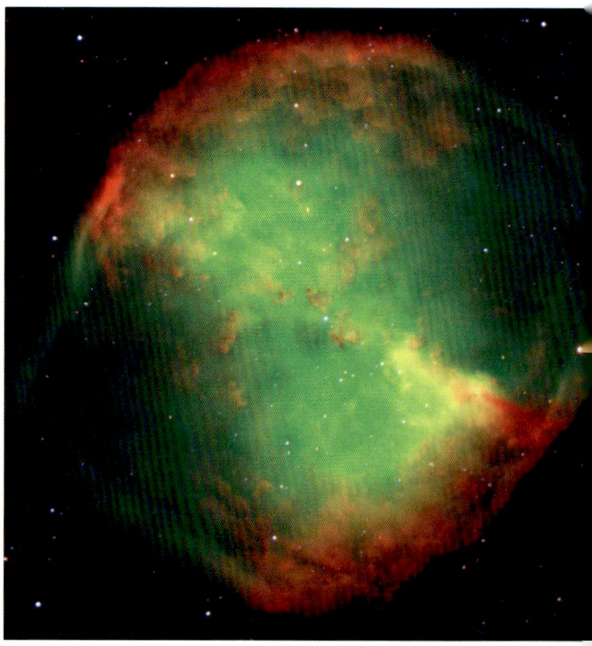

Der Hantelnebel M 27 hat eine bipolare Struktur ausgebildet.

auch der Entartungsdruck nicht mehr aus, um den Stern zu stabilisieren, und der Gravitationskollaps geht weiter (vgl. „Neutronensterne“, S. 108).

PLANETARISCHE NEBEL

Da die abgestoßenen Hüllen sterbender Sterne durch die Teleskope des 18. Jahrhunderts als verwaschene runde Fleckchen an ferne Gasplaneten wie Uranus erinnerten und man dieses Phänomen noch nicht anders zu erklären wusste, bezeichnete man diese Objekte damals als planetarische Nebel. Obwohl längst klar ist, dass diese leuchtenden Gasnebel physikalisch nichts mit Planeten gemein haben, heißen sie noch immer so.
Das wohl bekannteste dieser Objekte ist der Ringnebel, der im Katalog von Charles Messier von 1771 die Bezeichnung M 57 erhielt. Er befindet sich im Sternbild Leier und ist bereits in einem Amateurteleskop als flächige, nebelartige Ringstruktur zu erkennen. Die Vielfalt planetarischer Nebel in Form und Farbe lassen weitere Exemplare erahnen: So besticht der Hantelnebel, M 27, im Sternbild Füchschen durch seine bipolare, symmetrische Struktur. Der „Blaue Schneeball“-Nebel mit der NGC-Nummer 7662 (kurz für: New General Catalogue of Nebulae and Clusters of Stars), zwischen den Sternbildern Eidechse und Andromeda angesiedelt, fällt durch sein noch komplexeres Ringmuster auf.
Im Zentrum all dieser planetarischen Nebel leuchtet der heiße Kern des ursprünglichen Sterns weiter. Er strahlt als Weißer Zwerg vor allem blaues und ultraviolettes Licht ab. Diese energiereiche Strahlung entreißt den Atomen der abgestoßenen Gashülle Elektronen und ionisiert sie. Nach einiger Zeit rekombinieren die Atome mit den freien Elektronen und senden je nach chemischem Element und Übergangsniveau Photonen bei einer ganz bestimmten Wellenlänge, also Farbe, aus. Der planetarische Nebel wird als Emissionsnebel sichtbar. Da das menschliche Auge lichtschwache Objekte nur in Grautönen wahrnimmt, offenbaren planetarische Nebel ihre wahre Farbpracht erst in fotografischen Aufnahmen.

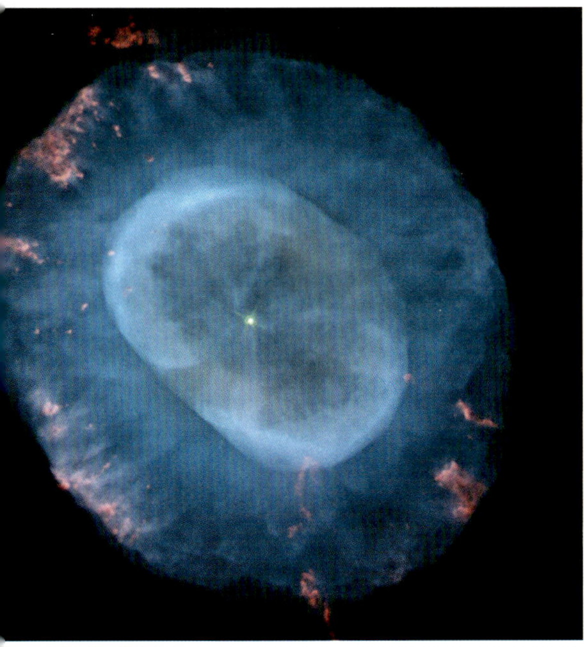

Im „Blauen Schneeball“ NGC 7662 ist auch deutlich der Weiße Zwerg im Zentrum zu erkennen.

SUPERNOVAE

THERMONUKLEARE SUPERNOVAE

Bilden Weiße Zwerge mit einem anderen Stern ein enges Doppelsystem, sehen sie bisweilen einem zweiten Sternentod entgegen. Dann kann Materie von dem Partnerstern auf den Weißen Zwerg überströmen. Dadurch steigen Druck und Temperatur an seiner Oberfläche so weit an, dass das Material dort vorübergehend fusioniert. Der Weiße Zwerg leuchtet hell auf und wird als Nova sichtbar. Überschreitet die Masse des Weißen Zwergs schließlich die sogenannte Chandrasekhar-Grenze von 1,44 Sonnenmassen, ist der Druck in seinem Inneren so groß, dass explosionsartig eine Kernreaktion des gesamten Sterns zündet und ihn auseinanderreißt. Ähnlich kann es zwei Weißen Zwergen in einem Doppelsystem ergehen, die ineinander stürzen. Auch dann kommt es zu einer thermonuklearen Explosion, bei der sich beide Sterne vollständig in ihre atomaren Bestandteile auflösen und im Universum verteilen.
Diese thermonuklearen Supernovae vom Typ Ia produzieren große Mengen – bis zu einer halben

Sonnenmasse – des radioaktiven Nickel-Isotops ^{56}Ni, das bei einer Halbwertszeit von sechs Tagen zunächst in Kobalt und dieses schließlich zu Eisen zerfällt. Die bei dieser Zerfallskette freigesetzte Gammastrahlung heizt die in den Raum berstende Materie auf und bringt sie über einen breiten Spektralbereich auf charakteristische Weise zum Leuchten: Innerhalb von einigen Tagen nach der Explosion steigt die Helligkeit der Supernova auf ihr Maximum an und nimmt anschließend schnell wieder ab, bis das Nickel-Isotop zerfallen ist. Der Zerfall von Kobalt in Eisen ist dann an einer flacheren Helligkeitskurve über die nächsten 110 Tage hinweg zu erkennen. Da diese Sternexplosionen kurzzeitig Energien von mehreren Millionen, gar Milliarden Sonnen freisetzen, sind sie über weite Distanzen im Universum sichtbar. Zudem sollten alle Supernovae vom Typ Ia aufgrund ihrer einheitlichen Grenzmasse ähnlich leuchtstark sein und vergleichbare absolute Helligkeiten aufweisen, so die bisherige Annahme. Wie hell sie von der Erde aus zu sehen sind, hinge demnach lediglich von ihrer Entfernung ab. So lassen sie sich gut als Standardkerzen zur Entfernungsbestimmung verwenden.
Auf diese Weise gelang es den Astrophysikern Saul Perlmutter, Brian Schmidt und Adam Riess, die Expansionsbewegung des Universums über große Distanzen zu untersuchen. Dabei fanden sie heraus, dass sich das Universum beschleunigt ausdehnt. 2011 erhielten die drei Forscher dafür den Nobelpreis für Physik.

WEISSE ZWERGE ALS TEST DER ART

Weiße Zwerge sind nach dem Gravitationskollaps eine Million Mal dichter als die Sonne. Mit bis zu 1,4 Sonnenmassen erreichen sie nur eine Größe von ein bis zwei Erddurchmessern. Dadurch wird die Schwerkraft an ihrer Oberfläche und in ihrer unmittelbaren Umgebung so stark, dass sie die Raumzeit messbar krümmen. Dieses Phänomen und die damit einhergehende Ablenkung von Licht beschrieb Albert Einstein 1915 in seiner Allgemeinen Relativitätstheorie (ART).
Diesen sogenannten Gravitationslinseneffekt nutzte ein internationales Forscherteam um Kailash Sahu vom Space Telescope Science Institute in Baltimore, um die Masse eines Weißen Zwergs namens Stein 2051 B zu bestimmen und damit ihr Modell zum Aufbau von Weißen Zwergen zu überprüfen. Mit dem Hubble Space Telescope beobachteten sie, wie der Weiße Zwerg das Licht eines Hintergrundsterns ablenkte und sich dessen Position am Himmel dadurch scheinbar verschob. Aus dem Maß der Ablenkung ermittelten sie die Masse des Weißen Zwergs zu 0,675 Sonnenmassen. Das stimme gut mit den Modellen zur Sternentwicklung eines Weißen Zwergs aus Kohlenstoff und Sauerstoff überein und bestätige einmal mehr die ART, so das Fazit der Forscher.

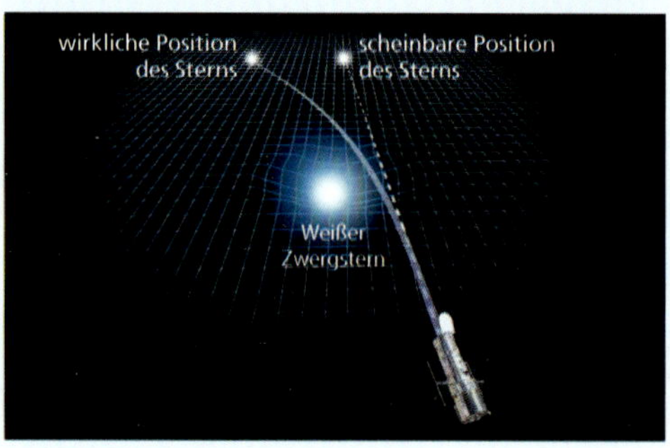

Im Schwerefeld eines Weißen Zwergs wird Licht in seiner Laufrichtung abgelenkt.

KERNKOLLAPS-SUPERNOVAE

Ähnlich fulminant wie Weiße Zwerge in Doppelsternsystemen enden Sterne mit mehr als anfangs acht Sonnenmassen. Diese Sterne fusionieren in ihrem Inneren Atomkerne bis zu den Elementen Eisen oder Nickel. Weil die Fusion zu noch schwereren Elementen zu energieaufwendig wäre, kommt die Kernfusion dann zum Erliegen. Infolgedessen sinkt der Druck im Sterninneren und reicht nicht mehr aus, um der Schwerkraft entgegenzuwirken. Der Eisen- oder Nickel-Kern des Sterns stürzt in einer Kernkollaps-Supernova in sich zusammen. Anders als bei den masseärmeren Weißen Zwergen reicht der Entartungsdruck der Elektronen hierbei nicht aus, um den Gravitationskollaps aufzuhalten. Die Kernmaterie verdichtet sich weiter und die freien Elektronen werden in die Atomkerne gedrückt, sodass sich diese in Neutronen umwandeln. Dabei werden Neu-

Zieht ein Weißer Zwerg Masse von seinem Partnerstern ab, kann der Druck auf ihm so groß werden, dass er in einer thermonuklearen Supernova explodiert.

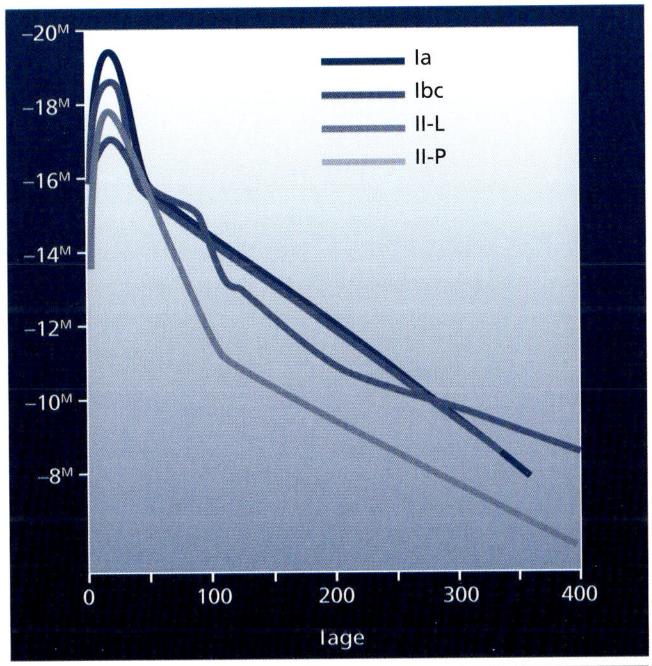

Je nach Supernova-Typ zeigt die Lichtkurve unterschiedliche typische Verläufe. Allen gemein ist ein rascher Helligkeitsanstieg zu Beginn.

trinos frei, die mit nahezu Lichtgeschwindigkeit in alle Raumrichtungen davonstreben.

Solange der zurückbleibende Sternkern eine Masse von drei Sonnenmassen nicht überschreitet, kann er der Gravitation nun wieder standhalten – der Kollaps wird nahezu schlagartig gestoppt und ein stabiler Neutronenstern ist entstanden. Die übrige Sternmaterie, die von weiter außen auf den Kern fällt, prallt an diesem Neutronenkern ab und wird nach außen geschleudert. Auf dem Weg in den Raum wird sie außerdem vom Impuls der Neutrinos mitgerissen. Überschreitet der zurückbleibende Sternenkern die Grenze von etwa drei Sonnenmassen, kann die Kernmaterie dem Gravitationsdruck nicht standhalten und es entsteht ein Schwarzes Loch.

Während der Supernova leuchtet der explodierende Stern in einer charakteristischen Reihenfolge in verschiedenen Spektralbereichen stark auf. Die Stoßwelle, die die expandierende Sternhülle durchläuft, heizt die Materie so sehr auf, dass sie zunächst im Röntgenlicht leuchtet. Einige Tage später erstrahlt die Supernova im sichtbaren Licht. In diesem Spektralbereich steigt ihre Helligkeit zunächst rapide an, verweilt dann während einer 100 Tage andauernden Plateauphase auf relativ konstantem Niveau und fällt schließlich wieder ab. Der genaue Verlauf dieser Helligkeitskurve ist abhängig vom Typ des explodierenden Sterns.

WEITERE SUPERNOVA-TYPEN

Neben diesen beiden klassischen Supernova-Typen unterschieden Astronomen in den letzten Jahren immer mehr Unterklassen. Hinzu kommen extrem helle Sternexplosionen, sogenannte Hypernovae, die so hell wie einige Milliarden Sonnen aufleuchten und vermutlich mit den bisher nur schwer einzuordnenden Gammablitzen in Zusammenhang stehen. Modellrechnungen zufolge könnte es sich dabei um den Kollaps sehr massereicher Sterne von mindestens 15 Sonnenmassen handeln, die zu einem Schwarzen Loch zusammenstürzen. Möglicherweise gehen Gammablitze auch mit Supernovae einher, bei denen exotische Objekte wie Magnetare oder Quarksterne entstehen. Andererseits könnten auch noch massereichere Sterne zu einem Schwarzen Loch kollabieren, ohne überhaupt als Supernova in Erscheinung zu treten. Eine weitere Klasse sind die etwas leuchtschwächeren Kilonovae. Sie lassen sich durch das Verschmelzen zweier Neutronensterne oder eines Neutronensterns mit einem Schwarzen Loch erklären.

SUPERNOVA-WARNNETZWERK

Es sind die Neutrinos, die als erste Boten einer solchen Supernova bei der Erde ankommen, denn sie durchdringen Materie nahezu ungehindert. Die elektromagnetische Strahlung folgt erst einige Stunden später, denn die Materiehülle um den Stern ist so dicht, dass es einige Zeit benötigt, bis sie nach außen dringen kann.
Um für die nächste Supernova gewappnet zu sein, haben Astronomen ein weltweites Frühwarnsystem eingerichtet, das aus Neutrinodetektoren auf der ganzen Welt besteht. So nutzt das SNEWS – das Supernova Early Warning System – unter anderem Experimente wie Ice-Cube am Südpol, SuperK und KamLand in Japan und Borexino im italienischen Gran-Sasso-Massiv. Messen all diese Detektoren Neutrinos aus derselben Richtung, können Astronomen ihre Teleskope auf die betreffende Himmelsposition richten, in der Erwartung, wenige Stunden später eine Supernova beobachten zu können.

SUPERNOVA-ÜBERRESTE

Die Überreste solcher Sternexplosionen erscheinen in Aufnahmen als farbenfrohe blasenartige Gebilde, deren zerrissene, filamentartige Struktur von ihrer explosiven Vergangenheit zeugt. Das bekannteste dieser Objekte, der Krebsnebel (M 1) befindet sich im Sternbild Stier in einer Entfernung von 6500 Lichtjahren und besitzt einen Durchmesser von elf Lichtjahren. Dieser Supernova-Überrest expandiert noch heute mit einer Geschwindigkeit von 1500 Kilometern pro Sekunde. Daraus lässt sich zurückverfolgen, wann die Supernova, aus der er hervorging, stattgefunden haben muss.
Seit dem 4. Juli 1054 fiel chinesischen Astronomen ein „Gaststern" im Sternbild Stier auf, dessen Veränderung sie aufmerksam verfolgten. Auch in den Aufzeichnungen arabischer Astronomen ist eine derartige Himmelserscheinung vermerkt. Sichtungen aus Europa gelten hingegen historisch nicht als gesichert. Die Supernova soll so hell gewesen sein, dass sie am Taghimmel für einige Wochen sichtbar und bis zu zwei Jahre danach noch mit bloßem Auge am Nachthimmel zu sehen war. Das Nebelfleckchen, das später mit dieser Supernova in Zusammenhang gebracht wurde, entdeckte schließlich der englische Arzt und

MERKMALE DER SUPERNOVA-TYPEN

SUPERNOVA-TYP	URSACHE	LEUCHTKRAFT VGL. MIT SONNE	MERKMALE
SN Typ Ia, Ib, Ic	thermonukleare Kernexplosion eines Weißen Zwerges (Ia) bzw. Kernkollaps eines massereichen Sterns (Ib, Ic)	10^{13}	Ia: häufigste SN-Typen, Expansionsgeschwindigkeiten bis 20.000 km/s, dienen als Standardkerzen; Ib/c: Expansionsgeschwindigkeiten bis 5000 km/s, Leuchtkräfte streuen stark
SN Typ II-P, II-L, IIn, IIb	Kernkollaps eines massereichen Sterns	10^{12}–10^{18}	II-P: Plateauphase über 1–2 Monate; II-L: scharfes Maximum, rapider Abfall; IIn: schmale Emissionslinien; IIb: doppeltes Maximum durch nachgelagerten Zerfall von Kobalt und Nickel
Hypernova	Kernkollaps eines extrem massereichen Sterns der 1. Generation	10^{20}	sehr selten, hinterlassen keine Überreste

Der als Krebsnebel M 1 bekannte Supernova-Überrest stammt von einer Sternexplosion aus dem Jahr 1054, die von chinesischen Astronomen beobachtet wurde.

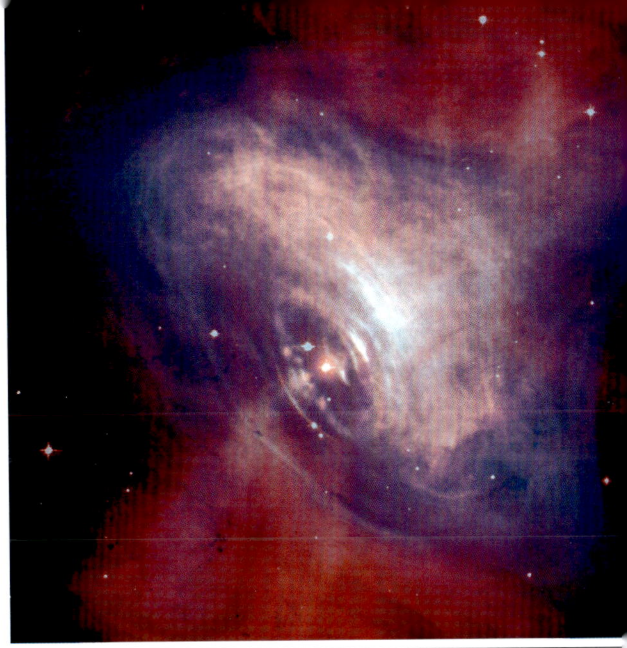

Der Pulsar im Zentrum des Krebsnebels bringt den inneren Bereich des Supernova-Überrests zum Leuchten.

Astronom John Bevis im Jahr 1731. Der französische Astronom Charles Messier widmete ihm den ersten Eintrag in seinem Katalog nebelartiger Himmelsobjekte.
Erst zu Beginn des 20. Jahrhunderts erkannten die Astronomen anhand fotografischer Aufnahmen, die im Abstand von wenigen Jahren gewonnen worden waren, dass sich der Nebel ausdehnt. Wie Rückrechnungen ergaben, musste er etwa 900 Jahre zuvor entstanden sein. Noch war man sich allerdings uneins darüber, ob M 1 mit der Erscheinung aus dem Jahr 1054 zusammenhing, denn das Phänomen Supernova war astrophysikalisch noch nicht vollständig verstanden.
Heute gehen Astronomen davon aus, dass damals ein massereicher Stern von rund zehn Sonnenmassen explodierte und den Krebsnebel als Supernova-Überrest zurückließ. In dessen Zentrum blieb ein kompakter Neutronenstern erhalten, der als Pulsar sichtbar ist. Er ist der einzige seiner Art, dessen Alter exakt bekannt ist. So dient er als Referenzobjekt für Entwicklungsmodelle dieses Sterntyps (vgl. „Neutronensterne“, S. 108). Der Pulsar bringt auch den Krebsnebel zum Leuchten: In seinem starken Magnetfeld werden Elektronen auf hohe Geschwindigkeiten beschleunigt und senden dabei Strahlung im Röntgen-, sichtbaren und Radiobereich aus.

Von ganz anderer Gestalt als der Krebsnebel ist der noch junge Überrest der Supernova 1987A (kurz: SN 1987A) mit seiner ringartigen Struktur. Dort heizt die noch immer expandierende Stoßwelle der Supernova das interstellare Material auf und regt es zum Leuchten an. Die zugehörige Sternexplosion, die sich am 24. Februar 1987 in der Großen Magellanschen Wolke ereignete, war seit der von Johannes Kepler beschriebenen Supernova von 1604 die erste mit bloßem Auge sichtbare stellare Explosion. In einer Entfernung von nur 168.000 Lichtjahren bot SN 1987A ideale Beobachtungsbedingungen, um ein solches Ereignis erstmals mit den Technologien der Neuzeit ausgiebig und aus nächster Nähe zu erforschen.
Wonach die Astronomen allerdings lange suchten, war der Sternenrest, der im Zentrum dieses Supernova-Überrests zurückgeblieben sein musste. Den Vorgängerstern, einen Blauen Riesen, hatten die Forscher bald identifiziert. Dieser sollte zu einem Neutronenstern übergegangen sein und sich dann als Pulsar bemerkbar machen. Doch erst 2019 stießen Astronomen in Aufnahmen des ALMA-Observatoriums (Atacama Large Millimeter/submillimeter Array) auf Hinweise für den Sternüberrest. Darin erschien die nach wie vor sehr dichte Staubhülle im Zentrum des Supernova-Überrests wesentlich wärmer als die Umgebung. Das könnte auf eine kompakte Strah-

Die doppelte Ringstruktur des expandierenden Supernova-Überrests SN1987A kommt durch die Stoßfront im interstellaren Medium zustande. Vom Sternüberrest fehlte jedoch lange jede Spur.

Neutronensterne sind kompakt wie die Materie in Atomkernen und besitzen extrem starke Magnetfelder, die um einen Faktor 10^{10} größer sind als

lungsquelle – wie etwa einen Neutronenstern – hindeuten, die diese Region aufheizt. Endgültig geklärt ist der Fund jedoch bis heute nicht (Stand Juli 2020).

NEUTRONENSTERNE

Theoretisch bereits in den 1930er-Jahren vorhergesagt, wurden Neutronensterne erst durch Zufall entdeckt. Als die Doktorandin und Radioastronomin Jocelyn Bell 1967 in Aufnahmen am Mullard Radio Astronomy Observatory nahe Cambridge nach Quasaren suchte, entdeckte sie unerwartete Signale, die sich in regelmäßigen Abständen wiederholten. Nachdem Bell und ihr Doktorvater Antony Hewish irdische Störsignale ausschließen konnten und bald auch die wohl eher scherzhaft ins Spiel gebrachten „Little Green Men" (engl., „die kleinen grünen Männchen) als Ursache verwarfen, vermuteten sie und ihre Kollegen in der 1968 publizierten Arbeit, dass die Signale von Weißen Zwergen oder kompakten Neutronensternen stammten könnten. Mit letzterer Annahme hatten sie richtig gelegen. Dafür erhielten Antony Hewish und der Radioastronom Martin Ryle 1974 den Nobelpreis für Physik; die eigentliche Entdeckerin des ersten, als Pulsar sichtbaren Neutronensterns wurde bei der Ehrung nicht bedacht.

Neutronensterne existieren in einem sehr engen Massenbereich zwischen 1,4 und drei Sonnenmassen und entstehen infolge einer Kernkollaps-Supernova eines sterbenden Sterns. Die Materie in diesen kompakten Objekten ist ähnlich dicht gedrängt wie in einem Atomkern und besteht im Wesentlichen aus Neutronen. An der Sternoberfläche enthält ein Neutronenstern auch geladene Teilchen wie Protonen, Ionen anderer Atomkerne und Elektronen. In seinem Inneren ist die Materie möglicherweise zu einem sogenannten Quark-Gluon-Plasma verdichtet (vgl. „Standardmodell der Teilchenphysik", S. 160). Weil sie so kompakt sind, messen sie nur wenige zehn Kilometer im Durchmesser. Ein zuckerwürfelgroßes Stück ihrer Materie würde auf der Erde über eine Milliarde Tonnen wiegen.

Wie eine Eiskunstläuferin, die ihre Arme zusammenzieht, um sich bei einer Pirouette schneller zu drehen, rotiert der Neutronenstern entsprechend schneller als sein Vorgängerstern, weil er nun viel kompakter ist als dieser. So drehen sich Neutronensterne mit Perioden von einigen Millisekunden bis Sekunden um die eigene Achse.

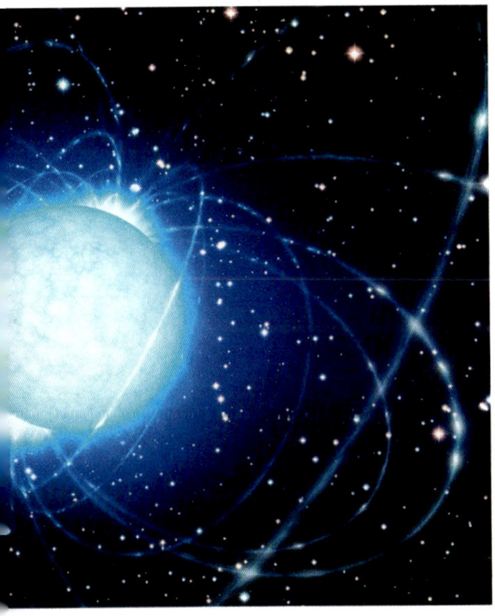

…jenigen ihrer Vorgängersterne. Das Magnetfeld …n Magnetaren ist sogar noch 100- bis 1000-mal …rker.*

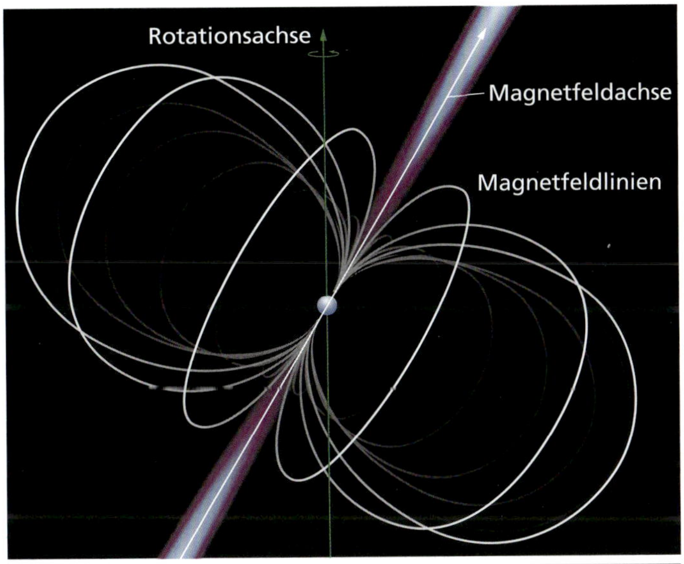

Im Magnetfeld des Neutronensterns beschleunigte Teilchen senden Strahlung aus. Da Rotations- und Magnetfeldachse in Neutronensternen nicht übereinstimmen, werden Neutronenstrne als Pulsare sichtbar.

Neben dem Drehimpuls erbt ein Neutronenstern auch das Magnetfeld seines Vorgängersterns. Auf dem kompakten Neutronenstern ist es typischerweise um zehn Größenordnungen stärker als auf seinem Vorgängerstern, sodass geladene Teilchen von der Sternoberfläche entlang der Magnetfeldachsen auf extrem hohe Energien beschleunigt werden. Dabei senden sie elektromagnetische Strahlung vom Radio- bis in den Röntgenbereich in einem Lichtkegel entlang der Magnetfeldachse aus. Da die Magnetfeldachse für gewöhnlich gegenüber der Rotationsachse des Neutronensterns geneigt ist, durchstreicht der Strahlungskegel den Raum wie ein kosmischer Leuchtturm.

INDIREKTER NACHWEIS VON GRAVITATIONSWELLEN

Nachdem die beiden Astrophysiker Russell A. Hulse und Joseph H. Taylor im Jahr 1974 den ersten Doppelpulsar namens PSR 1913+16 entdeckt hatten, beobachteten sie das Sternsystem über mehrere Jahre hinweg. Darin umkreisen sich zwei Neutronensterne in einem Abstand zwischen 1,1 und 4,8 Sonnenradien in nur 7,5 Stunden. Da die Neutronensterne so kompakt sind, ist die Gravitation an ihrer Oberfläche und in ihrer Umgebung so stark, dass sie ein gutes Testumfeld für Effekte der Allgemeinen Relativitätstheorie bieten. Bei genauerem Hinsehen stellte sich heraus, dass sich die beiden Sterne immer schneller umrunden. Sie bewegen sich also spiralförmig aufeinander zu und verlieren dabei Energie. Der aus den Beobachtungen errechnete Energieverlust entsprach genau jenem Wert, den die Allgemeine Relativitätstheorie für dieses System aufgrund der Abstrahlung von Gravitationswellen vorhersagte: Dabei handelt es sich um Schwingungen der Raumzeit, die durch beschleunigte Massen verursacht werden und die sich mit Lichtgeschwindigkeit fortpflanzen. Für diese Entdeckung erhielten Hulse und Taylor 1993 den Nobelpreis für Physik.
Direkt beobachten würde man Gravitationswellen aber wohl erst im künftigen Jahrhundert können, so einst die Prophezeiung des Nobelpreiskomitees. Am 14. September 2015 gelang schließlich ihr erster direkter Nachweis.

MAGNETARE UND QUARKSTERNE

Seit einiger Zeit vermuten Astrophysiker, dass es unter Neutronensternen einige „Exoten" geben könnte, wie beispielsweise Magnetare, deren Magnetfeld noch 100- bis 1000-mal stärker ist als das gewöhnlicher Neutronensterne. Theoretische Modelle sagen vorher, dass solche Magnetsterne in besonders heftigen Sternexplosionen entstehen könnten. Diese Art von Supernovae sollte auch mit besonders lang andauernden Gammablitzen einhergehen. Ein internationales Forscherteam um Jochen Greiner vom Max-Planck-Institut für extraterrestrische Physik konnte erstmals eine Verbindung zwischen diesen beiden Phänomenen herstellen. Der Studie zufolge ließ sich die Supernova SN 2011kl dem mit mehr als vier Stunden ungewöhnlich lang anhaltenden Gammaausbruch GRB 111209A zuordnen.

Explodiert ein extrem massereicher Stern und wird zu einem Schwarzen Loch, produziert er unter anderem das Nickel-Isotop ^{56}Ni. Der Zerfall dieses radioaktiven Isotops liefert die Energie für den mehrere Wochen sichtbaren Helligkeitsausbruch einer Supernova dieser Klasse. Allerdings reicht die Menge des Nickels nicht aus, um die Leuchtkraft der Supernova SN 2011kl vollständig zu erklären. Deshalb vermuten die Wissenschaftler, dass womöglich gar kein Schwarzes Loch entstanden, sondern ein Neutronenstern mit extrem starkem Magnetfeld von 10^{14} Gauss zurückgeblieben ist. Laut Jochen Greiner erfordere die Entstehung eines solchen Magnetars entweder ein starkes Magnetfeld des Vorgängersterns oder eine schnelle Rotation, sodass sich das starke Magnetfeld wie bei einem Dynamo erzeugen lässt. Anfangs sollte der neu entstandene Magnetar mit einer Periode von nur wenigen Millisekunden rotiert und sich dann innerhalb kurzer Zeit merklich verlangsamt haben. Die dabei frei gesetzte Rotationenergie würde die Leuchtkraft der Supernova erklären.

Noch kompakter als Magnetare könnten sogenannte Quarksterne sein. In ihnen ist die Kernmaterie so dicht zusammengedrängt, dass die Neutronen nicht mehr bestehen können, sondern sich in ihre Bestandteile – die Quarks – auflösen. Bisher beobachtet wurden solche Quarksterne allerdings nicht.

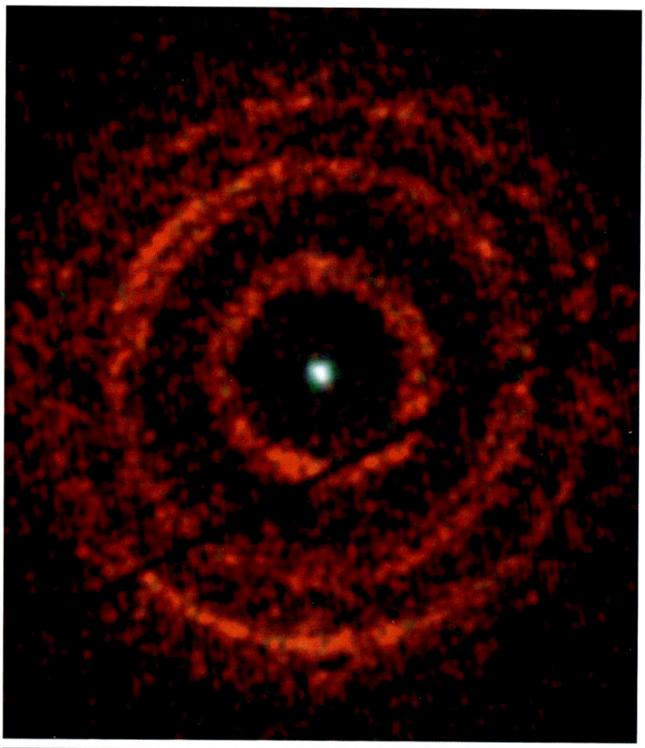

Das Schwarze Loch im Doppelsystem V404 Cygni macht sich durch Röntgenstrahlung (rot) der heißen Materie in seinem Umfeld bemerkbar.

SCHWARZE LÖCHER

Die wohl bizarrsten Hinterlassenschaften sterbender Sterne sind Schwarze Löcher. Die Idee für diese „dunklen Sterne" reicht bis ins 18. Jahrhundert zurück. So beschrieben unter anderem der britische Naturforscher John Michell und der französische Mathematiker Pierre-Simon Laplace Sterne, die so schwer und kompakt sein sollten, dass ihnen selbst Licht nicht entweichen könnte. Sie beriefen sich dabei allerdings noch auf die Newtonschen Regeln der Gravitation und die Korpuskulartheorie des Lichts.

Mit Einsteins Allgemeiner Relativitätstheorie nahmen Schwarze Löcher zunächst als theoretisch existierende Gebilde weiter Gestalt an: Sie folgen als Lösungen der Einsteinschen Feldgleichungen in speziellen Fällen, in denen Masse

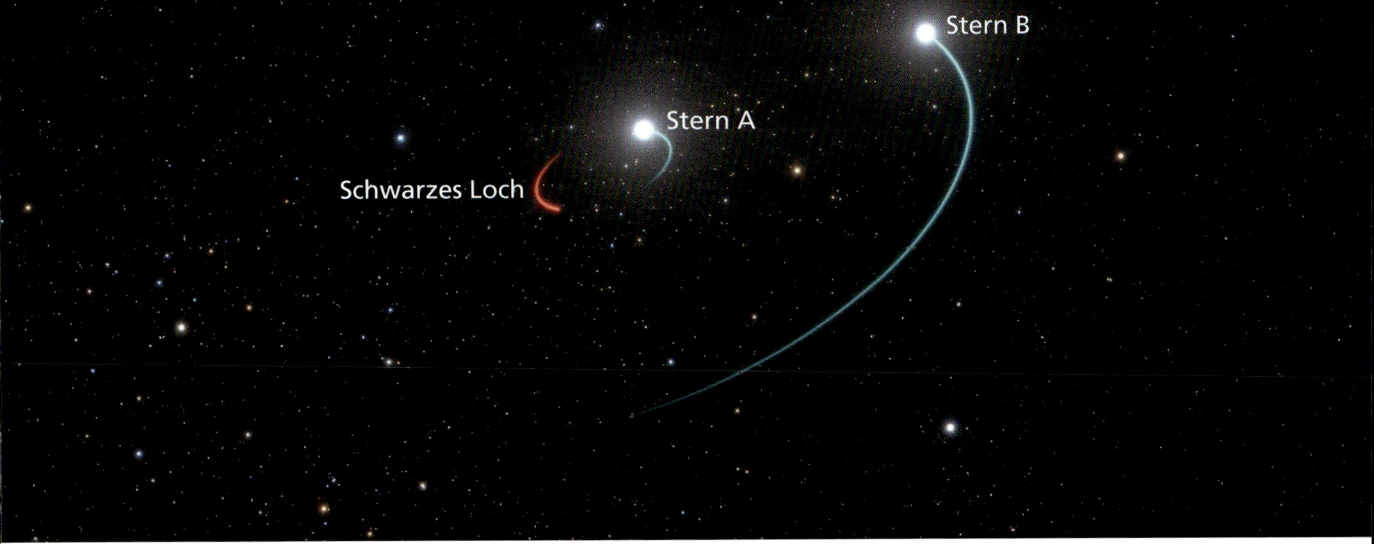

Das bisher erdnächste bekannte Schwarze Loch in 1000 Lichtjahren Entfernung befindet sich in einem Dreifachsystem im Sternbild Teleskop; das Sternsystem ist über die beiden anderen Komponenten mit bloßem Auge sichtbar.

in einem Punkt zusammengedrängt und die Schwerkraft dadurch unendlich groß wird; Mathematiker sprechen von einer Singularität. Diesen Sonderfall erkannte der Astrophysiker Karl Schwarzschild und lieferte 1916 eine physikalisch sinnvolle Beschreibung für solche Objekte: Nach außen hin wird ein Schwarzes Loch demnach durch den sogenannten Ereignishorizont begrenzt, dessen Größe durch den Schwarzschildradius bestimmt ist. Dieser hängt allein von der Masse des Objekts ab. Der Ereignishorizont schirmt das Schwarze Loch gegenüber seiner Außenwelt ab, sodass ihm nichts mehr entkommen kann, nicht einmal Licht. Bald zeigten auch neue Überlegungen zur Sternentwicklung, dass Schwarze Löcher tatsächlich am Ende eines Sternlebens von sehr massereichen Sternen entstehen können: Wenn Sterne mit mehr als acht Sonnenmassen ihren Kernbrennstoff aufgebraucht haben, fallen sie allein der Schwerkraft folgend in sich zusammen.

Doch lange konnten Astronomen nur anhand von indirekten Beobachtungen auf die Existenz solcher kompakter Objekte schließen. So machen sich Schwarze Löcher beispielsweise in Doppelsternsystemen bemerkbar, in denen nur noch eine Komponente sichtbar ist. Hier kann die Bewegung des verbleibenden Sterns die zweite Masse im System verraten. Einige solche Schwarze Löcher zeigen sich außerdem indirekt, wenn Materie des überlebenden Sterns auf sie stürzt und dabei aufgeheizt wird.

So zieht etwa im Doppelsternsystem V404 Cyg im Sternbild Schwan ein Schwarzes Loch gelegentlich Materie von seinem Partnerstern ab. Dabei wird Gravitationsenergie in elektromagnetische Strahlung umgewandelt und bringt die Materie zum Leuchten. Im Juni 2015 flackerte V404 Cyg zuletzt in einer Nova auf und war selbst im sichtbaren Licht so hell, dass es sich mit einem guten Amateurteleskop beobachten ließ.

Das derzeit bekannte erdnächste Schwarze Loch in etwa 1100 Lichtjahren Entfernung haben Astronomen unter der Leitung von Thomas Rivinius von der Europäischen Südsternwarte ESO aufgespürt. Aus den Bahnbewegungen des Sternsystems HR 6819 im Sternbild Teleskop folgerten sie, dass es neben den zwei sichtbaren Sternen noch eine dritte, unsichtbare Komponente von etwa vier Sonnenmassen geben muss. Die Forscher gehen davon aus, dass in der Milchstraße noch zahlreiche weitere solcher unentdeckten Schwarzen Löcher in Mehrfachsternsystemen verborgen sein dürften. Derzeit sind rund 20 solcher Objekte in der Milchstraße bekannt.

GRAVITATIONS-WELLENASTRONOMIE

Ein völlig neues Fenster ins All tut sich mit der Gravitationswellenastronomie auf. Im Jahr 2015 konnten Forscher der internationalen LIGO-Virgo-Kollaboration (LIGO: Laser Interferometer Gravitational-Wave Observatory) erstmals ein Gravitationswellensignal direkt messen. Es stammte von der Kollision zweier Schwarzer Löcher in einer fernen Galaxie.

Nach Einsteins Allgemeiner Relativitätstheorie (ART) entstehen diese Schwingungen der Raumzeit, immer wenn sich Massen beschleunigt bewegen. Wie bereits erstmals am Doppelpulsar PSR 1913+16 indirekt nachgewiesen und mittlerweile an einigen weiteren ähnlichen Systemen bestätigt, senden Systeme mit zwei kompakten Objekten wie Neutronensternen oder Schwarzen Löchern Gravitationswellen aus. Sie entziehen dem System Energie und tragen sie ins All hinaus. Dadurch nähern sich die Körper einander an, und ihre Umlaufperiode verkürzt sich. So umkreisen sich Neutronensterne oder Schwarze Löcher in Doppelsystemen mit der Zeit immer enger und schneller und versetzen die Raumzeit zunehmend heftiger in Schwingung, bis sie schließlich ineinander stürzen. Die Gravitationswellen aus den letzten Sekunden vor der Kollision sind dann so stark, dass die Detektoren in Amerika und Italien sie erfassen können.

Ein solches Ereignis war es auch, das die Forscher der LIGO-Kollaboration am 14. September 2015 aufzeichneten – nur wenige Tage nachdem die

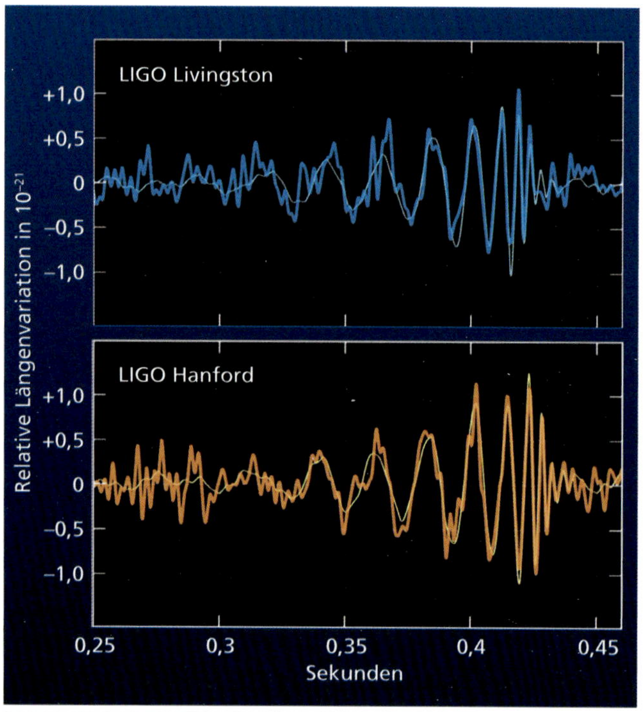

Am 14. September 2015 zeichneten die LIGO-Detektoren in Livingston und Hanford das erste Signal einer Gravitationswelle auf. Es erhielt die Bezeichnung GW150914.

Das Gravitationswellensignal GW150914 stammte von der Kollision zweier Schwarzer Löcher in einer Entfernung von 1,3 Milliarden Lichtjahren.

Detektoren mit verbesserter Messtechnologie erneut in Betrieb gegangen waren und genau 100 Jahre nachdem Albert Einstein seine ART veröffentlicht hatte. „Das Signal war so stark und sah so perfekt aus, dass wir uns zunächst gefragt haben, ob es tatsächlich echt ist. Doch am Ende stand fest: Das Signal stammt aus dem All", sagte Bruce Allen, Direktor am Max-Planck-Institut für Gravitationsphysik und Leiter des Projekts „Einstein@Home", der die Daten der LIGO-Detektoren mit auswertete. In einer Entfernung von etwa 1,3 Milliarden Lichtjahren hatten sich zwei Schwarze Löcher mit 36 beziehungsweise 29 Sonnenmassen zu einem einzigen Objekt mit 62 Sonnenmassen vereinigt. Drei Sonnenmassen wurden dabei in Energie umgewandelt und in Form von Gravitationswellen abgestrahlt. Entsprechend dem Datum, an dem dieses Gravitationswellensignal bei den Detektoren einging, trägt es die Bezeichnung GW150914.

Mittlerweile haben Forscher zehn Gravitationswellensignale von kollidierenden Schwarzen Löchern und zwei Signale von verschmelzenden Neutronensternen gemessen. Modellen zufolge sollte bei solchen Kollisionen auch elektromagnetische Strahlung freigesetzt werden. Bisher ließ sich jedoch nur die Neutronensternkollision GW170817 auch im optischen, Röntgen- und Gammabereich beobachten. Die Hoffnung der Wissenschaftler ist nun, dass sich auch Supernova-Explosionen mit den LIGO-Detektoren erfassen lassen. Allerdings sind solche Ereignisse deutlich seltener: Eine Sternexplosion ereignet sich in einer Galaxie wie unserer Milchstraße im Mittel nur etwa alle 50 Jahre.

Gravitationswellen liefern uns Informationen über Objekte oder Ereignisse im Universum, die über die elektromagnetische Strahlung nicht zugänglich sind. Aus Ereignissen wie den bereits beobachteten Kollisionen von Schwarzen Löchern erhoffen sich Astrophysiker neue Erkenntnisse über die Entwicklung und Endstadien von Sternen. Denn so lassen sich Masse und auch das Rotationsverhalten dieser Objekte direkt messen – beides sind wichtige physikalische Größen, die etwas über ihre Vorgängersterne aussagen.

So könnte die Gravitationswellenforschung mit ihren Beobachtungen die bisherige Theorie der Sterne sinnvoll ergänzen. „Über die nächsten Jahre hinweg wird man weiter an Routine gewinnen und mit den Messungen die für die Stellarphysik relevanten Daten zusammentragen", so die Einschätzung von Thomas Janka vom Max-Planck-Institut für Astrophysik.

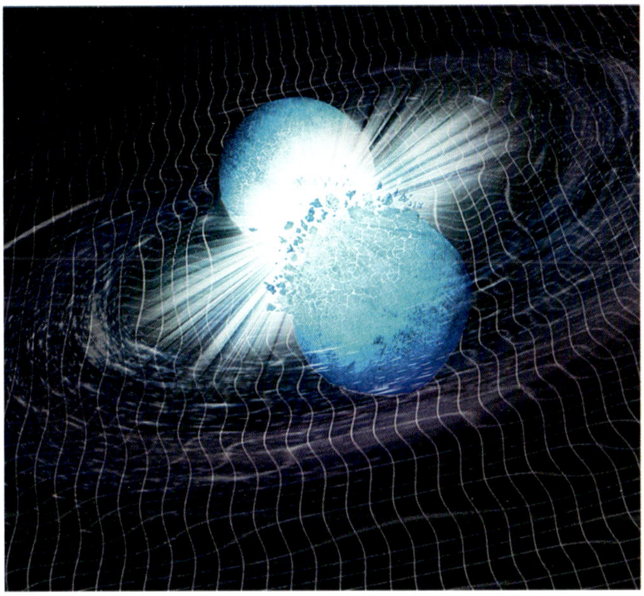

Eine Kollision zweier Neutronensterne ließ sich sowohl als Gravitationswellensignal GW170817 als auch im elektromagnetischen Spektrum beobachten.

Doch damit steht die Gravitationswellenastronomie erst am Anfang. Allein in der Milchstraße gibt es einer aktuellen Studie zufolge rund drei Millionen Schwarze Löcher in Doppelsystemen sowie über 250 Millionen Doppelsternsysteme aus Weißen Zwergen, die vor allem den Halo, also die Außenregionen der Milchstraße, besiedeln. Ließen sich diese Objekte aufspüren, könnte man wichtige Informationen über die Geschichte der Milchstraße sammeln. Doch für bodengebundene Detektoren sind die Gravitationswellensignale dieser Objekte zu schwach. Auch die Gravitationswellen extrem massereicher Schwarzer Löcher, wie sie in den Zentren von Galaxien ruhen, können diese Detektoren nicht erfassen. Sie schwingen mit so niedrigen Frequenzen, dass bodengebundene Detektoren schlicht zu klein sind, um sie zu messen. Daher setzen die Gravitationswellenforscher große Hoffnungen in ein Gravitationswellenobservatorium im All.

LISA – LASER INTERFEROMETER SPACE ANTENNA

Mit der Laser Interferometer Space Antenna LISA planen Forscher ein Gravitationswellenteleskop für den Weltraum. Das Observatorium soll aus drei Satelliten bestehen, die im Formationsflug eines gleichseitigen Dreiecks mit Seitenlängen von 2,5 Millionen Kilometern hinter der Erde fliegen und auf ihrer Bahn die Sonne umrunden. Mit Laserstrahlen, die zwischen den Satelliten hin- und herlaufen, sollen sie – wie auch die bodengebundenen Interferometer – winzige, vorrübergehende Änderungen in der Raumzeit aufspüren, die durch Gravitationswellen verursacht werden. LISA wird auf den Frequenzbereich zwischen 0,1 Millihertz bis 1 Hertz ausgelegt sein. Damit soll LISA die Population von stellaren Schwarzen Löchern und Weißen Zwergen in Doppelsystemen erfassen. Vor allem wird das Weltraumobservatorium in der Lage sein, Gravitationswellen von extrem massereichen Schwarzen Löchern in den Zentren von Galaxien oder sogar Gravitationswellen, die kurz nach dem Urknall ausgesandt wurden, zu empfangen.

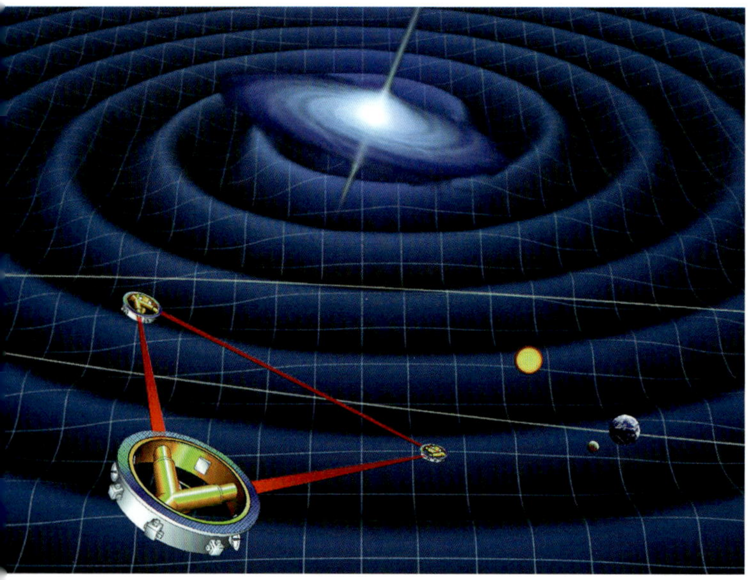

Das Weltraumobservatorium LISA soll voraussichtlich ab 2034 niederfrequente Gravitationswellen vom All aus messen.

DIE LIGO-KOLLABORATION

Die Errungenschaft, Gravitationswellen nun direkt messen zu können, lässt sich kaum einzelnen Personen zuschreiben, sondern ist vielmehr der Verdienst des gesamten internationalen LIGO-Teams. Das Nobelpreiskomitee zeichnete 2017 die drei Physiker Rainer Weiss, Barry C. Barish und Kip Thorne für „entscheidende Beiträge zu den LIGO-Detektoren und die Beobachtung von Gravitationswellen" aus. Der Preis gehöre berechtigterweise den Hunderten von Wissenschaftlern [], so äußerte sich Thorne in der Pressemitteilung der Kollaboration, und drückte sein Bedauern darüber aus, dass der Nobelpreis nicht an eine Kollaboration vergeben werden kann. Weiss und Thorne trieben bereits seit den 1970er-Jahren die Entwicklung von Laserinterferometern als Gravitationswellendetektoren in den USA maßgeblich voran; Mitte der 1990er-Jahre stieß Barish dazu. Parallel zu ihren amerikanischen Kollegen arbeiteten in den 1970er- und 1980er-Jahren außerdem Physiker in Garching unter der Leitung von Heinz Billing sowie in Schottland unter Ronald Drever an Laserinterferometern als Prototypen für künftige Gravitationswellendetektoren. Aus ihren Arbeiten ging der Gravitationswellendetektor GEO600 bei Hannover hervor, der gemeinsam von deutschen und britischen Forschern unter der Leitung von Karsten Danzmann am Max-Planck-Institut für Gravitationsphysik betrieben wird.

Die beiden LIGO-Detektoren in Hanford sowie in Livingston bestehen aus je zwei rechtwinklig zueinander angeordneten Messstrecken von vier beziehungsweise zwei Kilometern Länge. Neben den LIGO-Stationen zählt auch der Virgo-Detektor in Cascina bei Pisa mit Messstrecken von drei Kilometern zur Kollaboration. Am deutschen Detektor GEO600, der ebenfalls Teil des Verbundes ist, entwickeln die Wissenschaftler neue Technologien, die die Messempfindlichkeit der LIGO-Detektoren verbessern sollen. Seit 2020 ist außerdem der Detektor KAGRA in Japan in Betrieb, ein weiterer ist in Indien geplant.

Je mehr Detektoren über den Erdball verteilt gemeinsam messen können, umso besser lässt sich

Computersimulation von sich im All ausbreitenden Gravitationswellen.

Die 40 Kilogramm schweren Spiegel der LIGO-Interferometer werden möglichst störungsfrei aufgehängt, um minimalste Abweichungen im Laserstrahl detektieren zu können.

Der LIGO-Gravitationswellendetektor in Livingston an der US-amerikanischen Ostküste.

die Position der Herkunftsquelle eines Gravitationswellensignals bestimmen. Denn ähnlich wie ein Mensch nur mit zwei Ohren orten kann, aus welcher Richtung und Entfernung ein Schallsignal kommt, benötigt man mehrere Gravitationswellendetektoren, um die Ursprungsquelle eines Gravitationswellensignals im All zu lokalisieren. Je weiter diese Detektoren auseinander stehen, umso größer ist die Messgenauigkeit.
Die Detektoren des LIGO-Netzwerks messen bei Frequenzen zwischen zehn Hertz (das heißt: zehn Schwingungen pro Sekunde) und zehn Kilohertz (also 10.000 Schwingungen pro Sekunde). In diesen Frequenzbereich fallen Gravitationswellensignale von Supernova-Explosionen ebenso wie die Signale von miteinander verschmelzenden Neutronensternen oder Schwarzen Löchern.
Die Detektoren sind in der Lage, Längenänderungen zu erfassen, die kleiner als ein Tausendstel Durchmesser eines Protons sind. Mit der aktuellen Messempfindlichkeit lassen sich Gravitationswellenereignisse bis in Entfernungen von etwa einer Milliarde Lichtjahre aufspüren.

EXOPLANETEN

Nicht nur der Blick tief hinein in Sternentstehungsregionen zeigt, dass Planeten bei fremden Sternen vermutlich eher die Regel als die Ausnahme sind. Mittlerweile (Stand August 2020) sind 4326 Exoplaneten bei 3196 Sternen bekannt. Mit neuen Daten des 2018 gestarteten Weltraumteleskops TESS (Transiting Exoplanet Survey Satellite) dürfte sich diese Zahl in den kommenden Jahren vervielfachen.

Hochrechnungen, die auf bisherigen Beobachtungen basieren, gehen von 100 Milliarden Exoplaneten in der Milchstraße aus. Darunter könnten sich rund sechs Milliarden erdähnliche Planeten befinden, die einen massearmen Stern in einem für die Entstehung von Leben zuträglichen Abstand umkreisen.

Bereits Anfang der 1990er-Jahre fanden Astronomen bei einem als Pulsar sichtbaren Neutronenstern namens PSR 1257+12 Hinweise auf extrasolare Planeten. Signaturen in seinem Lichtpuls verrieten, dass er mindestens drei Begleiter planetarer Masse haben musste. Den ersten extrasolaren Planeten, 51 Pegasi b, bei einem sonnenähnlichen Stern entdeckten die Schweizer Astronomen Michel Mayor und Didier Queloz im Jahr 1995. Dabei handelt es sich um einen Gasriesen mit etwa der halben Masse des Jupiter. Er umkreist seinen Mutterstern – 51 Pegasi – in einer Entfernung von nur sieben Millionen Kilometern (also etwa 0,05 Astronomischen Einheiten) in 4,2 Tagen. Für ihre

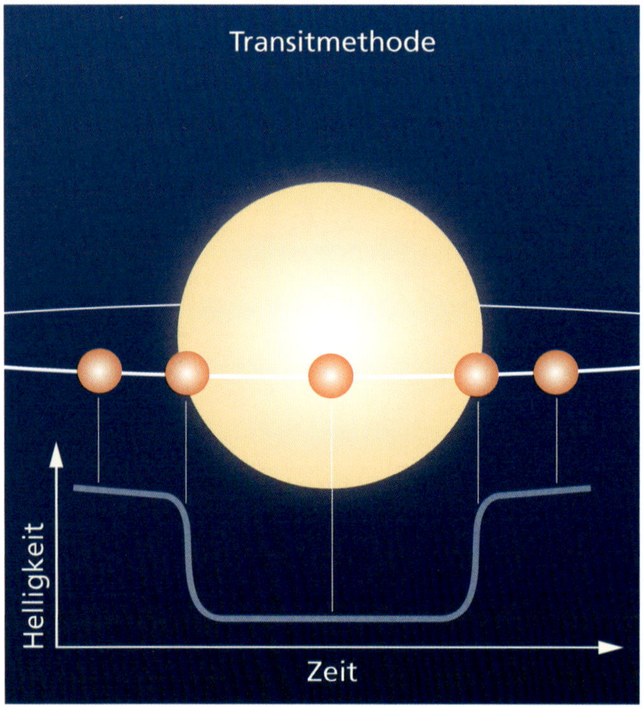

Mit der Transitmethode lassen sich Exoplaneten durch charakteristische Helligkeitsschwankungen im Sternenlicht aufspüren. Diese Methode nutzte der Kepler-Satellit und nun TESS.

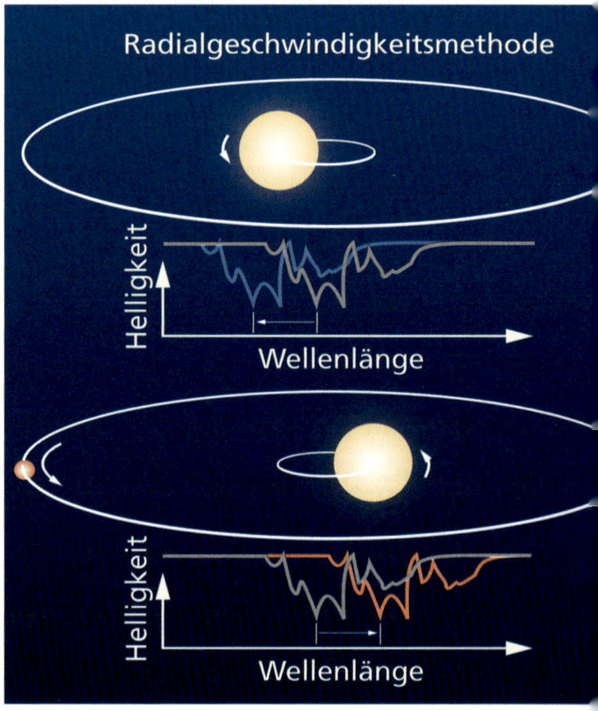

Besitzt ein Stern einen Planeten, pendeln beide um ihren gemeinsamen Schwerpunkt. Diese Bewegung zeigt sich im Sternspektrum durch den Dopplereffekt.

Entdeckung erhielten die beiden Forscher im Jahr 2019 den Nobelpreis für Physik.
In den Folgejahren beschränkte sich die Entdeckung weiterer Exoplaneten zunächst auf jupiterähnliche und damit sehr große, massereiche Objekte. Mit der sich zusehends präzisierenden Beobachtungstechnik kamen massearmere, Neptun-ähnliche und schließlich auch gesteinsartige Planeten hinzu, die gemeinhin als „erdähnlich" bezeichnet werden.

SUCHMETHODEN

Bei der Suche nach Exoplaneten nutzen Astronomen verschiedene Methoden, aus denen sie indirekt auf Planetensysteme um fremde Sterne schließen können. Denn direkt abbilden lassen sich Exoplaneten mit den bisherigen technischen Möglichkeiten nur in wenigen Fällen. Zwar reflektieren Exoplaneten das Licht ihres Zentralgestirns, doch werden sie meist durch die Nähe zu ihm von diesem überstrahlt. So wurden mit dieser Methode bisher nur rund 50 Exoplaneten entdeckt. Das erste Bild eines Mehrfachplanetensystems um einen sonnenähnlichen Stern veröffentlichte die ESO im Juli 2020. Aufgenommen mit dem Very Large Telescope (VLT), zeigt es den 300 Lichtjahre entfernten jungen Stern TYC 8998-760-1 im südlichen Sternbild Musca mit zwei Gasriesen als Begleiter. Sie umkreisen ihr Zentralgestirn in einer Entfernung von 160 und 320 Astronomischen Einheiten und sind 14- beziehungsweise sechsmal so schwer wie Jupiter.

DIE TRANSITMETHODE

Eine der indirekten Beobachtungsmethoden ist die sogenannte Transitmethode. Mit ihr haben die Weltraumobservatorien COROT (Convection, Rotation and planetary Transits) der ESA und vor allem Kepler der NASA über 3000 Exoplaneten bei fremden Sternen entdeckt.
Sehen wir von der Erde aus auf die Kante eines Exoplanetensystems, zieht der Planet regelmäßig

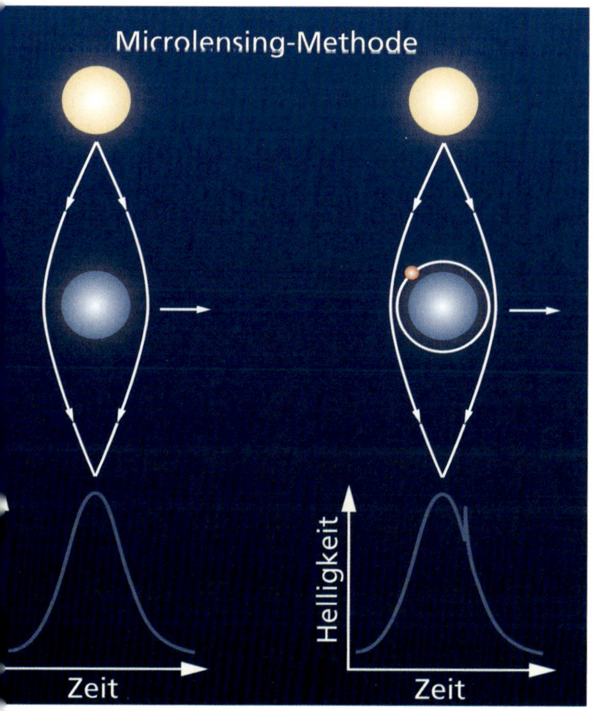

Durch den Gravitationslinseneffekt verstärkt ein Stern mit Planet in der Sichtlinie vorübergehend das Licht eines dahinterliegenden Sterns.

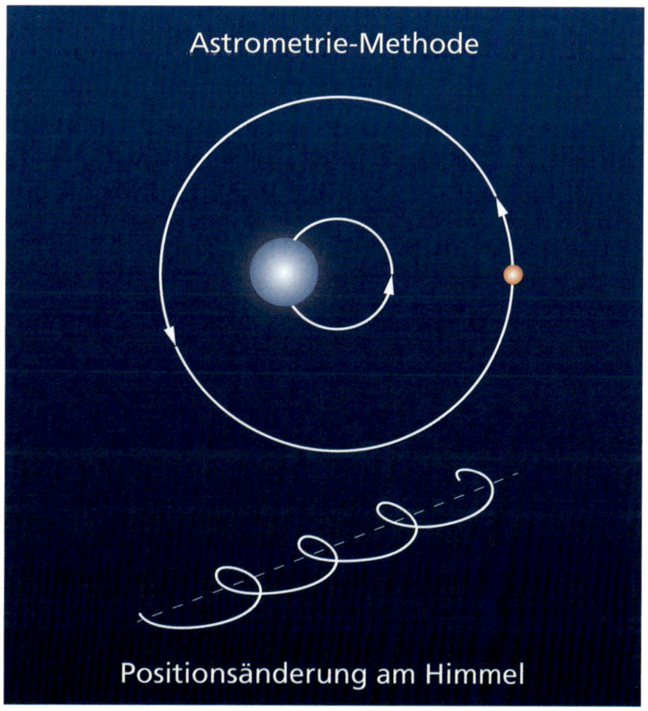

Die Astrometrie-Methode misst die Positionsveränderung eines Sterns, die er aufgrund der Pendelbewegung um den gemeinsamen Schwerpunkt mit seinem Planeten erfährt.

vor dem Stern vorüber und verdunkelt diesen dabei ein wenig. Aus den periodischen Helligkeitsschwankungen des Sterns lassen sich die Größe seines Planeten und dessen Umlaufzeit ableiten. Dabei schwächt ein solcher Transit das Sternenlicht nur minimal: Zieht ein Jupiter-ähnlicher Planet vor einem sonnenähnlichen Stern vorüber, fällt die Helligkeit des Sterns um etwa ein Prozent ab; erdähnliche oder noch kleinere Planeten verdunkeln den Stern um weniger als 0,01 Prozent. Helligkeitsschwankungen dieser Größenordnungen können zwar auch durch andere Phänomene, wie beispielsweise Sternflecken, auftreten. In der Regel lassen sich Planetentransits dank ihrer charakteristischen Lichtkurven jedoch recht gut von Sternflecken unterscheiden: Tritt der Planet vor den Stern, nimmt die Helligkeit sehr schnell ab, bleibt dann geradlinig für einige Zeit im Minimum und geht anschließend steil wieder zur ursprünglichen Helligkeit des Sterns zurück. Wie stark die Verdunkelung ist, hängt von dem (scheinbaren) Flächenverhältnis zwischen Sternscheibchen und Planetenscheibchen ab und somit von der Größe der beiden Himmelskörper sowie ihrem Abstand zueinander. Die Bedeckungsdauer hängt von der Umlaufgeschwindigkeit des Planeten um seinen Mutterstern sowie dem Bahnradius des Planeten ab. Blicken wir nicht direkt von der Kante, sondern in einem anderen Winkel auf ein Exoplanetensystem, ändert sich die Form der Transitlichtkurve: die Helligkeit nimmt entsprechend flacher ab beziehungsweise wieder zu, da der Planet den Stern nur teilweise bedeckt.

DIE RADIALGESCHWINDIGKEITSMETHODE

Eine weitere Möglichkeit, Planeten bei fernen Sternen nachzuweisen, ist die Radialgeschwindigkeitsmethode. Mit ihr wurde 1995 auch der erste Exoplanet bei dem sonnenähnlichen Stern 51 Pegasi gefunden. Sie ist die wichtigste Technik, um Entdeckungen, die mit der Transitmethode ge-

FREQUENZKAMMTECHNIK

Die nobelpreisgekrönte Frequenzkammtechnik stammt eigentlich aus der Quantenoptik, kommt aber mittlerweile auch bei der Exoplanetensuche zum Einsatz. Die Methode macht sich ein Prinzip der Laseroptik zunutze: In einem einzelnen Lichtpuls eines Lasers ist eine ganze Reihe von Frequenzen verborgen. Je kürzer der Lichtpuls, desto mehr Frequenzen des Spektrums sind in ihm enthalten. Mit einer speziellen Technologie – einem Kurzpulslaser – lassen sich die Frequenzen in ein spezielles Spektrum umwandeln. Dieses Spektrum ist jedoch nicht kontinuierlich, sondern besteht aus diskreten Spitzen mit exakt gleichen Abständen – vergleichbar den Zinken eines Kamms. Mittlerweile verwenden Astronomen am Very Large Telescope der ESO und am Wendelstein-Observatorium der Universitätssternwarte München ein Frequenzkammspektrum als Referenz für spektroskopische Untersuchungen speziell bei der Exoplanetensuche. Es ist wesentlich genauer und stabiler als dasjenige herkömmlicher Referenzlichtquellen (zum Beispiel Thorium-Argon-Lampe).

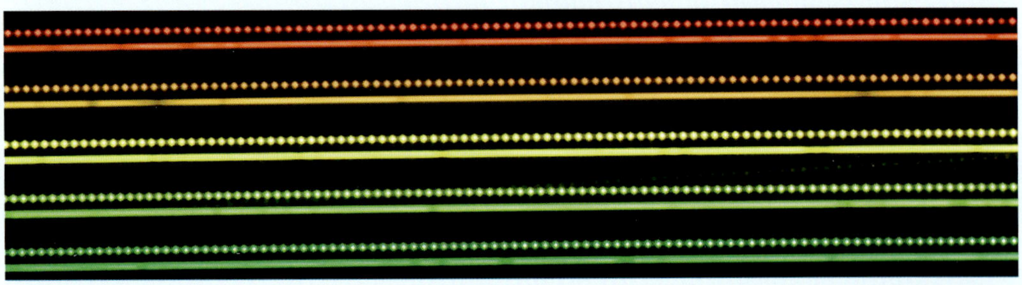

Ein Laserfrequenzkamm erzeugt ein diskretes Spektrum mit identischen Abständen. Es eignet sich ideal als Referenz für Dopplermessungen im Sternenlicht bei der Suche nach Exoplaneten.

macht wurden, unabhängig zu bestätigen oder zu widerlegen. In Kombination beider Methoden lässt sich die Masse eines Exoplaneten abschätzen. Bei der Radialgeschwindigkeitsmethode macht man sich zunutze, dass Stern und Planet aufgrund ihrer Schwerkraft miteinander interagieren. Denn tatsächlich kreist der Planet nicht nur um seinen Mutterstern, sondern beide Himmelskörper bewegen sich um ihren gemeinsamen Massenschwerpunkt. Blicken wir von der Erde aus auf die Seite des fernen Planetensystems, bewegt sich der Stern daher in einer Pendelbewegung regelmäßig auf uns zu und wieder von uns weg. Diese Pendelbewegung macht sich als Dopplerverschiebung im Sternspektrum bemerkbar: Entfernt sich der Stern von uns, erscheinen die Spektrallinien ein wenig ins Rote verschoben, bewegt er sich wieder auf uns zu, verschieben sie sich ins Blaue. So pendelt beispielsweise ein sonnenähnlicher Stern, um den sich im Abstand einer Astronomischen Einheit ein Neptun-ähnlicher Planet bewegt, mit 5,4 Kilometern pro Stunde hin und her; das entspricht etwa dem Tempo eines Fußgängers.
Mit dieser Messmethode arbeiten bodengebundene Observatorien wie das Very Large Telescope (VLT) der ESO in Chile oder auch das Wendelstein-Observatorium in den bayerischen Alpen.

DIE ASTROMETRIE-METHODE

Im Gegensatz zur Radialgeschwindigkeitsmethode nutzt die Astrometrie direkt die zusätzliche Pendelbewegung eines fernen Sterns vor dem Fixsternhintergrund, die sich ebenfalls aus dem Tanz um den gemeinsamen Schwerpunkt mit einem Planeten ergibt. Lange Zeit waren allerdings die Messungen zur Sternposition nicht präzise genug, um diese minimalen Bewegungen nachzuweisen. Eine erste vermeintliche Entdeckung eines Planeten nach dieser Methode bei dem Stern VB 10 ließ sich bisher nicht mit anderen Methoden bestätigen. Auch die Messungen mit dem HIPPARCOS-Satelliten (High Precision Parallax Collecting Satellite), der von 1989 bis 1993 die Positionen von mehr als 118.000 Sternen katalogisierte, waren noch zu ungenau. Erst der sich seit 2014 im Orbit befindende Gaia-Satellit ist dazu in der Lage und sucht gezielt nach solchen minimalen, für Exoplaneten charakteristischen Positionsschwankungen

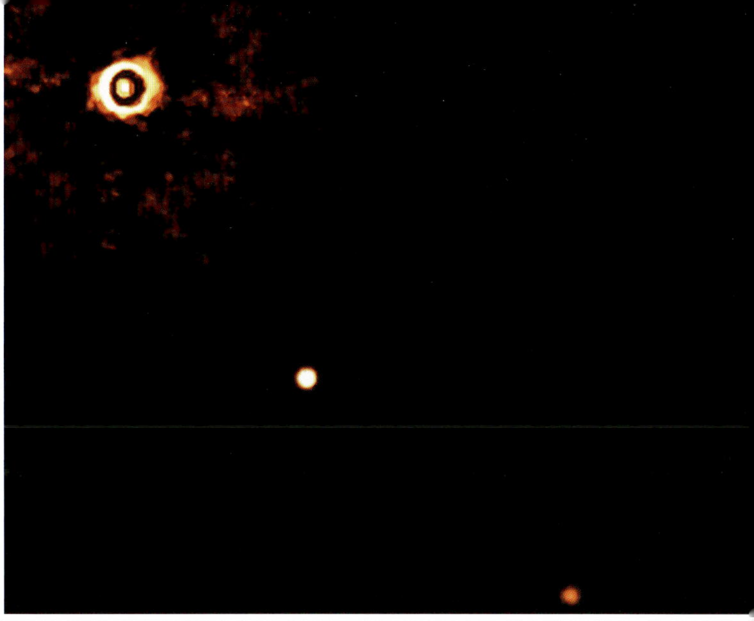

Die erste direkte Aufnahme eines Mehrfachplanetensystems: Zwei Gasriesen umkreisen den Stern TYC 8998-760-1 (oben links).

bei fremden Sternen. Bisher ließen sich dank der Gaia-Messungen 60 Exoplaneten bestätigen, die zuvor durch den Kepler-Satelliten als mögliche Kandidaten identifiziert wurden.

DIE MICROLENSING-METHODE

Eine Methode, von der sich Astronomen erhoffen, auch Exoplaneten in größerer Entfernung in anderen Galaxien zu entdecken, basiert auf dem sogenannten Microlensing-Effekt (vgl. „Gravitationslinse“, S. 176). Zieht ein Stern vor einem anderen auf unserer Sichtlinie vorüber, wird das Licht des Hintergrundsterns durch den Gravitationslinseneffekt umgelenkt und verstärkt. Sein Licht addiert sich kurzfristig zu dem des Vordergrundsterns. Besitzt der Vordergrundstern, der als Gravitationslinse wirkt, einen Planeten, ver-

ANZAHL DER ENTDECKTEN EXOPLANETEN JE METHODE

BEOBACHTUNGS-METHODE	ANZAHL DER ENTDECKTEN PLANETEN
Transitmethode	3080
Radialgeschwindigkeitsmethode	899
Astrometrie-Methode	12
Microlensing-Methode	125
Sonstige	219

stärkt dieser das Licht einmal mehr, und der Stern blitzt zusätzlich auf. Bei der Suche nach Exoplaneten außerhalb der Milchstraße war diese Methode bisher allerdings nicht erfolgreich.

CHARAKTERISIERUNG VON EXOPLANETEN

Aus Beobachtungen mit der Radialgeschwindigkeitsmethode kombiniert mit der Transitmethode lassen sich Grundparameter wie Größe und Masse eines Exoplaneten bestimmen und daraus seine Dichte und seine Beschaffenheit – etwa ob er gasförmig oder gesteinsartig ist – ableiten. Da Astronominnen in der Regel nicht wissen, in welchem Winkel sie auf ein fernes Planetensystem blicken, ist diese Methode jedoch recht ungenau. Nur wenn sie direkt auf die Kante des Systems sehen, schlägt sich die vollständige Auslenkung des Sterns, die er durch seinen planetaren Begleiter erfährt, in der gemessenen Radialgeschwindigkeit nieder. Dann ist die Radialgeschwindigkeit ein gutes Maß für die Planetenmasse. Blicken sie jedoch schräg auf das System, erscheint die Auslenkung geringer als sie tatsächlich ist und man erhält nur eine untere Massengrenze.
Bei der Suche nach extraterrestrischem – auch mikrobiologischem – Leben interessieren sich Astronominnen außerdem besonders dafür, ob ein Planet eine Atmosphäre besitzt und wie diese beschaffen ist. Gelegentlich lassen sich Atmosphären von Exoplaneten bei einem Transit beobachten: Zieht der Planet vor seinem Mutterstern vorüber, durchleuchtet das Sternenlicht seine Atmosphäre. Je nach chemischer Zusammensetzung filtert sie dabei einen Teil des Sternenlichts heraus, sodass im Sternspektrum während des Transits zusätzliche Spektrallinien von Substanzen auftauchen, die nicht im Stern selbst vorkommen. So absorbieren Verbindungen wie Wasser, Kohlenmonoxid, Kohlendioxid oder Methan beispielsweise im Infraroten, Kalzium- oder Titanverbindungen hingegen auch im Optischen.

DIE HABITABLE ZONE

Leben, wie wir es von der Erde kennen – sei es in mikrobiologischer oder auch höher entwickelter

Die lebensfreundliche Zone (grün) um einen Stern ist eng begrenzt. Zu nahe am Stern ist es zu heiß (rot), zu weit entfernt zu kühl (blau) für flüssiges Wasser.

Form –, kann nur auf der Grundlage von flüssigem Wasser entstehen. Und das kann nur auf Planeten existieren, die sich in einer dafür ausgezeichneten Region um einen Stern, der sogenannten lebensfreundlichen oder habitablen Zone, befinden. Bei sonnenähnlichen Sternen liegt sie in einer Entfernung zwischen 0,7 und 1,4 Astronomischen Einheiten; bei massärmeren, kühleren Sternen rückt sie weiter an den Stern heran, bei massereicheren und heißeren Sternen liegt sie entsprechend weiter außen. Kommt der Planet dem Stern zu nahe, ist seine Oberflächentemperatur zu hoch, sodass Wasser schnell verdampfen würde. Ist der Planet hingegen zu weit von seinem Mutterstern entfernt, gefriert das Wasser zu Eis. Ob flüssiges Wasser auf einem Planeten verfügbar ist und sich dort auch über einen längeren Zeitraum oder dauerhaft halten kann, hängt aber nicht nur von der Sterneinstrahlung ab, sondern auch von der Oberfläche und der Atmosphäre des Planeten selbst: So könnte sich Wasser bei größerem atmosphärischen Druck auch bei höheren Temperaturen auf dem Planeten länger halten, bei zu niedrigem Druck würde es hingegen eher verdampfen.

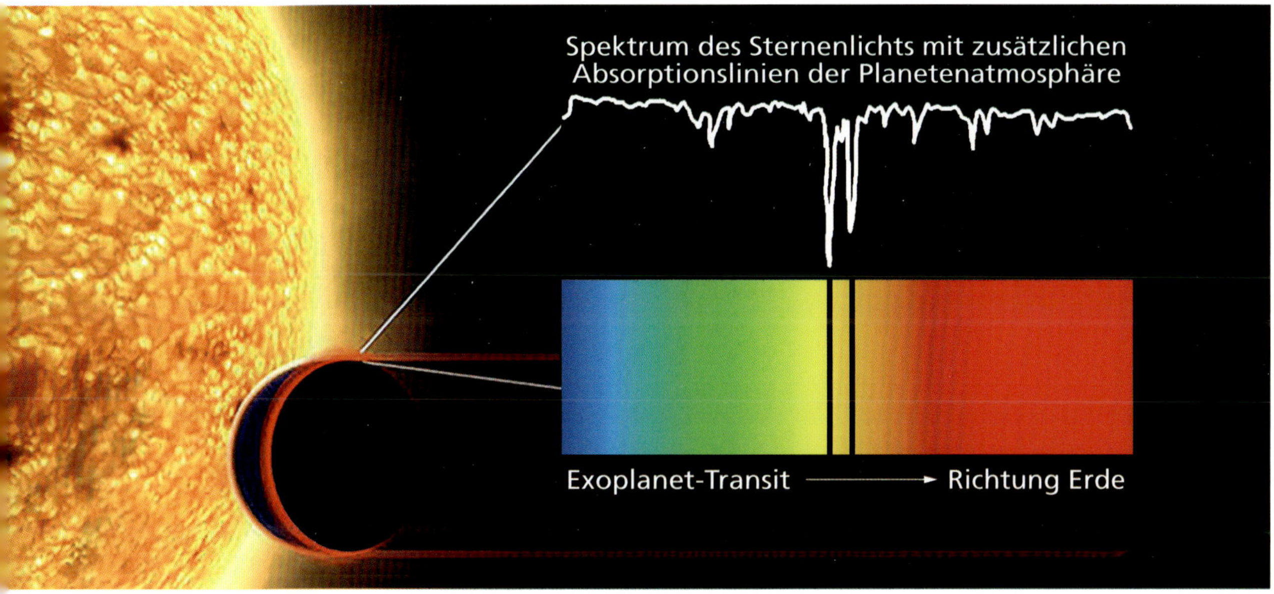

Läuft ein Exoplanet vor seinem Stern vorüber, filtert seine Atmosphäre je nach chemischer Zusammensetzung einen Teil des Sternenlichts heraus. So lassen sich exoplanetare Atmosphären anhand der zusätzlichen Spektrallinien im Sternenlicht untersuchen.

EXOMONDE

Keineswegs abwegig ist, dass Exoplaneten auch Monde besitzen können. Insbesondere auf größeren Monden könnten sogar Bedingungen für niedere Formen mikrobiellen Lebens herrschen. Doch die Suche nach diesen sogenannten Exomonden außerhalb des Sonnensystems gestaltet sich derzeit noch schwierig. Eine Möglichkeit, nach ihnen zu suchen, bietet ebenfalls die Transitmethode. Mit dem Projekt HEK (The Hunt for Exomoons with Kepler) durchforsten Forscher um den britischen Astronomen David Kipping vom Harvard-Smithsonian Center for Astrophysics seit 2011 die mit dem Kepler-Satelliten aufgenommenen Daten erneut, in der Hoffnung, darin Anzeichen für Exomonde zu entdecken. Bisher stießen sie dabei auf einen möglichen Exomond bei dem Planeten Kepler-1625b. Als gesichert gilt diese Entdeckung jedoch noch nicht. Eine weitere Möglichkeit, Exomonden auf die Schliche zu kommen, sind Lücken in Ringsystemen von Exoplaneten. So weist beispielsweise das bei dem Planeten J1407b beobachtete Ringsystem eine derartige Lücke auf. Man geht davon aus, dass hier ein Mond im Orbit des Planeten seine Bahn zieht und ähnlich wie im Fall der Saturnringe die Lücke hervorruft. Sicher nachgewiesen ist dieser extrasolare Trabant allerdings bisher noch nicht.

TESS UND CHEOPS

Der im April 2018 gestartete Transiting Exoplanet Survey Satellite TESS der NASA sucht gezielt nach Planeten um Sterne in Sonnennähe, das heißt in Entfernungen von 30–300 Lichtjahren. Hochrechnungen gehen davon aus, dass die Mission bis zu 20.000 Exoplaneten aufspüren könnte, darunter 17.000, die größer als Neptun sind, sowie einige Dutzend in Erdgröße. Bisher konnte TESS 51 Planeten finden; Daten von weiteren 1931 Kandidaten liegen vor, die noch zu bestätigen sind. Ergänzend zu TESS untersucht der im Dezember 2019 von der ESA gestartete Satellit CHEOPS (Characterising Exoplanet Satellite) derzeit die Atmosphären von 400 bereits bekannten Exoplaneten in Sonnennähe. CHEOPS nutzt ebenfalls die Transitmethode, ist allerdings mit einem sehr viel lichtempfindlicheren Teleskop ausgestattet als TESS oder zuvor der Kepler-Satellit. Das ist notwendig, um die Gashüllen von Exoplaneten charakterisieren zu können.

Bei der Suche nach Radiosignalen von extraterrestrischen Zivilisationen wird das SETI-Programm künftig auch Daten des Very Large Array in New Mexico durchforsten.

Zudem sollten fremde Planetensysteme auch Überreste aus ihrer Entstehungsphase in Form von Asteroiden oder Kometen enthalten. Letztere lassen sich zwar nicht direkt beobachten, können sich aber durch den Staub, den sie auf ihrer Bahn hinterlassen, bemerkbar machen. Derartige Spuren eines Exokometen fand das TESS-Teleskop im System um Beta Pictoris im südlichen Sternbild Maler.

SUCHE NACH LEBEN

Die Frage nach der Entstehung von Leben im All betrifft unsere eigene Existenz ebenso wie mögliches extraterrestrisches Leben auf fernen Planeten. Dass Leben auch anderswo als auf der Erde existieren kann, scheint zumindest auf mikrobiologischer Ebene sehr wahrscheinlich.

Mit Formaldehyd wurde bereits 1969 das erste organische Molekül im All entdeckt; in den 1970er-Jahren fand man mit Radiobeobachtungen des interstellaren Mediums eine ganze Reihe weiterer organischer Moleküle, unter anderem Alkohole. Inzwischen sind über 190 organische Verbindungen im All bekannt, von denen sich viele auch in protoplanetaren Scheiben nachweisen lassen.

Auf der Suche nach extraterrestrischem Leben auf mikrobiologischer Basis interessieren sich die Forscher vor allem dafür, unter welchen Bedingungen sich aus einfachen organischen Molekülen die Bausteine des Lebens, also Aminosäuren, bilden können und welche Rolle UV-Strahlung sowie die kosmische Strahlung dabei spielen. Dazu stellen sie die extremen Bedingungen, wie sie in den Tiefen des Alls herrschen, im Labor nach oder setzen komplexe Moleküle in Außenlabors der Internationalen Raumstation ISS der kosmischen Strahlung aus.

Mit Glyzin fand man 2003 schließlich die erste Aminosäure im interstellaren Medium der Milchstraße: Diese chemische Verbindung könnte eine wichtige Rolle bei chemischen Vorstufen von Leben auf der Erde gespielt haben. Mit dem Spitzer-Weltraumteleskop oder auch dem ALMA-Observatorium entdeckten Forscher in den letzten Jahren zunehmend komplexere organische Moleküle und Vorstufen von Aminosäuren im interstellaren Medium. Nach wie vor ist allerdings unklar, ob die Bausteine des Lebens mit Kometen- oder Asteroideneinschlägen auf die Erde kamen oder ob sie sich dort direkt entwickelten. So entdeckten beispielsweise Raumsonden auch Glyzin auf den Kometen 81P/Wild 2 und 67P/Tschurjumow-Gerasimenko.

IST DA DRAUSSEN JEMAND?

Der Suche nach bereits höher entwickeltem Leben widmet sich das Projekt SETI, Search for Extraterrestrial Intelligence. Im Zuge dessen suchen Astronomen seit den 1950er-Jahren nach Anzeichen für intelligentes Leben außerhalb der Erde. Dabei durchforsten sie die Daten von Radioteleskopen nach schmalbandigen Funksig-

nalen, die nach heutigem Wissensstand nicht auf natürliche Weise entstehen können; nur eine technologisierte Zivilisation sollte in der Lage sein, derartige Signale zu erzeugen und zu versenden. Bisher verlief die Suche jedoch erfolglos. Dennoch suchen die Wissenschaftler des SETI-Netzwerkes weiter nach Signalen ferner Zivilisationen. Dazu ist auch wieder eine Zusammenarbeit mit dem Arecibo Observatory geplant, von wo aus 1974 eine Radiobotschaft ins All gesandt wurde, die ferne Zivilisationen über die Existenz der Menschheit informieren sollte.

In Zukunft wollen die SETI-Forscher auch nach Lasersignalen aus dem All suchen. Die Idee dahinter: Eine hochtechnisierte extraterrestrische Zivilisation – sollte sie denn existieren – würde eher verschlüsselte Lasersignale als gewöhnliche Radiosignale versenden, um auf sich aufmerksam zu machen. Dazu sollen 60 Kameras an 15 um den Erdball verteilten Standorten den Himmel nach ungewöhnlichen Lasersignalen abscannen. Jeweils zwei Kameras sollen gleichzeitig eine Richtung ins Visier nehmen, um echte Signale besser von Artefakten unterscheiden zu können. Das erste Kamerapaar wurde im Sommer 2019 auf dem Robert Ferguson Observatory im kalifornischen Kenwood installiert.

MERKMALE NAHER EXOPLANETEN

STERN	ENTFERNUNG IN LICHTJAHREN	PLANETENMASSE IN ERDMASSEN	STATUS
Proxima Centauri	4,2	>0,9	möglicherweise in lebensfreundlicher Zone
Barnards Stern	6	>4,2	endgültiger Beweis steht noch aus
Wolf 359	7,9	c>3,8 und b>43,9	zwei bekannte Exoplaneten, beide außerhalb der habitablen Zone
Lalande 21185	8,3	>2,9	endgültiger Beweis steht noch aus
Epsilon Eridani	10,4	>490	zweitnächster bisher nachgewiesener Exoplanet, vermutlicher Gasplanet
Lacaille 9352	10,7	b>4,1, c>9, d>6,5	Mehrfachsystem, c & d möglicherweise in habitabler Zone

Planetarischer Nebel NGC 6302
im Skorpion, 4000 Lichtjahre

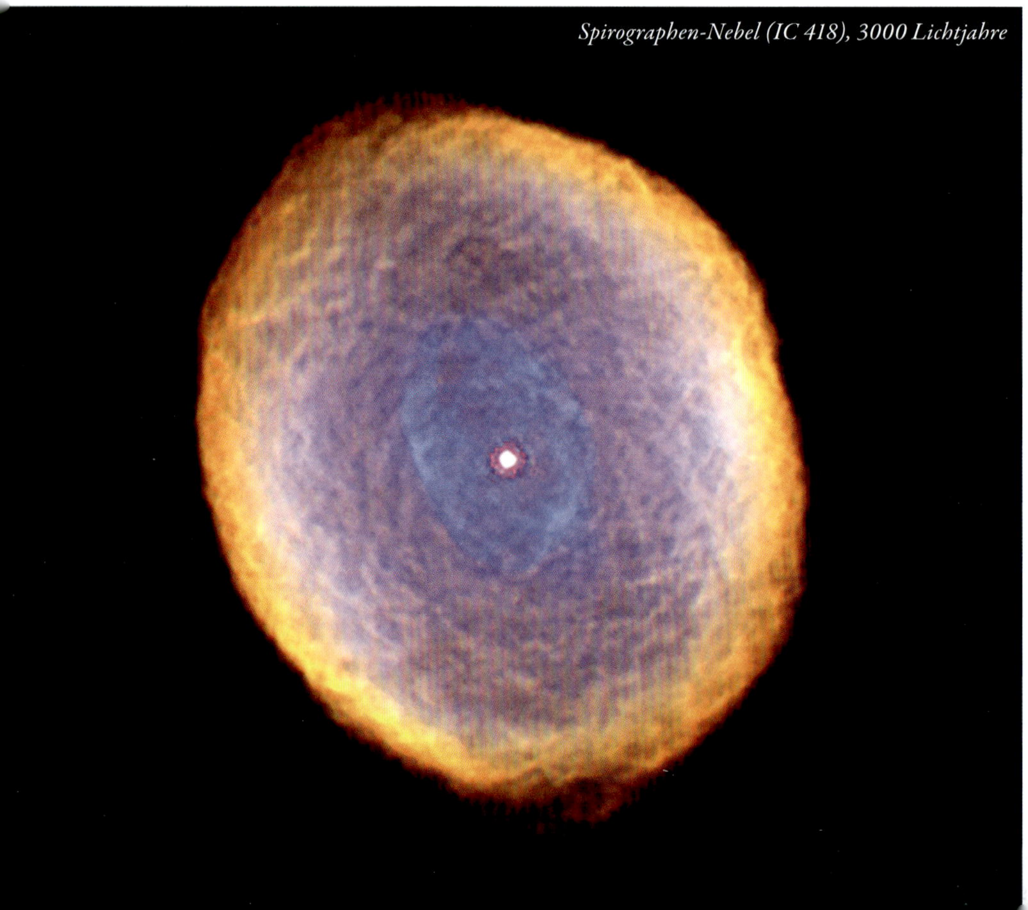

Spirographen-Nebel (IC 418), 3000 Lichtjahre

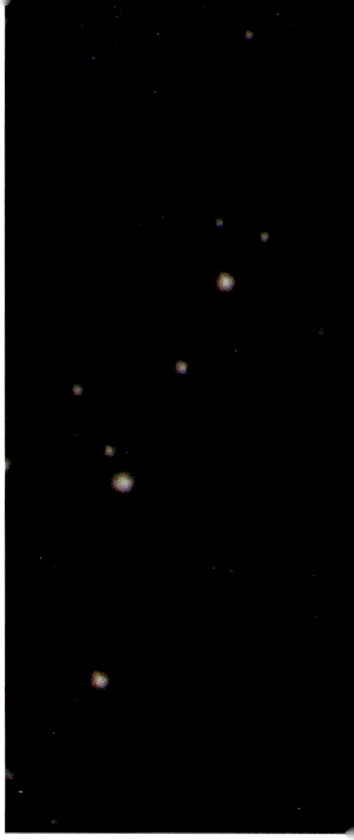

Planetarischer Nebel NGC 7027 im Sternbild Schwan, 3000 Lichtjahre

Staubhülle um den Stern V838 Monocerotis, 20.000 Lichtjahre

Sternentstehung im Lagunen-Nebel, 4000 Lichtjahre

Teil des Cirrus-Nebels (Supernova-Überrest, farbverstärkt), 2400 Lichtjahre

Eskimo-Nebel (NGC 2392), Hülle eines sterbenden Sterns, 3000 Lichtjahre

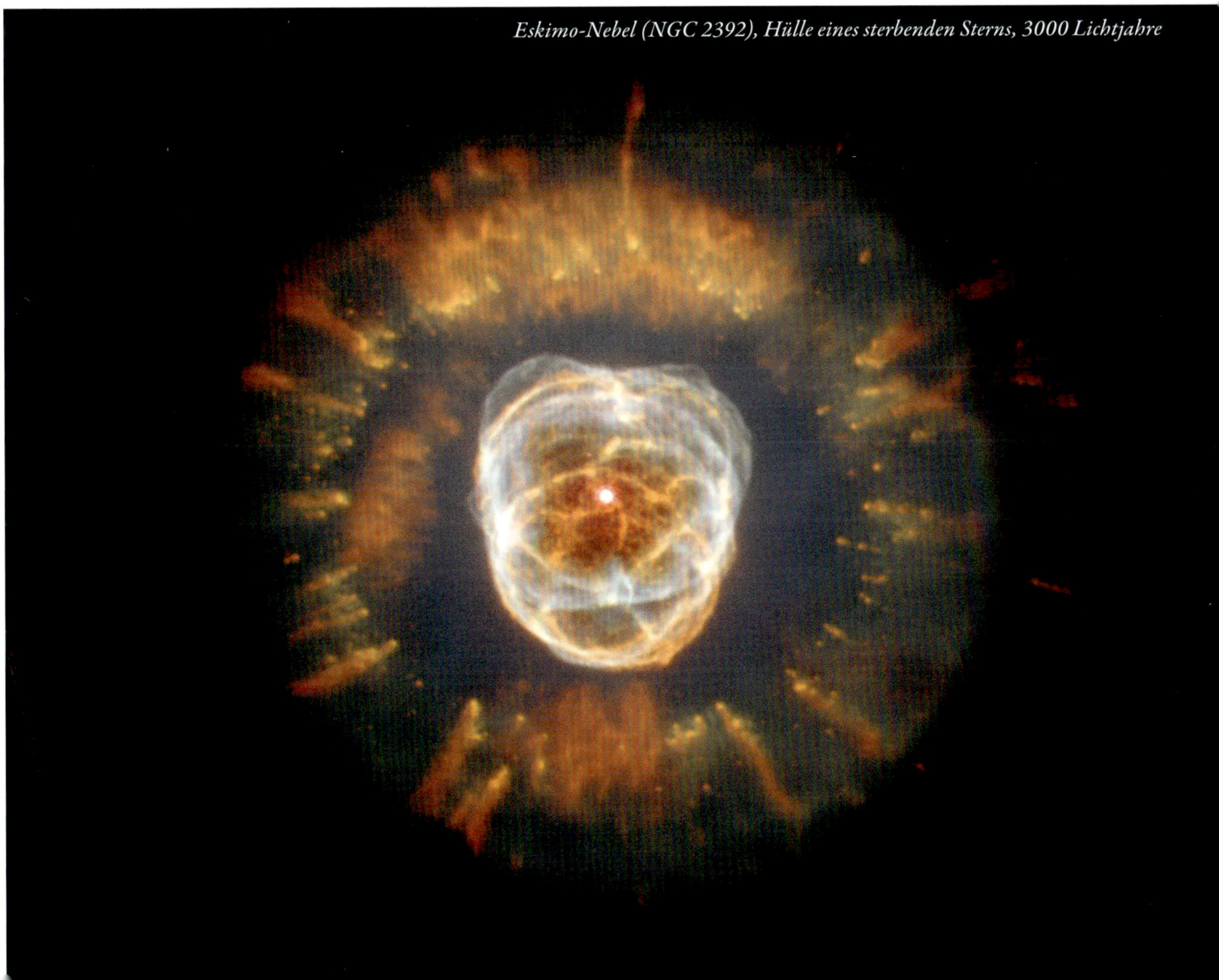

FERNE WELTENINSELN

GALAXIEN – UNSER PLATZ IM UNIVERSUM

Unsere Heimatgalaxie – die Milchstraße – umfasst rund 250 Milliarden Sterne; viele Galaxien beinhalten sogar noch deutlich mehr. Die Anzahl von Galaxien im gesamten Universum wiederum ist ähnlich groß. Einer aktuellen Schätzung zufolge könnten es sogar eine Billion Welteninseln sein.

So unvorstellbar diese Zahl für uns heute klingt, so unfassbar schien vor 100 Jahren für viele Menschen allein die Vorstellung, das Universum könne über die Milchstraße hinausreichen.
Als im April 1920 im Hörsaal des US National Museum zwei Kontrahenten der US-amerikanischen Astronomie-Szene aufeinandertrafen, ging es um eine der großen Fragen der Menschheit: Was ist unser Platz im Kosmos? Heber D. Curtis vom Lick Observatory und Harlow Shapley vom Mount Wilson Solar Observatory waren zum Jahrestreffen der National Academy of Sciences eingeladen worden, um ihre Sichtweise über das Universum darzulegen. Denn damals war sich die Fachwelt über die Ausmaße unseres Kosmos noch keineswegs im Klaren.
Es war noch völlig ungewiss, ob das Universum auf unsere galaktische Heimat, die Milchstraße, begrenzt war oder ob darüber hinaus doch noch irgendetwas existierte. Mit den damals zur Verfügung stehenden Teleskopen waren Astronomen zwar bereits in der Lage, das verschwommene Band der Milchstraße in einzelne, abertausende Sterne aufzulösen. Schweiften sie jedoch etwas weitläufiger über den Himmel, zeigten sich hier und da verwaschene Lichtfleckchen, die sich in einigen Him-

Wie weit reicht die Milchstraße? Sind die Nebelchen, auch der Andromeda-Nebel, Teil von ihr oder eigenständige Welteninseln? Mit diesen Fragen beschäftigten sich Astronomen vor 100 Jahren.

melsregionen sogar häuften. Einige dieser „Nebel" schienen eine spiralförmige Struktur zu besitzen. Shapley ging davon aus, dass es sich bei diesen Nebelstrukturen vornehmlich um Gasansammlungen in unserer eigenen Galaxis handelte. Curtis vertrat hingegen die Auffassung, dass das Universum aus zahlreichen Welteninseln wie unsere Milchstraße bestünde, die man als eben diese Spiralnebel sah. Klarheit über diese Frage lieferten erst einige Jahre später Beobachtungen des amerikanischen Astronomen Edwin Hubble. Ihm gelang es, zunächst im Andromeda-Nebel – unserer Nachbargalaxie M 31 – einzelne Cepheiden-Sterne zu identifizieren und ihre Entfernung anhand der von Henrietta Swan Leavitt entdeckten Perioden-Leuchtkraft-Beziehung zu bestimmen (vgl. „Cepheiden", S. 98). So kam Hubble zu dem Schluss, dass die Andromeda-Galaxie wesentlich weiter entfernt sein müsse, als die Ausdehnung der Milchstraße nach damaliger Messung reichte. Auch wenn die Entfernungsbestimmung damals wesentlich ungenauer war als heute und Hubble die Distanz zu M 31 um mehr als die Hälfte unterschätzte, lag er damit grundsätzlich richtig.

Heute kennen wir unzählige Galaxien, die den gesamten Kosmos bis in viele Milliarden Lichtjahre Entfernung ausfüllen.

Unter den vielen Galaxien, die Edwin Hubble außerdem untersuchte, fielen ihm unterschiedliche Gestalten auf. Er glaubte, aus ihrer Struktur, ausgehend von elliptischen Galaxien hin zu Spiralen unterschiedlicher Ausprägung, die Entwicklungsgeschichte dieser Welteninseln ablesen zu können. Die moderne Theorie der Galaxienevolution hat seine Hypothese, auch dank des noch recht jungen Forschungsgebiets der galaktischen Archäologie, inzwischen widerlegt. Hubbles Klassifikationsschema zur Morphologie von Galaxien nutzen Astronomen jedoch nach wie vor.

DIE MILCHSTRASSE

Als blass schimmerndes Band ziert die Milchstraße in dunklen Nächten das Firmament. Dabei blicken wir in die Scheibenebene unserer Heimatgalaxie. Mit modernen Teleskopen können Astronomen sogar die dunklen Staubregionen durchdringen und bis in ihr Herz blicken.

Die Masse unserer Galaxis beträgt mit etwa 250 Milliarden Sternen inklusive der Dunklen Materie rund 1,5 Billionen Sonnenmassen. Das Milchstraßensystem zählt zur Klasse der Spiralgalaxien, genauer zu den sogenannten Balkenspiralen. Diese Sternsysteme sind durch ihre Rotation scheibenartig abgeplattet; in ihrer Mitte konzentrieren sich alte Sterne zu einer Wölbung, die auch als Bulge (engl., „Beule") bezeichnet wird. Bei Galaxien wie der Milchstraße ist diese zentrale Region balkenartig in die Länge gezogen. Ausgehend von den Balkenenden winden sich die Spiralarme in der Scheibenebene der Schwerkraft folgend um das Zentrum der Galaxis. Hinter Sternen und Staub verborgen ruht dort ein extrem massereiches Schwarzes Loch von rund vier Millionen Sonnenmassen. Die Scheibe durchmisst in ihrer Ebene etwa 105.000 Lichtjahre, in der Dicke sind es nur rund 1000 Lichtjahre; der zentrale Bulge ist mit einer Dicke von 4000 Lichtjahren deutlich ausgedehnter. Die Sonne und ihr Planetensystem sind etwa 25.000 Lichtjahre vom Zentrum entfernt und benötigen für einen Umlauf rund 240 Millionen Jahre.

Nach außen hin ist die Milchstraße von einem sphärenartigen Halo von etwa 165.000 Lichtjahren im Durchmesser umgeben, der mit 150 derzeit bekannten Kugelsternhaufen bestückt ist. Zudem ist der Halo mit Dunkler Materie ausgefüllt, die mit der für uns sichtbaren Materie nur über die Schwerkraft in Wechselwirkung tritt, jedoch kein Licht aussendet.

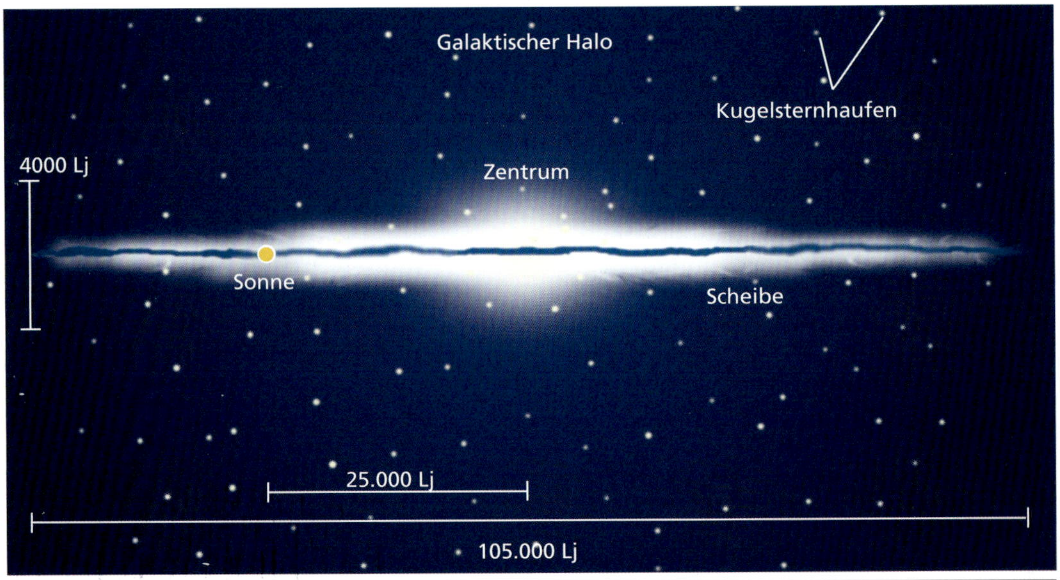

Modell der Milchstraße in Seitenansicht: Die Galaxis erscheint als flache Scheibe mit einer Auswölbung im Zentrum. Im galaktischen Halo ziehen Kugelsternhaufen ihre Bahn. Nicht sichtbar ist die Dunkle Materie, in die die gesamte Galaxis eingebettet ist.

Weil wir unsere Galaxis nicht von außen betrachten können, haben Astronomen von der Spiralstruktur anderer Galaxien wie der Andromeda-Galaxie oder auch entfernteren Objekten wie der Whirlpool-Galaxie M 51 ein sehr viel detaillierteres Bild als von unserer Heimatgalaxie. Unser heutiges Modell des Milchstraßensystems basiert einerseits auf Positions- und Bewegungsmessungen der Sterne und andererseits ganz wesentlich auf Beobachtungen der Verteilung der interstellaren Materie in der Scheibenebene.

DIE SCHEIBENEBENE

Bis Mitte des 20. Jahrhunderts hatten Astronomen nur eine vage Vorstellung von der Struktur des Milchstraßensystems. Das änderte sich erst, als sie begannen, die Milchstraße systematisch mit Radioteleskopen abzutasten. Als Abbild der Materieverteilung in der Milchstraße eignet sich neben den Sternen neutraler atomarer Wasserstoff, der als häufigstes Element die gesamte Milchstraße durchdringt. Neutraler Wasserstoff, auch als HI (sprich: „ha eins") bezeichnet, sendet Radiowellen bei einer Wellenlänge von 21 Zentimetern aus, wenn sich die Spinausrichtung seines Elektrons ändert. Diese 21-Zentimeter-Strahlung durchdringt Staubregionen nahezu ungehindert, sodass sie den Blick auf sonst verborgene Gegenden in der Milchstraße freigibt. Für die Spiralstruktur noch viel aussagekräftiger ist die Verteilung von kaltem Gas (unter 50 Kelvin), in dem sich Atome zu Molekülen gebunden haben. Dort liegt Wasserstoff in Form von zweiatomigem molekularem Wasserstoff H_2 vor. Allerdings lässt sich kalter, molekularer Wasserstoff nicht beobachten. Dank des Materiekreislaufs in den Sternen ist dieses Material in der Milchstraße jedoch mittlerweile mit Kohlenstoff und Sauerstoff durchmischt. Diese beiden Elemente haben sich in den kühlen Materiewolken der Spiralarme zu Kohlenmonoxid verbunden, das bei einer charakteristischen Wellenlänge von 2,6 Millimetern strahlt, wenn es zwischen zwei Rotationszuständen wechselt. Zwar ist Kohlenmonoxid im Vergleich zu Wasserstoff nur in Spuren in diesen Molekülwolken vorhanden, doch anhand des Mengenverhältnisses lassen sich die Massen der interstellaren Molekülwolken inklusive Wasserstoff recht gut abschätzen. So geht man heute davon aus, dass in den Spiralarmen der Milchstraße rund zwei Milliar-

Die galaktische Scheibe ist von Wolken aus molekularem Wasserstoff durchdrungen, der sich selbst nicht beobachten lässt. Das darin in Spuren enthaltene Kohlenmonoxid lässt sich hingegen wie in dieser Aufnahme des Planck-Satelliten im Radiobereich ablichten und gibt die Verteilung der galaktischen Molekülwolken wieder.

den Sonnenmassen interstellares Material gebunden sind, die letztlich zur Sternentstehung zur Verfügung stehen.

DIE SPIRALARME

Dank dieser sich immer weiter verbessernden Beobachtungsmöglichkeiten der Radioastronomie bietet sich uns heute ein sehr viel differenzierteres Bild der Milchstraße. Nach derzeitigem Kenntnisstand besitzt die Galaxis vier Hauptspiralarme und vermutlich zwei Nebenarme. Die Spiralarme sind nach den Sternbildern benannt, in denen sie von der Erde aus gesehen scheinbar am Himmel stehen. Unser Sonnensystem befindet sich in dem unscheinbaren lokalen oder Orion-Arm, der zwischen den beiden Hauptarmen Sagittarius (Schütze) und Perseus gelegen ist. Hinzu kommen die Arme Scutum-Crux und Norma, benannt nach den Sternbildern Schild und Kreuz des Südens sowie Winkelmaß, und der Nebenarm Cygnus (Schwan).

In den Spiralarmen konzentriert sich ein Großteil der Sterne und der interstellaren Materie aus Gas- und Molekülwolken der Scheibenebene. In Regionen mit besonders hoher Materiedichte entstehen dort auch heute noch fortlaufend Sterne. So finden sich in der Scheibenebene der Milchstraße vor allem Sterne der jüngeren Generation, zu denen auch die Sonne gehört. Weil diese Sterne aus Material entstanden sind, das seit dem Urknall bereits mehrfach mit den Auswürfen alter und sterbender Sterne durchmischt wurde, enthalten sie einen verhältnismäßig hohen Anteil an schweren Elementen.

Wie sich die Spiralstruktur jedoch – auch bei anderen Spiralgalaxien – ausgebildet hat, ist noch nicht abschließend verstanden. Ein Modell erklärt die Entstehung der Spiralarme durch Dichtewellen, die durch die Scheibenebene der Milchstraße wandern und das interstellare Material dort in regelmäßigen Abständen wellenartig verdichten. In diesen kompakteren Gebieten kann schließlich die Sternentstehung einsetzen.

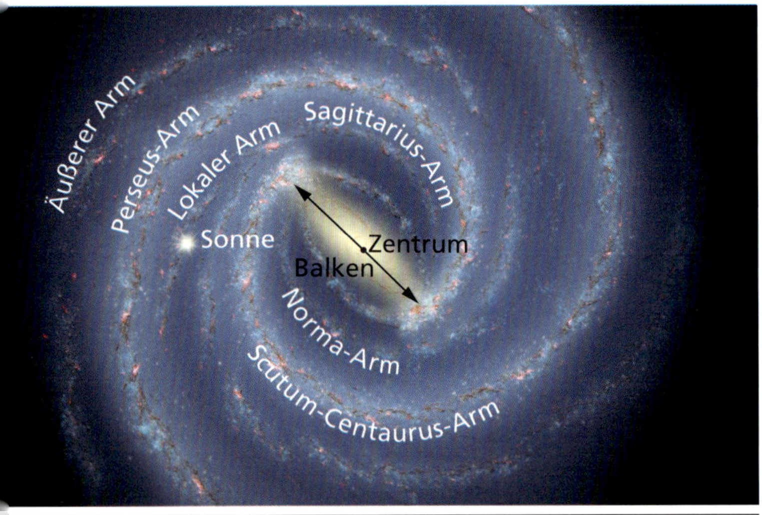

Das Modell der Milchstraße in Draufsicht zeigt die Spiralarme, die von den Balkenenden ausgehen und das Zentrum umlaufen.

Das schimmernde Band der Milchstraße im Panorama: In der Zentralregion konzentrieren sich die Sterne im Bulge. In den dunklen Gebieten versperrt Staub die Sicht auf dahinterliegende Sterne. So ist auch das Zentrum der Milchstraße verborgen.

DAS ZENTRUM DER MILCHSTRASSE

Das Zentrum der Milchstraße liegt in der Region des Sternbilds Schütze (Sagittarius). In dieser Himmelsgegend scheint ihr blasses Band von dunklen Strukturen durchbrochen: Dort verhüllt Staub den Blick in das Herz unserer Galaxis im sichtbaren Licht. Für Infrarot- oder Radioteleskope wird das galaktische Zentrum jedoch sichtbar, denn Strahlung dieser Wellenlängen kann den Staub fast ungehindert durchdringen.

Erste Beobachtungen des galaktischen Zentrums im Radiowellenbereich gelangen dem amerikanischen Physiker Karl Guthe Jansky, der daher auch als Begründer der Radioastronomie gilt, bereits in den 1930er-Jahren. Dank präziserer Radiobeobachtungen Anfang der 1970er-Jahre ließ sich schließlich die Radioquelle Sagittarius A* (sprich: „Sagittarius A Stern", kurz: Sgr A*) identifizieren. Seit den 1960er-Jahren wird das galaktische Zentrum außerdem im Infrarotbereich beobachtet.

Die starke Radiostrahlung aus der Richtung von Sgr A* ließ Astronomen – in Analogie zu den in den Anfang der 1960er-Jahre entdeckten Quasaren – bald vermuten, dass im Zentrum unserer Galaxis ein Schwarzes Loch ruhen könnte. Dabei ist es nicht das Schwarze Loch selbst, das hier leuchtet, sondern seine unmittelbare Umgebung: Materie, die in den Einflussbereich seiner Schwerkraft gelangt, stürzt nicht direkt in das Schwarze Loch, sondern umläuft es zunächst auf recht stabilen Bahnen in einer Akkretionsscheibe. Dabei heizt sich das Gas durch Reibung derart auf, dass es Radio- und Röntgenstrahlung aussendet.

Seit Mitte der 1990er-Jahre untersuchen zwei internationale Forschergruppen – die eine unter der Ägide von Reinhard Genzel vom Max-Planck-Institut für extraterrestrische Physik, die andere unter der Leitung von Andrea Ghez von der University of California – das Zentrum der Milchstraße im Detail. Mit dem Very Large Telescope (VLT) der ESO in Chile beziehungsweise dem Keck Telescope auf Hawaii haben sie dafür die Bahnen von Sternen beobachtet, die die Radioquelle Sagittarius A* im galaktischen Zentrum umkreisen.

Der Durchbruch gelang 2002, als die Astronomen am VLT beobachten konnten, wie sich der Stern S2 der Quelle Sgr A* auf nur zwölf Millibogensekunden näherte. Das entspricht einem Abstand von nur 17 Lichtstunden. Zum Vergleich: Von der Sonne bis zu Pluto braucht das Licht etwa fünf Stunden. Indem sie die Beobachtungen mit früheren Aufnahmen kombinierten, konnten Genzel und seine Kollegen die extrem elliptische Umlaufbahn des Sterns S2 mit einer Periode von 15,2 Jahren um die kompakte Radioquelle vollständig rekonstruieren.

Aus den Bahnorbits von S2 und weiterer Sterne schätzten sie anhand der Keplerschen Gesetze die Masse ab, die im Zentrum der Galaxis konzentriert sein muss: 3,7 Millionen Sonnenmassen. Dabei kann es sich nur um ein Schwarzes

Kombinierte Infrarotaufnahmen der Flugzeugsternwarte SOFIA sowie der Satelliten Spitzer und Herschel zeigen im galaktischen Zentrum dichte Gas- und Staubwolken, in denen neue Sterne entstehen. Die abgelichtete Region erstreckt sich über 600 Lichtjahre.

Loch handeln. Neuesten Messungen zufolge beläuft sich die Masse des zentralen Schwarzen Lochs sogar auf 4,3 Millionen Sonnenmassen. Außerdem stellten die Forscher erneut Einsteins Allgemeine Relativitätstheorie auf die Probe, als sie im Jahr 2018 im Licht des Sterns S2 die sogenannte Gravitationsrotverschiebung maßen. Dieser Effekt tritt ein, wenn Licht ein Schwerefeld verlässt: Das Licht verliert Energie und wird dadurch langwelliger, seine Wellenlänge verschiebt sich also ins Rote. Dank einer neuen Technologie mit dem Instrument Gravity, das die Wissenschaftler des Max-Planck-Instituts für extraterrestrische Physik und der ESO eigens dafür entworfen hatten, konnten die Forscher die Bahnpositionen und damit die Bewegung des Sterns S2 zehnmal genauer bestimmen also zuvor und mit unabhängigen Messungen der Rotverschiebung vergleichen. Daraus ergab sich, dass ein gewisser Anteil der Rotverschiebung im Spektrum des Sternenlichts nicht durch die Sternbewegung hervorgerufen wurde, sondern auf den Effekt der Allgemeinen Relativitätstheorie zurückgehen musste.

„Es ist ein absolutes Novum, dass man bei einem massereichen Schwarzen Loch die Gravitationsrotverschiebung sieht, wie sie die Einsteinsche Theorie vorhersagt", sagt Stefan Gillessen vom

FERMI-BLASEN

Ober- und unterhalb des galaktischen Zentrums ragen aus der Scheibe der Milchstraße zwei blasenartige Strukturen über 25.000 Lichtjahre weit in den Raum hinaus, die das Weltraumteleskop FGST (Fermi Gamma-ray Space Telescope) 2010 im Gammalicht entdeckte. Mittlerweile ließen sich diese Strukturen auch in archivierten Daten des Röntgensatelliten ROSAT sowie in Mikrowellenaufnahmen der WMAP-Sonde (Wilkinson Microwave Anisotropy Probe) und des Planck-Weltraumteleskops nachweisen. Lange war der Ursprung dieser heißen Gasblasen unklar. Anhand von Ultraviolett-Beobachtungen mit dem Hubble-Teleskop konnte ein Forscherteam um Rongmon Bordoloi vom Massachusetts Institute of Technology (MIT) schließlich die Bewegungen dieser heißen Gasblasen untersuchen. Die Forscher gehen davon aus, dass sie vor sechs bis neun Millionen Jahren entstanden sind, als zuletzt größere Materiemengen auf das Schwarze Loch im Zentrum der Milchstraße einstürzten. Ein Teil der Materie ist aber nicht bis in das Schwarze Loch gefallen, sondern wurde als Materiejets zurück in den Raum geschleudert, wie sich das bei aktiven Galaxien auch heute noch beobachten lässt (vgl. „Aktive Galaxien", S. 149). Nach diesem Modell wären die heißen Fermi-Blasen die Überreste dieser Materiejets.

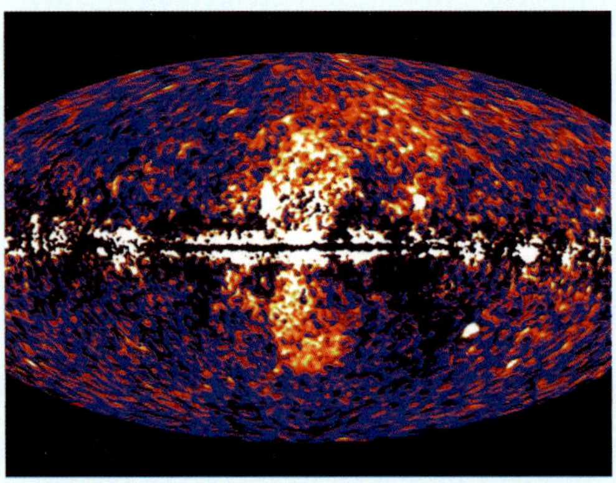

Der Gamma-Satellit Fermi entdeckte ober- und unterhalb des galaktischen Zentrums blasenartige Strukturen.

Kombinierte Röntgen- und Gammaaufnahmen zeigen das ganze Ausmaß der Blasen im galaktischen Zentrum (Illustration).

Max-Planck-Institut für extraterrestrische Physik, der die Beobachtungen leitete. „Es gibt natürlich bereits andere Messungen der Allgemeinen Relativitätstheorie dazu, beispielsweise an besonders kompakten Sternen wie dem Weißen Zwerg Sirius B. Aber das sind alles Objekte, die bei weitem nicht so schwer sind wie unser Schwarzes Loch."

DER HALO

Das Spiralsystem der Milchstraße ist in einen kugelförmigen Halo aus Dunkler Materie eingebettet, der sich weit über den leuchtenden Bereich der Galaxis hinaus erstreckt. Der Halo selbst ist zudem mit heißem Gas angefüllt, das im Röntgenlicht sichtbar ist. Durch den Halo bewegen sich auch die Kugelsternhaufen; sie enthalten ältere Sterne und umlaufen das Zentrum der Galaxis auf weitläufigen elliptischen Bahnen. Bereits 1932 fand der niederländische Astronom Jan Hendrik Oort heraus, dass sich Sterne, die sich senkrecht zur Scheibe der Milchstraße bewegen, anders verhielten als erwartet. Er ging daher davon aus, dass es zusätzliche, nicht sichtbare Materie geben müsse, die diese Bewegungen durch ihre Schwerkraft beeinflusste. Damals nahm man an, dass es sich bei dieser unsichtbaren Materie um Gas oder Meteoritenmaterial handeln würde. Aus Beobachtungen der Bewegungen von Kugelsternhaufen weiß man heute, dass diese Dunkle Materie einen beträchtlichen Anteil der Masse des Milchstraßensystems ausmacht und zudem von völlig anderer Natur sein muss, als einst angenommen (vgl. „Dunkle Materie", S. 188).
Die Sterne der Kugelsternhaufen sind entstanden, bevor die Milchstraße ihre spiralartige Form ausbilden konnte. Sie gehören einer früheren Generation an als die Sterne in der galaktischen Scheibe und so auch als die Sonne. Ihre Spektren enthalten kaum Anzeichen für schwerere Elemente, da sie sich gebildet haben, als die ursprüngliche, im Urknall produzierte Materie noch kaum weiterverarbeitet war. Mit einem Alter von bis zu 13,5 Milliarden Jahren sind einige Kugelsternhaufen bereits kurz nach dem Urknall entstanden und damit vermutlich älter

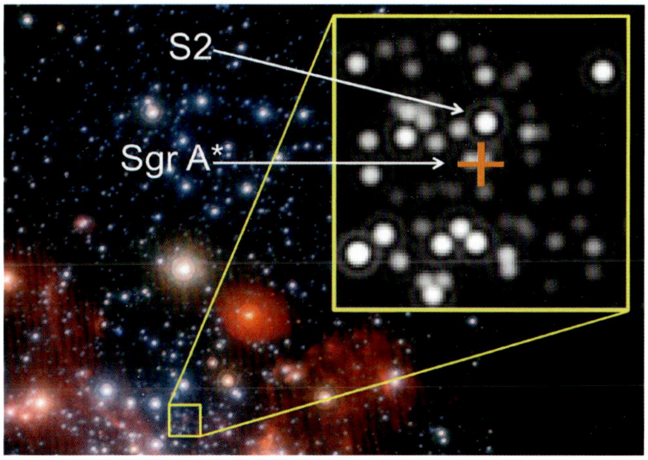

Der Stern S2 umkreist die zentrale Radioquelle Sgr A in 15,2 Jahren und nähert sich dieser dabei bis auf 17 Lichtstunden.*

als die Milchstraße selbst. Welche Rolle diese alten Sterne aber bei der Entwicklung der Milchstraße oder von Galaxien überhaupt gespielt haben könnten, ist derzeit Gegenstand der wissenschaftlichen Debatte.
Kugelsternhaufen besitzen weitaus mehr Mitglieder als offene Sternhaufen, wie sie in der kosmischen Umgebung der Sonne und der weiteren Scheibe der Milchstraße vorkommen. Diese Stern ansammlungen können aus einigen hunderttausend Sternen mit insgesamt bis zu einer Million Sonnenmassen bestehen, die alle in einem Schwung entstanden und bereits viele Milliarden Jahre alt sind. So blieb genug Zeit, dass sich innerhalb eines solchen Systems ein Gleichgewicht einstellen konnte: Die einzelnen Sterne pendeln um den gemeinsamen Massenschwerpunkt – Bewegungsenergie und Gravitationsenergie halten sich die Waage. In ihrer sphärischen Struktur mit zum Zentrum hin zunehmender Dichte offenbart sich in Kugelsternhaufen auf ästhetische Weise die Natur der Schwerkraft.

SCHWARZE LÖCHER IN KUGELSTERNHAUFEN

Bereits seit längerem gehen Astronomen davon aus, dass Kugelsternhaufen in ihrem Zentrum ein Schwarzes Loch der Mittelklasse beherbergen könnten, das zwar massereicher als die Überreste von Sternexplosionen, aber deutlich masseärmer als jene in den Zentren von Galaxien ist. Die

Das Milchstraßensystem ist in einen Halo aus unsichtbarer Dunkler Materie eingebettet, in dieser künstlerischen Animation blau dargestellt.

Im Kugelsternhaufen Omega Centauri zeigt sich auf ästhetische Weise die Wirkung der Gravitation.

ersten, sehr massereichen Sterne in diesen Sternhaufen sind bereits wenige Millionen Jahre nach ihrer Entstehung als Supernova explodiert und als stellare Schwarze Löcher zurückgeblieben. Da Sterne und so auch die Schwarzen Löcher in den Zentren von Kugelsternhaufen vergleichsweise dicht gedrängt sind, hatten sie gute Chancen, dort aufeinanderzutreffen und sich zu größeren Schwarzen Löchern zu vereinigen. Auf diese Weise könnten sich schon früh im Universum Schwarze Löcher zwischen hundert und einigen zehntausend Sonnenmassen gebildet haben, noch bevor es die ersten Galaxien gab. Mit diesen Schwarzen Löchern der Mittelklasse könnten Kugelsternhaufen zu Keimzellen für die Zentren von Galaxien im jungen Universum geworden sein.

Der Theorie nach sollten die meisten dieser ursprünglichen – oder, wie Astronomen auch sagen, primordialen – Schwarzen Löcher schnell angewachsen sein und schließlich die extrem massereichen Zentren von Galaxien geformt haben. Die Schwarzen Löcher in den Zentren heutiger Kugelsternhaufen wären demnach Relikte aus der Frühzeit des Universums, die es nicht geschafft haben, weiter zu wachsen.

Allerdings sind derartige Schwarze Löcher in den Zentren von Kugelsternhaufen schwer zu finden: Denn Materie, die über Akkretionsscheiben in die Schwarzen Löcher stürzen und dabei die Umgebung zum Leuchten bringen könnte, ist in Kugelsternhaufen rar. Einst überschüssiges Gas ist entweder längst in Sterne eingebaut oder hat die Kugelsternhaufen verlassen, weil ihre Schwerkraft nicht ausgereicht hat, um es zu halten.

Wenn überhaupt, würden sich solche Schwarzen Löcher vielmehr durch auffällige Bewegungen von Sternen in ihrer Umgebung verraten. In den Kugelsternhaufen Omega Centauri (NGC 5139) und NGC 6388 haben Forscherinnen und Forscher bereits Hinweise auf Schwarze Löcher der gesuchten Mittelklasse gefunden. Jedoch sind die Messungen der Sterngeschwindigkeiten, auf denen diese Befunde beruhen, recht ungenau und die Ergebnisse umstritten. Daher hoffen die Forscher auf neue Teleskope der Spitzenklasse wie das Extremely Large Telescope (ELT) oder das James Webb Space Telescope. Mit ihnen werden sich derartige Messungen in Zukunft deutlich präziser durchführen lassen – und so könnten sie schließlich Gewissheit über die Schwarzen Löcher der Mittelklasse in Kugelsternhaufen bringen.

Der Gaia-Satellit der ESA vermisst seit 2013 die Milchstraße neu. Dabei wird er insgesamt ein Prozent der Sterne der Galaxis erfassen.

GAIA – EINE NEUE KARTE UNSERER HEIMATGALAXIE

Trotz unseres kosmischen Standortes inmitten der Galaxis wissen wir noch erstaunlich wenig über unsere Heimatgalaxie. So ist beispielsweise noch immer nicht endgültig geklärt, wie sie überhaupt entstanden ist. Um das herauszufinden, kartiert der 2013 gestartete ESA-Satellit Gaia derzeit die Milchstraße neu.

Das Weltraumobservatorium misst die Entfernung zu sämtlichen Sternen des Milchstraßensystems bis zu einer Helligkeit von 21 mag sowie deren Himmelsposition und Geschwindigkeit. Zudem zeichnet Gaia die Helligkeiten, Farben und Spektren der Sterne auf. Mit weit über einer Milliarde Sterne wird die Durchmusterung ein Prozent aller Sterne der Milchstraße erfassen; das sind 1000-mal mehr als die Vorgängermission HIPPARCOS (High Precision Parallax Collecting Satellite) zwischen 1989 und 1993 katalogisierte. Zudem sind die Messungen mit Gaia um ein Vielfaches genauer.

Zur Entfernungsmessung verwendet Gaia die Parallaxenmethode. Bisher ließen sich auf diese Weise Entfernungen bis etwa 3000 Lichtjahre ermitteln. Dank einer speziellen Technik kann Gaia diese Methode auf Sternentfernungen bis zu 30.000 Lichtjahren anwenden, sodass sich dieser Horizont um das Zehnfache erweitert. Dabei misst Gaia auf wenige Millionstel Bogensekunden genau, sodass sich die Entfernungen von zehn Millionen Sternen auf weniger als ein Prozent und von 100 Millionen Sternen auf besser als zehn Prozent Genauigkeit bestimmen lassen. Aus den so ermittelten Parallaxenbewegungen der Sterne am Himmel lässt sich auch ihre Eigenbewegung erschließen, also wie sie sich durch die Galaxis bewegen.

Mit diesen Daten können Astronomen nicht nur ein dreidimensionales Modell der Galaxis erstellen, sondern auch Rückschlüsse auf ihre Entstehungsgeschichte ziehen. Dabei gehen sie etwa der Frage nach, ob Sterne kontinuierlich oder eher in zeitlichen Schüben entstehen und an welchen Orten der Milchstraße zu welchen Zeiten sich Sterne gehäuft gebildet haben. Anhand der heutigen Sternbewegungen lässt sich für einige Sterne sogar zurückverfolgen, ob sie in der (ursprünglichen) Milchstraße entstanden oder erst später zu ihr hinzugestoßen sind. Nach wie vor ungeklärt ist, ob es sich bei der Milchstraße von Anfang an um eine größere Galaxie handelte oder ob sie erst durch den Zusammenschluss mehrerer kleinerer Sternansammlungen gewachsen ist.

„Die bisher wichtigsten Erkenntnisse der Gaia-Mission ließen sich aus diesen Messungen zu Bewegungsstrukturen von Sternen gewinnen, die auf Ereignisse in der Vergangenheit der Milchstraße hindeuten“, so die Einschätzung von Stefan Jordan vom Astronomischen Rechen-Institut Heidelberg, der an der Gaia-Mission maßgeblich beteiligt ist. So ließen sich mittels Gaia beispielsweise die Bewegungen der bereits länger bekannten Sagittarius-Zwerggalaxie analysieren, die die Milchstraße senkrecht zur Scheibenebene eng umrundet und durch die dabei wirkenden Gezeitenkräfte in die Länge gezogene Sternenströme ausbildet. Diesen Messungen zufolge hat die Zwerggalaxie vor 5,7 Milliarden Jahren das erste Mal den Scheibenrand der Milchstraße durchlaufen. Dabei hat sie dort möglicherweise die Materie verdichtet und so eine Welle der Sternentstehung ausgelöst, bei der auch die Sonne entstanden sein könnte. Auch zwei spätere Phasen der Sternentstehung vor 1,9 Milliarden Jahren und vor einer Milliarde Jahren scheinen mit Passagen der Sagittarius-Zwerggalaxie in der Scheibenebene zusammengefallen zu sein.

Die im Mai 2019 veröffentlichte Himmelskarte der Milchstraße von Gaia umfasst fast 1,7 Milliarden Sterne.

STERNENSTRÖME

Erst in den vergangen Jahrzehnten entdeckten Astronomen, dass sich im Halo der Milchstraße und daran angrenzenden Gebieten noch weitere Sterne tummeln, die sich nicht in Kugelsternhaufen zusammenfinden. Sie verteilen sich in schweifartigen Gruppierungen und bilden Bahnen aus der Scheibenebene hinaus in den Halo. Diese Sternströme sind die Überreste von ehemals kleineren Galaxien, den Zwerggalaxien, die die Milchstraße durch ihre Schwerkraft eingefangen hat und deren Sterne sich nun unter ihre eigenen mischen (vgl. „Galaktische Archäologie“, S. 141).

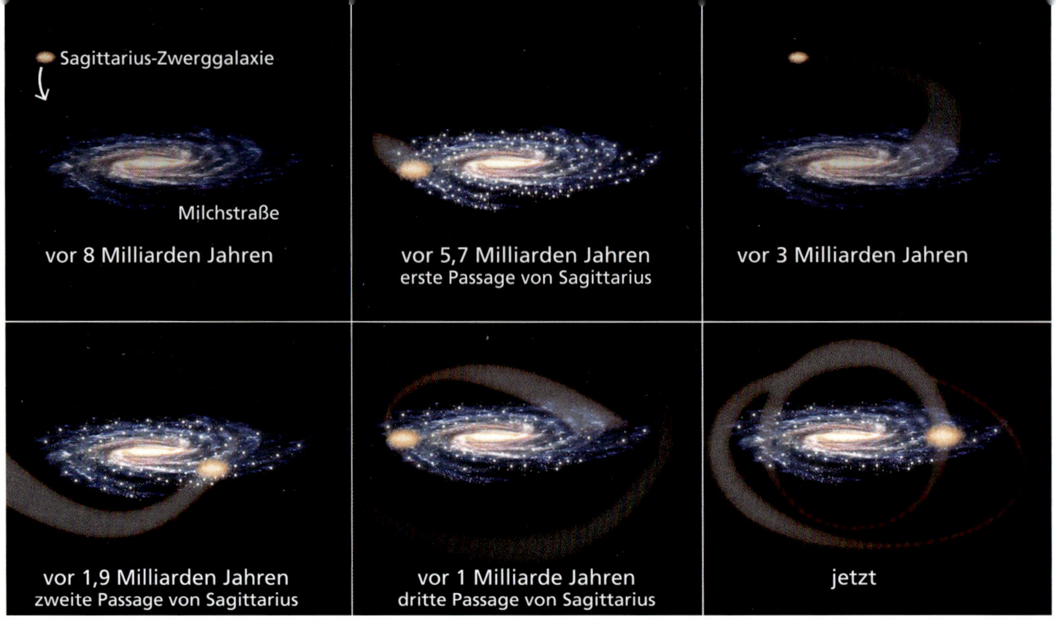

Die Zwerggalaxie Sagittarius passierte in der Vergangenheit mehrmals die Scheibe der Milchstraße und löste dabei womöglich eine Welle der Sternentstehung aus.

Neben den Untersuchungen zur Entwicklungsgeschichte des Milchstraßensystems soll Gaia Tausende Exoplaneten bei fernen Sternen anhand der Astrometrie-Methode (vgl. „Die Astrometrie-Methode“, S. 119) aufspüren sowie zahlreiche leuchtschwache Objekte wie Braune Zwerge und Weiße Zwerge in der Milchstraße identifizieren.

In unserem eigenen Sonnensystem wird Gaia außerdem die Beobachtungen von Asteroiden und transneptunischen Objekten wesentlich ergänzen.

All diese Messungen stehen als Gaia Data Release 2 (GDR 2) seit dem 25. April 2018 jedermann unter https://www.cosmos.esa.int/web/gaia/data-release-2 zur Verfügung. Noch bis mindestens 2022 soll die Mission weiter den Himmel inventarisieren. Was sich in diesem nahezu unermesslichen Datenschatz an spannender neuer Physik über die Sterne ebenso wie über die Entstehung und die weitere Entwicklung unserer Galaxis verbirgt, werden die Forschungen der nächsten Jahre und Jahrzehnte offenbaren.

DIE MILCHSTRASSE IN ZAHLEN

Anzahl der Sterne	rund 300 Milliarden
Masse inklusive Dunkle Materie	1,5 Billionen Sonnenmassen
Durchmesser	105.000 Lichtjahre
Abstand der Sonne zum Zentrum	25.000 Lichtjahre
Dicke der Scheibe	1000 Lichtjahre
Dicke Bulge	4000 Lichtjahre
Ausdehnung Halo	165.000 Lichtjahre
Anzahl der Kugelsternhaufen	150
Masse zentrales Schwarzes Loch	4,3 Millionen Sonnenmassen
Galaktisches Jahr	225 Millionen Jahre
Anzahl der Begleitgalaxien	ca. 60

ZWERGGALAXIEN UND GALAKTISCHE ARCHÄOLOGIE

Die Milchstraße ist von zahlreichen kleineren, unförmigen Begleitgalaxien umgeben. Die zwei bekanntesten sind am Südhimmel sogar mit bloßem Auge sichtbar und fielen bereits Himmelskundigen verschiedener Hochkulturen in Afrika, Südamerika oder Asien auf; benannt sind sie nach dem portugiesischen Seefahrer Ferdinand Magellan: die Große und die Kleine Magellansche Wolke.

Die meisten Zwerggalaxien leuchten deutlich schwächer als die Magellanschen Wolken, sodass viele von ihnen erst in den letzten ein bis zwei Dekaden entdeckt wurden, als entsprechend lichtempfindliche Teleskope zur Verfügung standen. Dennoch reichen die ersten Entdeckungen von Zwerggalaxien (mit Ausnahme der Magellanschen Wolken) über 80 Jahre zurück: 1938 fand der Galaxienforscher Harlow Shapley mit der Sculptor-Zwerggalaxie die erste Welteninsel dieser Klasse. Seither hat sich das Verständnis dieser unscheinbaren Sternsysteme grundlegend geändert. Während sie anfangs schlicht als Begleiter der Milchstraße galten, geht man heute davon aus, dass sie einen wesentlichen Platz in der Galaxienentwicklung einnehmen.

Zwerggalaxien enthalten deutlich weniger Sterne als ihre massereichen Schwestern; einige besonders kleine unter ihnen haben sogar weniger Mitglieder als besonders massereiche Kugelsternhaufen. Dennoch unterscheiden sich auch die kleinsten der bisher bekannten Zwerggalaxien merklich von diesen Objekten. Anders als in Kugelsternhaufen nimmt die Streuung der Sterngeschwindigkeiten in den äußeren Regionen nicht so stark ab und selbst in den kleinsten Zwerggalaxien verteilen sich die Sterne wesentlich weitläufiger. „Aus ihren Bewegungen lässt sich schließen, dass sie in ein Umfeld aus Dunkler Materie eingebettet sind", so Eva Grebel, Direktorin am Astronomischen Rechen-Institut des Zentrums für Astronomie der Universität Heidelberg und Mitbegründerin des Forschungszweigs der galaktischen Archäologie.

Zudem sind die Sterne in Zwerggalaxien chemisch besser durchmischt als die Mitglieder von Kugelsternhaufen. Denn schwerere Elemente, die überhaupt erst in den Sternen oder gar in einer Supernova-Explosion produziert werden, bleiben in einer Zwerggalaxie dank der Schwerkraft durch die Dunkle Materie gebunden und können schließlich in neue Sterne eingebaut werden. Die Schwerkraft von Kugelsternhaufen reicht dafür hingegen nicht aus. Material, das bei einer Supernova ins All geschleudert wird, verlässt ihren Einflussbereich und steht nicht für neue Sterne zur Verfügung.

Die unscheinbare Zwerggalaxie Sculptor, die der Astronom Harlow Shapley entdeckte, in einer Aufnahme des La Silla Observatory der ESO.

Die Große und die Kleine Magellansche Wolke in 163.000 bzw. 200.000 Lichtjahren Entfernung sind die größten irregulären Begleitgalaxien der Milchstraße. Sie sind von der Südhalbkugel aus mit bloßem Auge zu sehen.

Zum Wachstum von Galaxien haben seit jeher vermutlich galaktische Gezeitenkräfte beigetragen. „Wir gehen davon aus, dass sich Galaxien hierarchisch entwickelt haben", sagt Eva Grebel. So bildeten sich recht bald nach dem Urknall vereinzelt Verdichtungen aus Dunkler Materie, deren Schwerkraft auch die gewöhnliche Materie folgte. Bald entstanden in diesen Regionen die ersten Sterne und Galaxien. Dabei waren viele der ersten Galaxien möglicherweise masseärmer als die heutigen Spiralgalaxien wie unsere Milchstraße oder auch die Andromeda-Galaxie. Erst nach und nach sind diese zu ihrer heutigen Größe herangewachsen, indem sie Materie aus ihrer Umgebung aufgesammelt haben. Vermutlich fielen viele Zwerggalaxien, von denen Astronominnen mittlerweile rund 60 in der Umgebung der Milchstraße ausgemacht haben, der Schwerkraft ihrer größeren Verwandten zum Opfer.

Dieser Prozess des Galaxienwachstums dauert bis in die heutige Zeit hinein an. Davon zeugen jene Sternenströme, die unsere Milchstraße in ihrem Halo umlaufen, sowie vereinzelte Sternenschwärme, die sich bereits weiter in ihrer Scheibenebene niedergelassen haben. Sie sind die Überreste von Zwerggalaxien, die unserer Galaxis einst zu nahe kamen. Unter dem Einfluss ihrer Schwerkraft wurden sie auf eine Bahn um die Milchstraße herum gezwungen und dabei immer mehr auseinandergerissen. Nach und nach nimmt unsere Heimatgalaxie so die Sterne der Zwerggalaxien auf und baut sie in ihre eigene Struktur ein.

Sterne, die die Milchstraße einmal von einer anderen Galaxie in sich aufgenommen hat, unterscheiden sich anhand ihrer chemischen Signaturen von jenen, die aus ihr selbst hervorgegangen sind. Dank dieser Fingerabdrücke, die den Sternen von Geburt an aufgeprägt sind und sich im Laufe ihres Lebens kaum verändern, lässt sich die Geschichte der Milchstraße rekonstruieren. Häufig sind diese Sterne auch an ihren ungewöhnlichen Bewegungsmustern zu erkennen, die sich von den übrigen Mitgliedern des Milchstraßensystems abheben.

ANDROMEDA UND DIE LOKALE GRUPPE

Die uns nächste größere Spiralgalaxie, die Andromeda-Galaxie oder M 31, können wir in einer klaren Nacht und dunkler Umgebung sogar mit bloßem Auge sehen: Sie ist als Teil der Lokalen Gruppe bei einer Entfernung von 2,5 Millionen Lichtjahren die nächste große Galaxie in unserer Nachbarschaft und das am weitesten entfernte Objekt, das wir ohne optische Hilfsmittel erkennen können.

Die Andromeda-Galaxie ist mit 100 Milliarden Sonnenmassen an Sternen beziehungsweise rund einer Billion Sonnenmassen inklusive Dunkler Materie sowie einem Scheibendurchmesser von 140.000 Lichtjahren vergleichbar mit dem Milchstraßensystem. Ihr Halo, in dem 200 bisher bekannte Kugelsternhaufen kreisen, erstreckt sich über eine Million Lichtjahre in den Raum.

Zusammen mit der Milchstraße, der Dreiecksgalaxie M 33 – eine kleinere Spiralgalaxie – sowie rund 80 kleineren, teils unförmigen oder irregulären Zwerggalaxien, bildet sie die sogenannte Lokale Gruppe. Dieses lose Galaxienensemble erstreckt sich über fünf bis acht Millionen Lichtjahre in den Raum. Ebenso wie bei der Milchstraße halten sich im Einflussbereich der Schwerkraft der Andromeda-Galaxie eine ganze Reihe

Die Andromeda-Galaxie M 31 ist unsere kosmische Nachbarin. Mit im Bild zu sehen ist die Begleitgalaxie M 32 (linker Rand von M 31) und die Galaxie M 110 (rechts unterhalb von M 31).

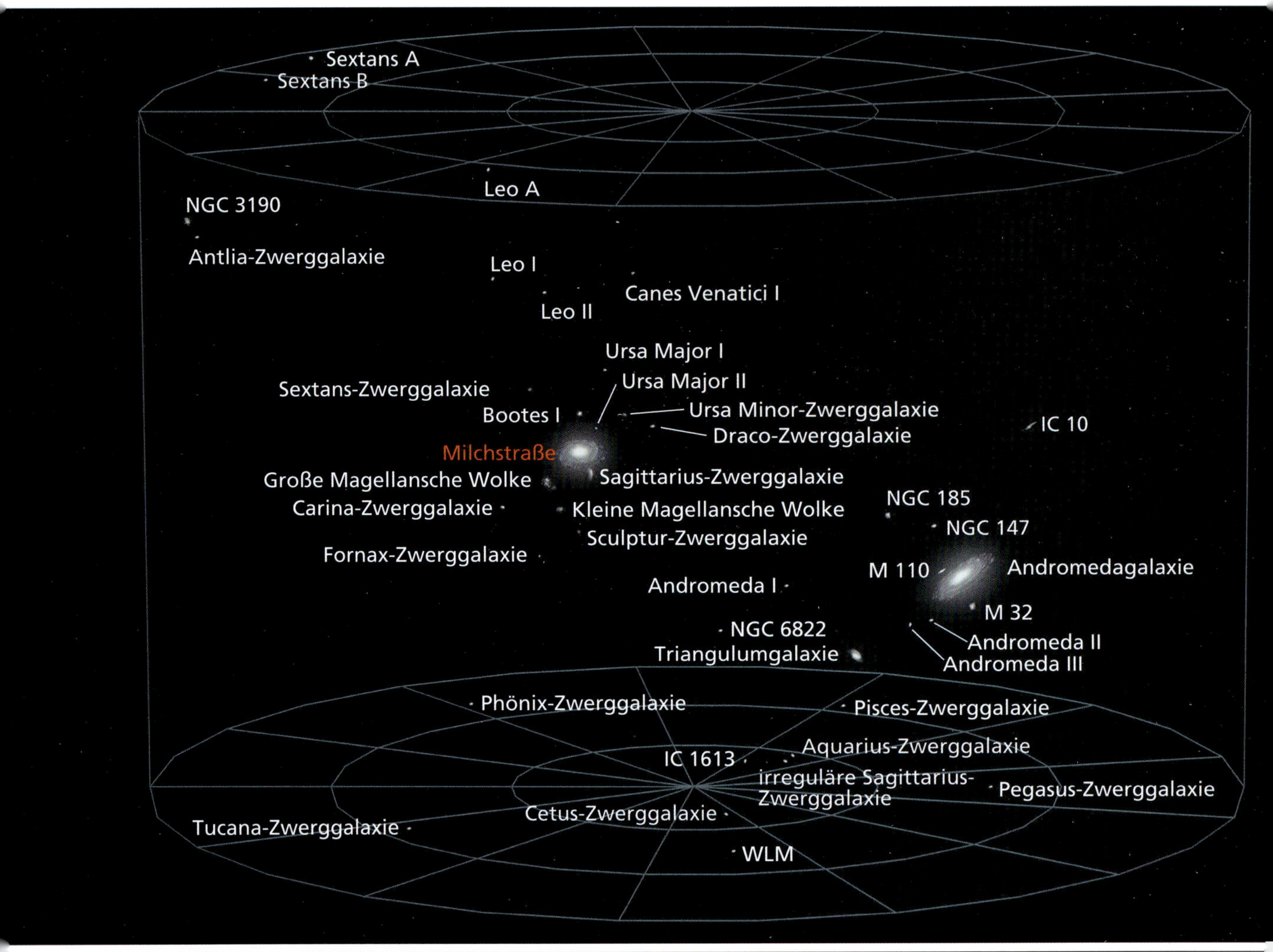

Die Milchstraße und die Andromeda-Galaxie bilden mit etwa 80 kleineren Zwerggalaxien, hier teilweise dargestellt, die Lokale Gruppe. Einige der Zwerggalaxien in unmittelbarer Nachbarschaft der großen Spiralgalaxien werden nach und nach von diesen aufgenommen.

an Zwerggalaxien auf, die sie teilweise bereits in sich aufnimmt. Einige der Zwerggalaxien in der Lokalen Gruppe scheinen jedoch an keine der größeren Galaxien gebunden zu sein.

Innerhalb der Lokalen Gruppe bewegen sich die Andromeda-Galaxie und das Milchstraßensystem mit einer Geschwindigkeit von 110 Kilometer pro Sekunde aufeinander zu. Nach bisherigen Berechnungen sollten beide Galaxien in 3,9 Milliarden Jahren miteinander kollidieren. Dabei würden sich die Galaxien gegenseitig ausbremsen, mehrmals umeinander pendeln beziehungsweise sich durchqueren und sich schließlich vereinigen. Ihre Struktur würde durch die dabei wirkenden Gezeitenkräfte völlig verändert. Weil zwischen den Sternen der Galaxien ausreichend Platz ist, würden jedoch keine Sterne direkt miteinander zusammenstoßen.

Neueste Untersuchungen des Gaia-Satelliten, der neben der Milchstraße auch einzelne helle Sterne in der Andromeda-Galaxie und in ihrer kleineren Begleitgalaxie M 32 beobachtet und deren Geschwindigkeiten vermisst, zeichnen dagegen ein etwas andere Bild: Demnach sollten beide Galaxien erst in 4,5 Milliarden Jahren aufeinandertreffen und anstatt frontal miteinander zu kollidie-

ren, sich nur seitlich touchieren. Auch in diesem Szenario würden Gezeitenkräfte ihre Strukturen verändern, und die Sternsysteme könnten sich gegenseitig Sterne entreißen – vereinigen würden sie sich jedoch nicht.
Weit über die Lokale Gruppe hinaus treten noch weiträumigere Strukturen an Galaxiengruppierungen, sogenannte Galaxienhaufen oder Cluster, hervor. Der Lokalen Gruppe am nächsten gelegen ist der Virgo-Cluster, dessen zentrale Ansammlung von Galaxien sich in der Himmelsregion des Sternbilds Jungfrau (Virgo) in einer Entfernung von rund 54 Millionen Lichtjahren befindet.
Zum Virgo-Haufen zählen 1300–2000 Galaxien, die wiederum das Zentrum einer noch größeren Struktur, dasjenige des Virgo-Superhaufens, bilden. Dieser umfasst 100–200 Galaxienhaufen – darunter auch die Lokale Gruppe – und erstreckt sich über 200 Millionen Lichtjahre. Dieser Struktur noch einmal übergeordnet ist eine Supercluster-Verbindung, die mehr als 520 Millionen Lichtjahre durchmisst, bekannt als Laniakea (Hawaiianisch für „unermesslicher Himmel"). Diese Verbindung von 100.000 Galaxien identifizierten Brent Tully von der University of Hawaii und seine Kollegen, als sie 2014 erstmals die Eigengeschwindigkeiten von Galaxien nutzten, um deren Zugehörigkeit zu übergeordneten Strukturen zu beschreiben.

ROTATIONSKURVE UND DUNKLE MATERIE

Bereits in den 1930er-Jahren legten spektroskopische Untersuchungen der Rotation der Andromeda-Galaxie sowie anderer Spiralgalaxien nahe, dass es in diesen Sternsystemen mehr Masse geben müsse, als ihre leuchtende Materie vermuten ließ. In den 1950er- und 1960er-Jahren wurden diese Annahmen durch Radiobeobachtungen von HI-Gebieten in Randregionen der Andromeda-Galaxie und der Milchstraße bestärkt. Noch handfestere Indizien für eine nicht sichtbare, – Dunkle – Art von Materie lieferten Vera Rubin und Kent Ford, als sie die Geschwindigkeiten von Sternen in den äußeren Regionen von M 31 bestimmten. Dazu nutzten sie einen von Ford entwickelten Spektrografen, der die Genauigkeit solcher Messungen deutlich verbesserte. Ihre Beobachtungen von M 31 und weiterer Spiralgalaxien zeigten, dass die Umlaufgeschwindigkeiten von Sternen mit größerem Abstand vom Galaxienzentrum nicht abnahmen, wie es den Keplerschen Gesetzen und der Annahme, die sichtbare Materie sei die einzige gravitativ wirksame Masse, entsprechen würde.

Der Fornax-Galaxiencluster ist in einer Entfernung von 62 Millionen Lichtjahren einer der nächsten zur Lokalen Gruppe und befindet sich in der Himmelsregion des Sternbilds Chemischer Ofen.

GALAXIENKLASSIFIKATION

Galaxien können ausgesprochen vielfältig geformt sein. Doch sie lassen sich nach einem bestimmten Schema ordnen. Dabei erzählt ihre Gestalt auch etwas über ihre Entwicklungsgeschichte, allerdings auf andere Weise als von Edwin Hubble einst angenommen.

Um die Sternsysteme besser beschreiben zu können, sortierte Edwin Hubble 1926 die Galaxien nach ihrer Gestalt. Dabei unterschied er drei Haupttypen: die elliptischen Galaxien, die Spiralgalaxien und die Balkenspiralgalaxien. Diese drei Kategorien unterteilte er wiederum in Untergruppen. So ordnen sich die elliptischen Galaxien ausgehend von rein sphärischer Gestalt (E0) hin zu stark in die Länge gezogenen Formen (E7). Am Ende der Abfolge von elliptischen Galaxien spaltet sich diese sogenannte Hubble-Sequenz ähnlich einer Stimmgabel in die Typen der Spiralen (S) und der Balkenspiralen (SB) auf. Daher wird dieses Klassifikationsschema auch als Stimmgabeldiagramm bezeichnet. Die Spiralgalaxien und Balkenspiralen unterteilen sich ihrerseits wieder in Untertypen. Beide Galaxientypen sind scheibenartig abgeplattet. In der Zentralregion der Spiralgalaxien konzentrieren sich die Sterne zu einer Auswölbung, von deren Enden ausgehend die Spiralarme in der Scheibenebene das Zentrum umlaufen. Die Untertypen der Spiralgalaxien werden mit zunehmender Anzahl der Spiralarme und deren Windungen mit Sa bis Sc bezeichnet. Die Klassifizierung der Balkenspiralen verläuft analog dazu (SBa–SBc). Sie unterscheiden sich von den gewöhnlichen Spiralgalaxien durch ihre balkenartig geformte Auswölbung in der Zentralregion. Der französisch-amerikanische Astronom Gérard-Henri de Vaucouleurs erweiterte Hubbles Klassifizierungsschema 1959 um Mischtypen zwischen den gewöhnlichen

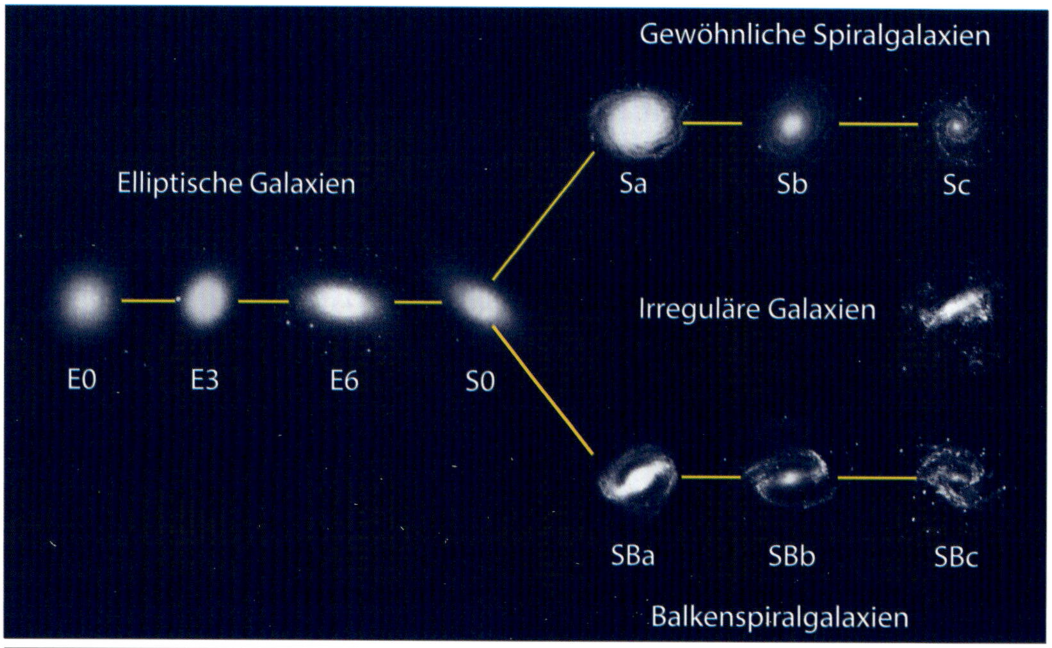

Edwin Hubble klassifizierte die Galaxien nach ihrer Gestalt; daraus ergab sich das „Stimmgabeldiagramm", das Gérard-Henri de Vaucouleurs um einige Galaxientypen, darunter die irregulären Galaxien, erweiterte.

Spiralen und den Balkenspiralen und ergänzte zudem solche Galaxien, die sich keiner dieser Gruppen zuordnen ließen: die Irregulären und die Zwerggalaxien. Edwin Hubble ging einst davon aus, dass die morphologische Abfolge der Galaxien auch ihre Entwicklung widerspiegelt. Doch diese Vorstellung ist mittlerweile widerlegt. Dennoch verwenden Astronomen die erweiterte Einteilung nach wie vor zur Klassifizierung von Galaxien.

In der Whirlpool-Galaxie M 51 treten die ausladenden Spiralarme mit ihren im roten Licht gut sichtbaren Sternentstehungsregionen prominent hervor.

SPIRALGALAXIEN

Viele der größeren Galaxien in unserer kosmischen Nachbarschaft zählen zu den Spiralgalaxien. Sie ähneln in ihrem Aufbau der Milchstraße und beherbergen nach heutiger Auffassung allesamt in ihrem Zentrum ein massereiches Schwarzes Loch. Einige dieser Sternsysteme faszinieren schon im Amateurteleskop, wie etwa die Whirlpool-Galaxie M 51 mit ihren ausladenden Spiralarmen. Nach wie vor nicht endgültig geklärt ist allerdings, wie solche Spiralstrukturen zustande kommen und vor allem wie sie sich über längere kosmische Zeiträume halten können.

Dieser Frage ist unter anderem die Astrophysikerin Elena D'Onghia mit ihren Kollegen Mark Vogelsberger und Lars Hernquist am Harvard-Smithsonian Center for Astrophysics nachgegangen. Sie simulierten in einem Computermodell, wie sich anfänglich lokale Dichteschwankungen, hervorgerufen durch massereiche Molekülwolken, in einer ansonsten weitaus gleichmäßig mit Materie angefüllten, rotierenden Scheibe aus 100 Millionen Sternen fortpflanzen. Dass sich solche Unregelmäßigkeiten wegen der differenziellen Rotation der Galaxie verstärken können und so Spiralstrukturen ausbilden, war bereits bekannt. Das eigentlich Neue an diesen Simulationen war die Erkenntnis, dass sich derartige Störungen zeitlich nicht-linear, also gewissermaßen chaotisch, entwickeln können. Zuvor war man davon ausgegangen, dass sich diese Dichteschwankungen linear fortpflanzen: Doch in diesem Fall hätten die Spiralarme nur ein oder zwei galaktische Jahre Bestand. (Ein galaktisches Jahr ist der Zeitraum, in dem sich eine Galaxie einmal um sich selbst dreht.) Den Untersuchungen von D'Onghia und ihren Kollegen zufolge stabilisiert aber gerade die chaotische Natur dieser Entwicklung die Spiralarme über einen längeren Zeitraum von einigen Milliarden Jahren (rund 100 galaktische Jahre).

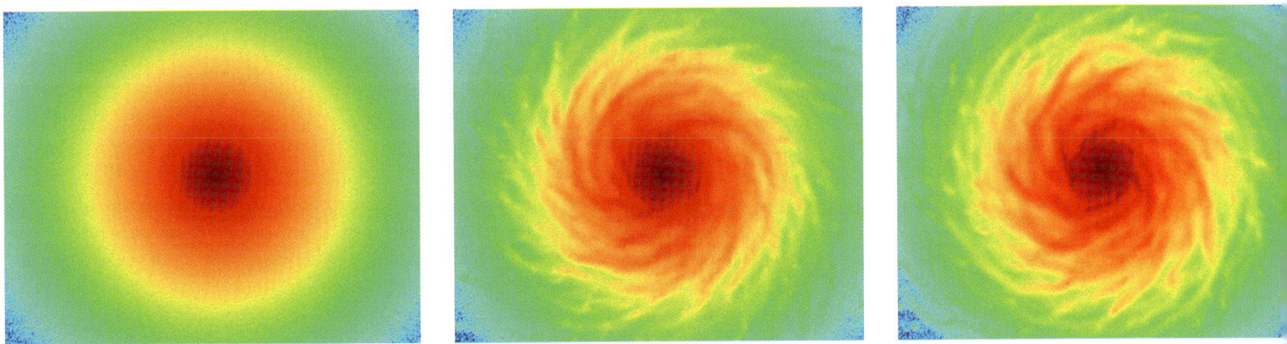

Wie sich Spiralstrukturen in Galaxien bilden und dauerhaft halten, wird noch erforscht: Eine Theorie geht davon aus, dass sich lokale Dichteschwankungen durch die Rotation der Galaxien verstärken und sich, indem sie sich chaotisch entwickeln, stabilisieren.

STARBURST-GALAXIEN

Einige der Spiralgalaxien fallen durch übermäßige Ultraviolett- oder Infrarotstrahlung auf. Bei ihnen handelt es sich um sogenannte Starburst-Galaxien, in denen besonders viele Sterne auf einmal entstehen. Die vielen jungen, heißen Sterne strahlen besonders hell im Ultravioletten. In einigen dieser Galaxien ist indes der Staubanteil so hoch, dass er einen Großteil der UV-Strahlung aufnimmt, sich erwärmt und im Infraroten wieder abgibt.

ELLIPTISCHE GALAXIEN

Elliptische Galaxien sind in der Regel massereicher als Spiralgalaxien. Sie können 100.000 bis zehn Billionen Sonnenmassen an Sternen enthalten. Diese Art von Galaxien findet sich vor allem in dichter besiedelten Regionen des Kosmos, etwa in größeren Galaxienclustern. In ihrem Zentrum beherbergen elliptische Galaxien ein extrem massereiches Schwarzes Loch. Lange ging man davon aus, dass sich elliptische Galaxien bereits im noch jungen Universum gebildet und sich mit der Zeit zu Spiralgalaxien entwickelt haben. Das scheint jedoch nach neuerer Auffassung nicht der Fall zu sein. Demnach entstehen elliptische Galaxien, wenn Spiralgalaxien ähnlicher Größe beziehungsweise Masse aufeinandertreffen und sich vereinigen; so sind die Sternbewegungen in diesen Galaxien weitgehend ungeordnet.

ELLIPTISCHE GALAXIEN – ENTSTEHUNG DURCH GALAXIENKOLLISIONEN?

Zusammenstöße von Galaxien, aus denen später einmal elliptische Galaxien hervorgehen können, sind im Universum allgegenwärtig. Ein prominentes Beispiel dafür ist das Galaxienpaar NGC 4676 A und B, das bereits Wilhelm Herschel 1785 entdeckte. Es liegt in einer Entfernung von 300 Millionen Lichtjahren im Coma-Haufen. Beide Objekte des Galaxienpaars erscheinen über einen Arm aus Sternen und interstellarer Materie miteinander verbunden und an ihren Außenrändern in die Länge gezogen.

Auf ihrem Weg durchs All stießen beide Galaxien vor rund 100 Millionen Jahren zusammen. Durch die dabei wirkenden Gezeitenkräfte verformten sich beide Galaxien und entreißen sich noch heute gegenseitig Materie. So ist auch das Verbindungsstück aus Sternen und Staub zwischen ihnen entstanden.

Im Laufe von weiteren einigen 100 Millionen Jahren werden die beiden Galaxien noch mehrmals um ihren gemeinsamen Schwerpunkt pendeln, sich dabei gegenseitig durchqueren und schließlich zu einer einzigen größeren Galaxie verschmelzen. So wird in ferner Zukunft daraus vielleicht einmal eine neue elliptische Galaxie.

Der Tanz um den gemeinsamen Schwerpunkt bei einer Galaxienkollision wie hier bei dem Galaxienpaar NGC 4676 dauert Hunderte Millionen Jahre, bis sie sich schließlich vereinigen und zu einer elliptischen Galaxie werden.

AKTIVE GALAXIEN, QUASARE UND BLAZARE

Zahlreiche sehr massereiche Galaxien leuchten in ihrem Zentrum besonders hell und schleudern energiereiche Materiejets weit in den Raum hinaus. Sie alle beherbergen in ihrem Zentrum ein extrem massereiches Schwarzes Loch, das als Motor für diese starken Leuchtkräfte dient.

Viele dieser sogenannten aktiven Galaxien sind als starke Radioquellen sichtbar und wurden entdeckt, als sich die Radioastronomie in den 1950er-Jahren immer weiter etablierte. In dieser Zeit fielen den Astronomen mehrere punktförmige, sternähnliche Quellen am Himmel auf, die auffällig im Radiowellenbereich strahlten. Da die Positionsbestimmung bei Radiobeobachtungen damals noch vergleichsweise ungenau war, ließen sich anfangs nur wenige dieser Objekte auch optischen Quellen zuordnen. Ihr Erscheinungsbild trug ihnen die Bezeichnung Quasar ein: aus dem Englischen für „quasistellar radio source".
Für eines der ersten bekannten Objekte dieser Art, bezeichnet als 3C 273, gelang die Positionsbestimmung im Jahr 1962, als der Mond die Radioquelle und gleichzeitig auch die zugehörige optische Quelle bedeckte. Dennoch blieb die Natur der Quasare zunächst rätselhaft. Als der niederländische Astronom Maarten Schmidt am Mount Palomar Observatory 1963 ein Spektrum von 3C 273 aufnahm, konnte er die Spektrallinien zunächst nur schwer identifizieren, denn sie schienen völlig fehl am Platz zu sein. Schließlich wurde ihm klar, dass die Spektrallinien von ihrer ursprünglichen Position im elektromagnetischen Spektrum außergewöhnlich weit zu größeren Wellenlängen hin verschoben sein mussten. Grund dafür ist die große Entfernung dieses Objekts, sodass die kosmische Expansion – die Ausdehnung des Universums an sich – es stark rotverschoben erscheinen lässt.
3C 273 befindet sich in einer Entfernung von 2,4 Milliarden Lichtjahren und strahlt 300-mal heller als die Milchstraße beziehungsweise mehr als vier Billionen Mal stärker als die Sonne. So sind Quasare die leuchtstärksten Objekte im Universum und über extrem große Distanzen zu beobachten. Mitte der 1970er-Jahre schlugen die britischen Astrophysiker Roger Blandford und Martin Rees vor, dass in Quasaren ein extrem massereiches Schwarzes Loch eingebettet sein könnte, das große Materiemengen auf sich zieht. Die dabei freigesetzte Gravitationsenergie würde in Form von elektromagnetischer Strahlung über einen breiten Spektralbereich abgegeben und so das kosmische Leuchtfeuer erzeugen.
Nach aktuellem Stand der Forschung besitzen so gut wie alle größeren Galaxien ein extrem masse-

Der Quasar 3C273 in einer Entfernung von rund zwei Milliarden Lichtjahren war eines der ersten bekannten Objekte dieser Art.

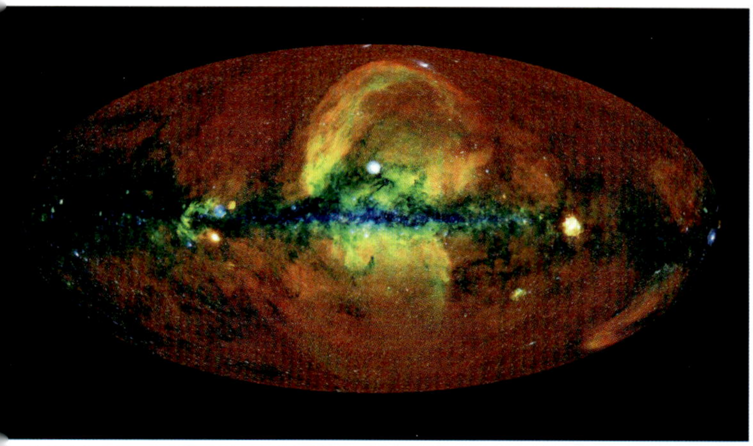

Das Röntgenteleskop eRosita fand eine halbe Million neue Röntgenquellen, größtenteils Kerne von aktiven Galaxien.

reiches Schwarzes Loch, das mehrere Millionen bis einige Milliarden Sonnenmassen umfasst. Dieses Schwarze Loch verhält sich ruhig, solange keine größeren Materiemassen in seinen Wirkkreis geraten. Kommt ihm allerdings Materie aus seiner Umgebung zu nahe, macht es sich über große Distanzen im All hinweg bemerkbar. Einmal in die Fänge des zentralen Schwarzen Lochs geraten, bewegt sich die Materie zunächst mit hoher Geschwindigkeit in einer Akkretionsscheibe um das Schwarze Loch und heizt sich dabei derart auf, dass sie bis in den Röntgenbereich Energie abstrahlt – eine erste Himmelskarte des 2019 gestarteten Röntgen-Weltraumteleskops eRosita (extended Roentgen Survey with an Imaging Telescope Array) enthält etwa eine halbe Million neue Röntgenquellen. Ein Großteil davon sind wachsende Schwarze Löcher in den Kernen von aktiven Galaxien oder Quasaren.

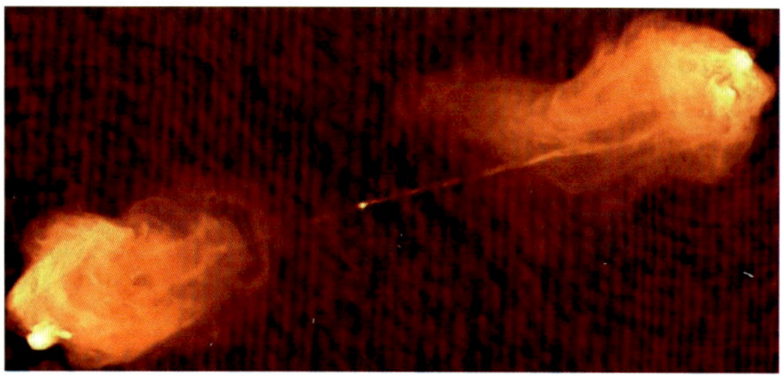

Wie in dieser Radioaufnahme zu sehen, schießen aus dem Zentrum der aktiven Galaxie Cygnus A zwei energiereiche Materiejets in den Raum.

MATERIEJETS

Bei vielen dieser Quasare und aktiven Galaxien sind Materiejets zu erkennen. Sie entstehen, indem ein Teil der Materie aus der Akkretionsscheibe abgelenkt und entlang der Rotationsachsen ins All hinausgeschleudert wird, bevor er in das Schwarze Loch hineinstürzen kann. Was genau die Materie davon abhält, vollends ins Schwarze Loch zu stürzen, und durch welchen Mechanismus diese Jets entstehen, ist noch nicht endgültig geklärt. Vermutet wird, dass die Materie, die in der Akkretionsscheibe als Plasma und somit ionisiert vorliegt, mit dem starken Magnetfeld im Zentrum der aktiven Galaxie wechselwirkt und dabei umgelenkt wird. Die geladenen Teilchen werden dabei auf nahezu Lichtgeschwindigkeit beschleunigt und senden dadurch sogenannte Synchrotronstrahlung im Radiowellenbereich aus. So werden Quasare und auch andere Klassen von aktiven Galaxien durch ihre Materiejets als helle Radioquellen sichtbar.

Auffällig ist, dass sich Quasare bei einer bestimmten Rotverschiebung – und somit in einer bestimmten Entfernung beziehungsweise Epoche des Universums – besonders häufen. Daher vermutet man, dass sie eine Entwicklungsphase darstellen, die die meisten Galaxien einmal durchlaufen haben. Nach etwa 100 Millionen Jahren scheint der Materiezustrom in das Schwarze Loch zu versiegen und die Galaxie nimmt eine gewöhnliche Leuchtkraft an. Ob die Milchstraße ebenfalls einst ein Quasar war, ist jedoch ungewiss. Sie könnte sich aber in ferner Zukunft (noch einmal) in einen solchen verwandeln, wenn sie mit der Andromeda-Galaxie kollidiert und das Schwarze Loch in ihrem Zentrum ausreichend Nachschub erhält.

Eine besondere Klasse der Quasare sind sogenannte Blazare, die vorübergehend besonders hell aufleuchten. Unter anderem senden sie auch Gammastrahlung aus, die bei bestimmten Beschleunigungsprozessen von geladenen Teilchen im Magnetfeld entstehen kann. Forscher vermuten, dass der Materiejet dieser Objekte zufällig in Richtung Erde weist und sie deshalb so leuchtstark erscheinen. Außerdem sind die relativistischen Materiejets von Quasaren und Blazaren auch Quellen der

Der Materiejet der aktiven Galaxie M 87 fiel bereits Heber Curtis auf, noch ohne, dass er eine Erklärung dafür hatte.

hochenergetischen kosmischen Teilchenstrahlung (vgl. „Astroteilchenphysik“, S. 156).

M 87 IM VIRGO-HAUFEN

Besondere Aufmerksamkeit erlangte vor kurzem die elliptische Riesengalaxie mit der Nummer 87 in Messiers Objektkatalog, eine zentrale Galaxie des Virgo-Haufens. M 87 lässt sich bereits mit einem guten Feldstecher auffinden, wirkt darin aber recht unscheinbar. Die Gesamtmasse der 54 Millionen Lichtjahre entfernten Galaxie schätzen Astronomen auf zwei bis drei Billionen Sonnenmassen bei einem Radius von 100.000 Lichtjahren. In ihrem Halo kreisen rund 12.000 Kugelsternhaufen.

Als Nebelfleckchen entdeckte sie der französische Astronom Pierre Méchain Ende des 18. Jahrhunderts. Damals ahnten die Astronomen noch nicht, dass es sich um eine Sterneninsel außerhalb unserer eigenen Galaxis handelte. Selbst Edwin Hubble hielt M 87 wohl wegen ihres Erscheinungsbilds zunächst noch für einen Kugelsternhaufen. Denn M 87 zeigt keinerlei auffällige Spiralstruktur und ist auch in ihrer rundlichen Form kaum abgeplattet; einzelne Sterne ließen sich hingegen schon mit den damals verfügbaren Teleskopen ausmachen. Allerdings fiel bereits dem amerikanischen Astronomen Heber Curtis 1918 auf, dass vom Zentrum des Objekts eine linienartige Struktur in den Außenbereich hinausragt.

Als eine der stärksten Radioquellen am Himmel ist M 87 heute besonders für Radioastronomen interessant. Zusätzlich erstrahlt das Zentrum von M 87 intensiv im Röntgenbereich. Ein solches Verhalten weisen viele sogenannte aktive Galaxienkerne auf. Die Strahlung rührt von der aufgeheizten Materie in der Umgebung des zentralen Schwarzen Lochs in M 87 her, das 6,6 Milliarden Sonnenmassen in sich vereint. Dieses sammelt zusehends Materie auf und treibt dabei einen Materiejet an, der mindestens 5000 Lichtjahre in den Raum reicht.

DAS SCHWARZE LOCH IN M 87

Im April 2017 richteten die Astronomen der Event-Horizon-Telescope-Kollaboration (EHT) ihre Teleskope auf das Zentrum unserer Milchstraße sowie auf das der elliptischen Galaxie M 87. Obwohl das Zentrum dieser Galaxie etwa 2000-mal weiter entfernt ist als das unserer eigenen Galaxis, waren sie guter Dinge, den Rand des zentralen Schwarzen Lochs mit ihrem Teleskopverbund auflösen zu können: Mit etwa 1600-mal mehr Masse ist das Schwarze Loch im Zentrum von M 87 auch entsprechend größer als dasjenige in der Milchstraße, denn der Schwarzschildradius und damit auch der Ereignishorizont eines Schwarzen Lochs wachsen linear mit seiner Masse. Trotz der großen Entfernung sollte das Zentrum von

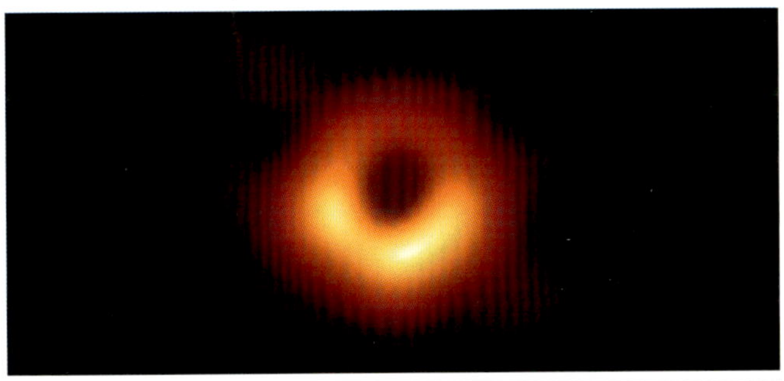

Aufnahme im Radiobereich des EHT: Sie zeigt das erste direkte Abbild des Schwarzen Lochs in M 87. Orange ist die Akkretionsscheibe, die aufgrund der Raumkrümmung durch das Schwarze Loch asymmetrisch ist.

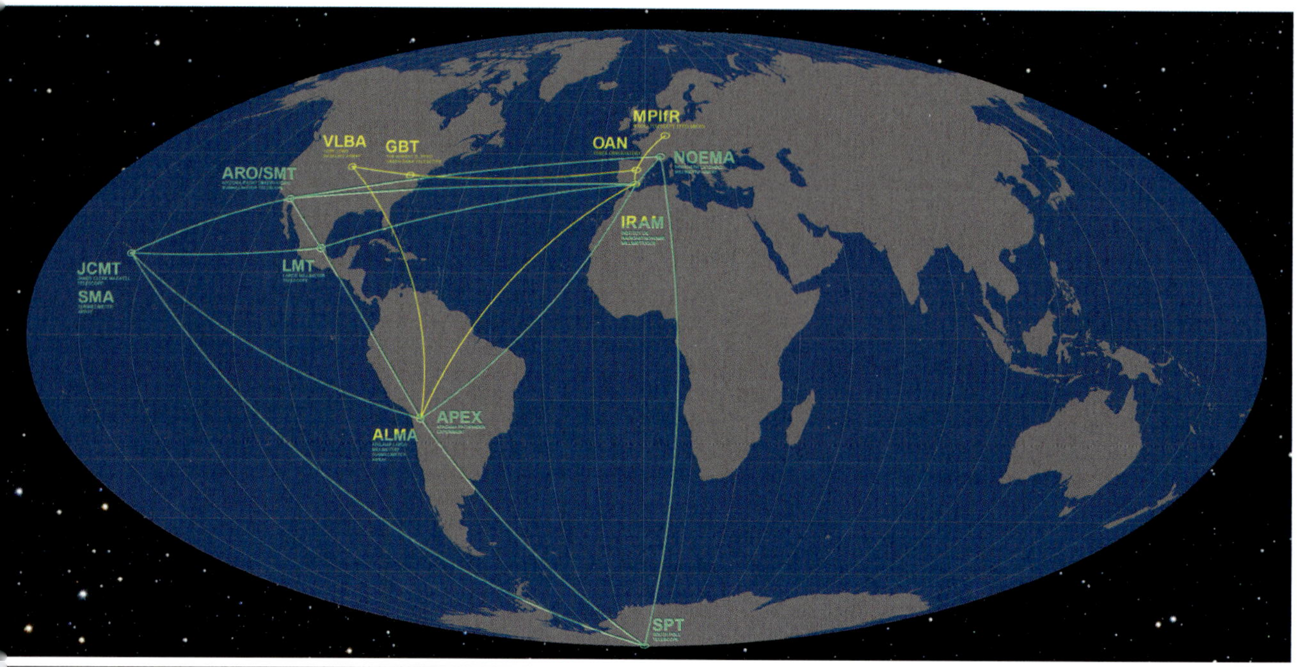

Das Event Horizon Telescope: Um die Umrisse des Schwarzen Lochs im Zentrum von M 87 abzubilden, schlossen Astronomen acht Teleskope (grünes Netzwerk) weltweit zusammen.

M 87 also etwa unter dem gleichen Winkel am Himmel erscheinen wie Sgr A* in der Milchstraße und sich mit dem EHT beobachten lassen. Während die Forscher die Beobachtungen von Sgr A* nach wie vor auswerten, präsentierten sie im April 2019 bereits ihr Ergebnis zu M 87: Das erste Abbild eines Schwarzen Lochs. Dazu kombinierten Forscherinnen die Beobachtungsdaten der beteiligten Observatorien mithilfe eines aufwendigen Algorithmus und glichen diese mit Simulationen zu den Bedingungen am Schwarzen Loch ab. Sichtbar wurde dadurch das heiße Plasma in der Akkretionsscheibe in unmittelbarer Umgebung des Ereignishorizonts. „Vor dem Hintergrund dieser starken Radioquelle wirft das Schwarze Loch einen Schatten", erläutert Michael Kramer vom Max-Planck-Institut für Radioastronomie, der an den Beobachtungen beteiligt war. Zudem wirke das Schwarze Loch aufgrund seiner Gravitation wie ein extrem starkes Vergrößerungsglas. Ein Teil des Lichts, das eigentlich hinter dem Schwarzen Loch entlangläuft, wird dadurch so abgelenkt, dass es uns trotzdem erreicht. So ergibt sich ein verzerrtes Abbild der direkten Umgebung des Schwarzen Lochs.

EHT – EVENT HORIZON TELESCOPE

Um die Umgebungen galaktischer und extragalaktischer Schwarzer Löcher zu untersuchen, hat ein internationales Forscherteam acht über den gesamten Erdball verteilte Radioteleskope zum Event Horizon Telescope zusammengeschlossen, das nach der Methode der Very-Long-Baseline-Interferometrie arbeitet (siehe S. 17). Dabei nutzen sie den Erddurchmesser als Basislänge des EHT, um eine möglichst hohe Auflösung zu erhalten. Davon ausgehend richtet sich die Wellenlänge, bei der man die Beobachtungen durchführt, nach dem Winkel, unter dem das zu beobachtende Objekt am Himmel erscheint: Im Fall von Sgr A* in einem Abstand von 26.000 Lichtjahren beziehungsweise dem Schwarzen Loch im Zentrum von M 87 in einer Entfernung von 54 Millionen Lichtjahren ergeben sich 50 Mikrobogensekunden. Damit das Bild unter diesem Winkel scharf erscheint, müssen die Astronomen bei einer Wellenlänge von 1,3 Millimetern beziehungsweise einer Frequenz von 231 Gigahertz beobachten.

KOSMISCHE MAGNETFELDER

Wie es scheint, ist der gesamte Kosmos von Magnetfeldern durchdrungen. In unserem Sonnensystem lassen sie sich direkt messen. Doch über größere kosmische Distanzen etwa innerhalb der Milchstraße oder gar über großräumige Strukturen zwischen Galaxien und Galaxienhaufen sind Astronomen auf Beobachtungen aus zweiter Hand angewiesen. Dabei kommt ihnen die Radioastronomie zugute.

Als der amerikanische Physiker Karl Jansky Anfang der 1930er-Jahre für die Bell Laboratories den Einfluss atmosphärischer Störungen auf die transatlantische Radioübertragung mit einer Radioantenne untersuchte, fiel ihm ein Radiosignal auf, das nicht von der Erde zu stammen schien. Weil sich das Maximum dieses Signals im Rhythmus von 23 Stunden und 56 Minuten wiederholte, musste es irgendwo aus dem Fixsternhintergrund stammen. Am stärksten schien es in der Region des Sternbilds Schütze, wo man bereits damals das Zentrum der Milchstraße vermutete. Doch erklären konnte Karl Jansky diese diffuse Radiostrahlung, die aus der gesamten Milchstraße zu kommen schien, damals noch nicht. Seinen Wunsch, diese Strahlung mit einer neuen Antenne weiter zu erforschen, schlug man ihm an den Bell Laboratories aus.

Wenig später wurde klar, dass die Radiostrahlung nicht von einer thermischen Quelle stammen konnte, da sie auf einen engen Frequenzbereich beschränkt war. Denn eine warme Lichtquelle, welcher Temperatur auch immer, würde Strahlung über einen breiteren Bereich des elektromagnetischen Spektrums mit einer charakteristischen Form aussenden.

Eine Erklärung für Janskys Beobachtung lieferte Anfang der 1950er-Jahre der deutsche Astronom Karl-Otto Kiepenheuer, der sich eigentlich mit der Physik der Sonne befasste. Er vermutete, dass die Radiostrahlung von Elektronen stammen könnte, die in einem Magnetfeld, das die gesamte

Mithilfe von Radiodaten des Karl G. Jansky Very Large Array war es möglich, das Magnetfeld der Spiralgalaxie NGC 4217 (grünliche Linien) zu visualisieren. Zudem wurde eine Aufnahme im Optischen ergänzt, die die Galaxie in Kantenlage zeigt.

Galaxis durchdringt, beschleunigt werden. Mit dieser Annahme sollte er Recht behalten.

SYNCHROTRONSTRAHLUNG

Werden geladene Teilchen in einem Magnetfeld beschleunigt oder abgelenkt, senden sie ihrerseits elektromagnetische Strahlung aus. Die Wellenlänge oder Frequenz dieser Strahlung hängt dabei sowohl von der Stärke des Magnetfelds als auch von der Geschwindigkeit der geladenen Teilchen ab. Künstlich erzeugt wird diese sogenannte Synchrotronstrahlung zum Beispiel in Experimenten in Teilchenbeschleunigern. Auf natürliche Weise entsteht Synchrotronstrahlung im All, wenn geladene Teilchen – Atomkerne oder Elektronen – in kosmischen Magnetfeldern abgelenkt und auf hohe Geschwindigkeiten nahe der Lichtgeschwindigkeit beschleunigt werden. Anhand dieser speziellen Radiostrahlung lässt sich also indirekt auf die Existenz von Magnetfeldern etwa in den Kernen von aktiven Galaxien oder in galaktischer Umgebung schließen.

POLARISATION VON LICHT IM MAGNETFELD

Noch auf andere Weise machen sich Magnetfelder im Licht, das wir aus dem All empfangen, bemerkbar: Sichtbares Licht, ebenso wie sämtliche andere elektromagnetische Strahlung, schwingt als Welle senkrecht zu seiner Ausbreitungsrichtung. Man spricht dabei auch von einer transversalen Welle, wobei die räumliche Ausrichtung der Schwingung variiert. Licht, das von einer natürlichen Quelle ausgesandt wird, enthält sämtliche mögliche Schwingungsrichtungen zu gleichen Teilen. Materiefreien Raum durchdringt Licht ungehindert. Doch als elektromagnetische Welle interagiert Licht nicht nur direkt mit Materie, sondern auch mit Magnetfeldern. Je nachdem wie ein Magnetfeld räumlich ausgerichtet ist, kann es die Schwingungsrichtungen von Licht drehen. Physiker sagen: Das Licht wird polarisiert. Mit einer speziellen Beobachtungstechnik lässt sich diese Polarisation im Licht erkennen und es lassen sich Magnetfelder im Universum aufspüren. Wie sehr das Licht polarisiert ist, hängt dabei von Stärke und räumlicher Ausrichtung des Magnetfelds ab.
Dank moderner Radioobservatorien sowie Aufnahmen des Planck-Satelliten ist das Magnetfeld der Milchstraße mittlerweile sehr gut kartiert. Es variiert zwischen sechs Mikrogauss in der Scheibenebene und 20–40 Mikrogauss in der Nähe des galaktischen Zentrums. Zum Vergleich: Das Magnetfeld der Erde ist mit 0,3–0,6 Gauss um das 10.000-Fache stärker.

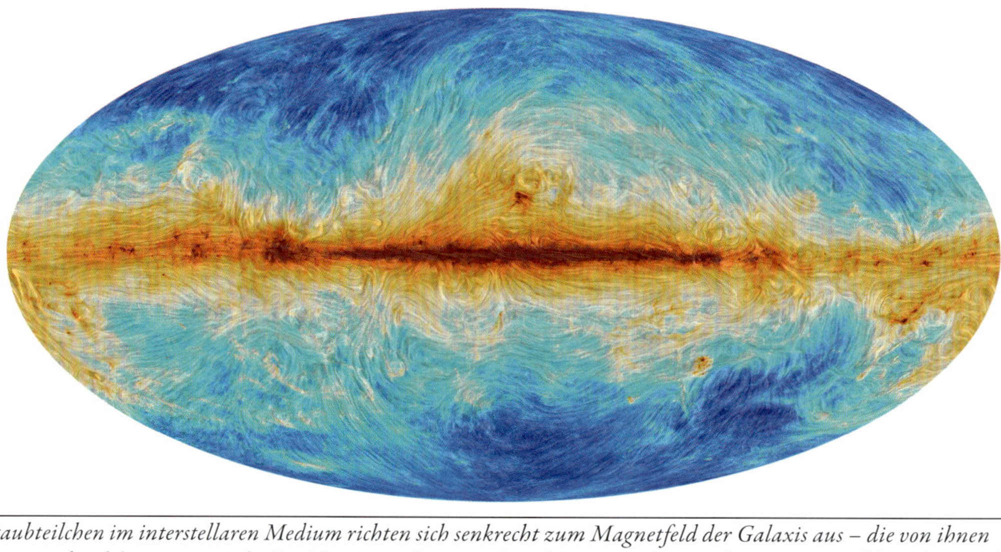

Staubteilchen im interstellaren Medium richten sich senkrecht zum Magnetfeld der Galaxis aus – die von ihnen ausgesandte elektromagnetische Strahlung ist polarisiert. Durch Messung dieser polarisierten Strahlung konnte der Planck-Satellit das Magnetfeld der Milchstraße kartieren.

Wie Radiobeobachtungen von anderen Spiralgalaxien zeigen, scheinen die Magnetfelder die Spiralstruktur von Galaxien nachzuzeichnen, wobei sich das Magnetfeld zwischen den Spiralarmen sogar noch verstärkt. Dies entdeckten unter anderem Wissenschaftler des Max-Planck-Instituts für Radioastronomie, als sie Beobachtungen des 100-Meter-Radioteleskops in Effelsberg mit Messungen des Very Large Array, einem Radioobservatorium in New Mexiko, sowie des australischen Radioteleskops ATCA (Australia Telescope Compact Array) kombinierten. Während das Effelsberger Teleskop umfassende Übersichtskarten der Galaxien erstellte, lieferten die anderen beiden Observatorien Detailaufnahmen.

Wie die intergalaktischen Magnetfelder ursprünglich entstanden sind, ist noch nicht geklärt. Es wird vermutet, dass sie ihre Wurzeln bereits im frühen Kosmos haben: Kurz nach dem Urknall befand sich die Materie in einem heißen, dichten Zustand – einem Plasma – in dem die elektrisch negativ geladenen Elektronen von den positiv geladenen Protonen und anderen leichten Atomkernen getrennt existierten. Durch Wirbel in diesem Urplasma sollten sich bereits zu dieser Zeit Magnetfelder gebildet haben, so die gängige Annahme. Die damals entstandenen Magnetfelder wären dann während der Expansion und der weiteren Entwicklung des Universums erhalten geblieben und könnten sich später verstärkt haben. Möglicherwiese haben diese urtümlichen Magnetfelder sogar zur Galaxienentwicklung beigetragen, indem sie ionisiertes Gas transportiert haben. Doch wie genau das vonstatten gegangen sein könnte, ist noch völlig ungewiss.

Im heutigen Kosmos könnten Supernova-Explosionen zur Entstehung von Magnetfeldern in Galaxien sowie im intergalaktischen Raum zwischen den Sternsystemen beitragen oder diese zumindest verstärken. Die heftige Stoßwelle einer Sternexplosion schleudert geladene Teilchen in den Raum, die ihrerseits ein Magnetfeld erzeugen und transportieren oder schon vorhandene Magnetfelder verdichten können. Im Gegenzug werden geladene Teilchen aus Supernova-Explosionen in einem bereits vorhandenen Magnetfeld auf extrem hohe Geschwindigkeiten beschleunigt. Dennoch gibt es in Sachen galaktische und vor allem intergalaktische Magnetfelder, die auch über kosmische Distanzen existieren, zu deren Ursache sowie deren Rolle im heutigen Universum noch viel zu klären. Dazu beitragen soll in Zukunft das moderne Radioteleskop Square Kilometer Array (SKA).

SKA – SQUARE KILOMETER ARRAY

Im internationalen Verbund planen Astronomen derzeit ein neuartiges Radioobservatorium, mit dem sie den Kosmos bis in seine entferntesten Regionen ausspähen wollen. Das SKA wird aus einer Anordnung von Tausenden beweglichen, 15 Meter durchmessenden Parabolantennen sowie aus bis zu einer Million kleinen Stabantennen bestehen, die an Standorten in Südafrika und in Australien ab 2021 errichtet werden sollen. Mit diesem neuartigen Radioteleskop wollen die Astronomen nicht nur kosmische Magnetfelder erforschen, sondern erhoffen sich auch neue Erkenntnisse über die Galaxienentwicklung, die Verteilung und Natur der Dunklen Materie und der Dunklen Energie. Als Nachfolgexperiment des Event Horizon Telescope soll das SKA auch die Allgemeine Relativitätstheorie in der Umgebung extrem massereicher Schwarzer Löcher in den Zentren ferner Galaxien auf den Prüfstand stellen.

Das Magnetfeld in der Nähe des galaktischen Zentrums ist wesentlich stärker als in der restlichen Galaxis.

ASTROTEILCHENPHYSIK

Die Astroteilchenphysik verbindet die kleinsten mit den größten Dimensionen: In hochenergetischen Prozessen im All werden geladene Teilchen auf höchste Geschwindigkeiten beschleunigt und reisen über kosmische Distanzen, bis ein winziger Bruchteil von Ihnen – vielleicht – in einem irdischen Detektor endet.

Am 7. August 1912 schloss der österreichische Physiker und Ballonfahrer Victor Franz Hess eine Reihe von Messungen zur Ionisation der Atmosphäre ab, die er bei Ballonfahrten bis in 5800 Meter Höhe durchgeführt hatte. Seine Ergebnisse förderten Erstaunliches zu Tage: Nachdem die Ionisierung der Luft bis zu einer Höhe von etwa 1000 Metern über dem Erdboden leicht abgenommen hatte, stieg sie bis 2000 Meter wieder auf jenen Wert an, der auch in Bodennähe zu messen war. In noch größeren Höhen nahm sie immer weiter zu, bis sie bei 5000 Metern etwa das Doppelte erreichte. Daraus schloss Hess: „Die Ergebnisse der vorliegenden Beobachtungen scheinen am ehesten durch die Annahme erklärt werden zu können, dass eine Strahlung von sehr hoher Durchdringungskraft von oben her in unsere Atmosphäre eindringt, und auch noch in deren untersten Schichten einen Teil der in geschlossenen Gefäßen beobachteten Ionisation hervorruft. [...] Da ich im Ballon weder bei Nacht noch bei einer Sonnenfinsternis eine Verringerung der Strahlung fand, so kann man wohl kaum die Sonne als Ursache dieser hypothetischen Strahlung ansehen, wenigstens solange man nur an die direkte Gamma-Strahlung mit geradliniger Fortpflanzung denkt.“ Im Jahr 1936 erhielt er für die Entdeckung der kosmischen Strahlung den Nobelpreis für Physik.

Nur wenig später, im Jahr 1938, entdeckte der französische Kernphysiker Pierre Auger gemeinsam mit seinen Studenten bei Experimenten auf dem Schweizer Jungfraujoch in 3500 Metern Höhe Teilchenschauer, die ganz offensichtlich entstanden, wenn kosmische Strahlung auf die Erdatmosphäre traf. Doch für die von Auger und seinen Kollegen untersuchten Teilchenschauer kam Gammastrahlung als Ursache nicht in Frage, denn sie war schlicht nicht energiereich genug. Diese Teilchenkaskaden konnten wiederum nur durch gela-

Bei Ballonfahrten studierte der österreichische Physiker Victor Hess die Ionisation der Atmosphäre bis in 5000 Meter Höhe. Er entdeckte, dass die Atmosphäre in höheren Luftschichten aufgrund der kosmischen Strahlung wieder stärker ionisiert ist.

Mit dem Pierre Auger Observatory in der argentinischen Pampa untersuchen Astrophysikerinnen die hochenergetische kosmische Teilchenstrahlung. Dabei beobachten sie Tscherenkow-Lichtblitze, die durch kosmische Strahlung hervorgerufene Teilchenschauer in der Atmosphäre erzeugen und detektieren vereinzelt Teilchen, die aus den Luftschauern bis zum Boden gelangen.

dene Teilchen aus dem All ausgelöst worden sein, deren Energie um ein Vielfaches höher sein musste. Damit war der Grundstein für die Astroteilchenphysik und die Gammastrahlenastronomie gelegt. Tatsächlich ist die hochenergetische Strahlung aus dem All zweierlei Natur: Zum einen besteht sie aus geladenen Teilchen, hauptsächlich aus Protonen, aber auch aus Atomkernen schwererer Elemente. Die Energiespanne dieser kosmischen Teilchenstrahlung von 10^7 bis 10^{20} Elektronvolt ist enorm, wobei die Anzahl der Teilchen bei niedrigen Energien am höchsten ist und mit zunehmender Energie rapide abnimmt. Teilchen geringerer Energie bis 10^{10} Elektronvolt erreichen uns vorwiegend von der Sonne; sie werden bei Flares oder koronalen Massenauswürfen in den Raum geschleudert. Energiereichere Teilchen bis etwa 10^{15} Elektronvolt entstehen in Stoßwellen von Supernova-Überresten in unserer eigenen Galaxis, die dann in galaktischen Magnetfeldern beschleunigt werden. Der Ursprung der besonders energiereichen Teilchen bis 10^{20} Elektronvolt ist noch nicht gut verstanden. Lange ging man davon aus, dass sie auch aus unserer Galaxis stammen. Allerdings sind keine Prozesse bekannt, die Teilchen in der Milchstraße auf solch hohe Energien beschleunigen könnten. In Materiejets von aktiven Galaxien oder Quasaren könnten geladene Teilchen hingegen auf extrem hohe Geschwindigkeiten beschleunigt werden und dann in kosmischen Magnetfeldern noch weiter Energie gewinnen.

Wenn die Teilchen der kosmischen Strahlung auf die Erdatmosphäre treffen, erzeugen sie in Wechselwirkung mit den Atomkernen einen Schauer neuer Teilchen. Dabei entstehen unter anderem Myonen, eine massereichere Variante des Elektrons, oder Pionen, das sind leichtere Teilchen als Protonen oder Neutronen, die sich aus einem Quark und einem Anti-Quark zusammensetzen (vgl. „Das Standardmodell der Teilchenphysik", S. 160). Da diese Teilchen nach wenigen Bruchteilchen einer Sekunde wieder zerfallen, erreichen nur die schnellsten von ihnen den Erdboden und lassen sich nur in seltenen Fällen nachweisen. Doch diese Teilchen bewegen sich schneller durch die Atmosphäre, als Licht sich in diesem Medium ausbreitet. Dabei senden sie, ähnlich einem Überschallknall eines Düsenjägers, blaue Lichtblitze aus; ein Phänomen, das der russische Physiker Pawel Tscherenkow 1934 entdeckte. Diese Tscherenkow-Lichtblitze sind so kurz und schwach, dass wir sie mit dem Auge nicht wahrnehmen können. Mit speziellen Teleskopen auf dem Boden lassen sie sich jedoch erfassen.

So untersucht das in der argentinischen Pampa ansässige und international betriebene Pierre Auger Observatory die Lichtblitze und Teilchenschauer, die die kosmische Teilchenstrahlung der höchsten Energien auslösen. Neben den Tscherenkow-Blitzen registriert das Auger-Observatorium außerdem Myonen aus diesen Teilchenschauern, die langlebig genug sind, um bis zum

Das Cherenkow Telescope Array soll künftig von La Palma und Chile aus die kosmische Gammastrahlung untersuchen.

Erdboden zu gelangen. Woher diese hochenergetische Teilchenstrahlung stammt, ist noch unklar. Weil die Teilchen im Magnetfeld abgelenkt werden, lässt sich ihr Ursprungsort nicht ausmachen. Da aber die besonders energiereichen Teilchen weniger stark abgelenkt werden, könnten sie dennoch richtungsweisend sein. So deuten 2019 veröffentlichte Beobachtungen des Auger-Observatoriums darauf hin, dass die kosmische Strahlung dieser höchsten Energien aus einer bevorzugten Richtung zu kommen scheint. Und dies spreche für ihren extragalaktischen Ursprung, so das Fazit der Forscher.

Zum anderen besteht kosmische Strahlung aus Gammastrahlung. Sie entsteht bei bestimmten Beschleunigungsprozessen als Sekundärstrahlung, beispielsweise wenn energiereiche Elektronen an Photonen gestreut werden oder wenn kurzfristig Teilchen-Antiteilchen-Paare erzeugt werden, die sich dann gegenseitig wieder vernichten. Bisher ließen sich beispielsweise Supernova-Überreste als Gammaquellen in unserer eigenen Galaxis identifizieren. Auch bei anderen Objekten, in denen Teilchen stark beschleunigt werden, lässt sich Gammastrahlung beobachten, so etwa bei Blazaren.

Wenn diese Gammastrahlung auf die Atmosphäre trifft, erzeugt auch sie Teilchenkaskaden, die sich anhand von Tscherenkow-Blitzen beobachten lassen. Solche Ereignisse registrieren Observatorien wie MAGIC (Major Atmospheric Gamma-Ray Imaging Cherenkov Telescopes) auf La Palma und H. E. S. S. (High Energy Stereoscopic System) in Namibia. Da Gammastrahlung nicht durch kosmische Magnetfelder abgelenkt wird, erreicht sie uns auf direktem Weg von ihrem Ursprungsort. So ließen sich anhand der Gammastrahlung die Quellen der kosmischen Strahlung und damit auch der Teilchenstrahlung ausmachen. Denn beide Arten der kosmischen Strahlung gehen in vielen astrophysikalischen Prozessen miteinander einher und stammen aus der gleichen Quelle. Doch die Messgenauigkeit dieser Instrumente ist noch sehr begrenzt. Denn der Ort einer Strahlungsquelle am Himmel lässt sich nur genau rekonstruieren, indem man die in der Atmosphäre erzeugten Lichtblitze von möglichst vielen Positionen aus verfolgt. Bisherige Tscherenkow-Teleskope von MAGIC oder H. E. S. S. set-

CTA – CHERENKOV TELESCOPE ARRAY

Mit dem Cherenkov Telescope Array errichten Wissenschaftler in einer internationalen Kooperation ein neues Observatorium, das lichtempfindlicher sein soll als die bisherigen Tscherenkow-Observatorien und das dank seiner größeren Anzahl an Teleskopeinheiten auch deutlich genauer messen soll. Das CTA wird an zwei Standorten – auf La Palma auf der Nordhalbkugel und in Chile auf der Südhalbkugel – insgesamt über 100 Teleskope umfassen. Dabei werden drei unterschiedliche Teleskoptypen für drei verschiedene Energiebereiche zum Einsatz kommen: Kleinere Teleskope mit einem Spiegeldurchmesser von vier Metern werden die besonders energiereiche Gammastrahlung oberhalb von zehn Teraelektronvolt (1 Teraelektronvolt = 10^{12} Elektronvolt) abdecken, die aus unserer Galaxis stammt. Die größten Teleskope mit einem Spiegeldurchmesser von 23 Metern sind für den Energiebereich von einigen zehn bis hundert Gigaelektronvolt ausgelegt. Diese Gammastrahlung stammt aus dem fernen Kosmos und löst nur schwache Tscherenkow-Lichtblitze aus. Die Teleskope der Mittelklasse mit Zwölf-Meter-Spiegeln decken den Bereich zwischen 100 Gigaelektronvolt bis ein Teraelektronvolt ab und sollen vor allem für kurzfristige Himmelsdurchmusterungen genutzt werden. Die ersten dieser Teleskope sind bereits auf La Palma in Betrieb.

zen sich allerdings nur aus wenigen Beobachtungseinheiten zusammen, die zudem recht nahe beieinanderstehen. Ein neues Tscherenkow-Observatorium, das Cherenkov Telescope Array, soll solche Positionsmessungen hingegen sehr genau durchführen können.

NEUTRINO-ASTRONOMIE

Eine weitere Möglichkeit, Quellen kosmischer Strahlung dingfest zu machen, bieten Neutrinos. Sie entstehen ebenfalls bei vielen der energiereichen Prozesse, bei denen Protonen und Elektronen auf enorm hohe Geschwindigkeiten beschleunigt werden. Diese nahezu masselosen Teilchen besitzen keine elektrische Ladung und werden daher auch nicht in kosmischen Magnetfeldern abgelenkt. Sie erreichen die Erde also auf direktem Weg, lassen sich jedoch auch nur schwer einfangen. Mit speziellen Neutrinodetektoren wie dem IceCube-Experiment, tief eingelassen ins antarktische Eis, gelingt dies mittlerweile.
IceCube registriert täglich rund 200 Neutrinos. Die meisten von ihnen haben eine verhältnismäßig geringe Energie und erreichen uns aus dem Inneren der Sonne oder entstehen, wenn kosmische Strahlung auf die Erdatmosphäre trifft. Doch die Neutrinos aus den Tiefen des Alls, nach denen IceCube eigentlich sucht, sind mit Energien von einigen hundert Teraelektronvolt wesentlich energiereicher, aber auch sehr viel seltener. Kaum ein Dutzend solcher Teilchen hat IceCube bisher registriert.
Um den Ursprung dieser kosmischen Neutrinos ausfindig zu machen, suchen die Forscher nach energiereichen Ereignissen oder Objekten im Universum, die etwa zeitgleich mit Eintreffen der Neutrinos besonders stark aufleuchten. Registriert IceCube ein solches Neutrino, schickt ein spezielles Alarmsystem eine Meldung mit den extrapolierten Himmelskoordinaten, aus denen das Neutrino zu kommen scheint, an ein weltweites Netzwerk von Observatorien. Dies geschah erstmals im Herbst 2017, als IceCube auf ein Neutrino der Nummer IceCube-170922A bei einer Energie von 290 Teraelektronvolt anschlug. Folgebeobachtungen, unter anderem mit dem Gamma-Satelliten Fermi und

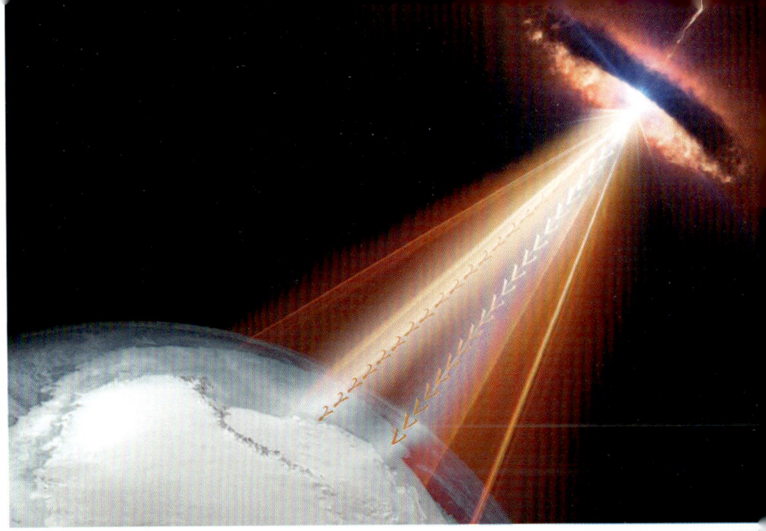

Das IceCube-Experiment am Südpol hält nach hochenergetischen Neutrinos etwa von Blazaren Ausschau.

den MAGIC-Teleskopen auf La Palma, zeigten, dass der Blazar namens TXS 0506+056 an der fraglichen Position zu dieser Zeit besonders hell im Gammalicht strahlte. Eine ganze Reihe weiterer Observatorien bestätigten seine Aktivität im optischen, Radio- und Röntgenbereich. Später fanden die Forscher in archivierten Daten, dass IceCube bereits 2014 und 2015 einige weitere hochenergetische Neutrinos aus Richtung dieses Blazars empfangen hatte. Damals war allerdings das Alarmsystem noch nicht aktiviert. So ließ sich erstmals eine mögliche Quelle von kosmischen Neutrinos identifizieren.

ICECUBE

Seit 2010 ist das Experiment IceCube in der Antarktis auf der Suche nach kosmischen Neutrinos. In einem Volumen von einem Kubikkilometer registrieren dort 5160 ins Eis eingelassene Sensoren die Spuren, die Neutrinos hinterlassen, wenn sie mit Materie wechselwirken. Wenn Neutrinos mit Atomen im Eis zusammenstoßen, entstehen sogenannte Myonen – geladene Teilchen, ähnlich den Elektronen, nur massereicher. Weil sich Myonen im Eis schneller bewegen als Licht in diesem Medium, senden sie bläuliche Lichtblitze, sogenannte Tscherenkow-Blitze, aus, die IceCube registriert. Aus Form und Richtung der Lichtblitze können Astrophysiker auf die Herkunftsrichtung des Ursprungsneutrinos schließen.

DAS STANDARDMODELL DER TEILCHENPHYSIK

Die Atomisten der Antike gingen davon aus, dass die Materie aus winzigen, unteilbaren Elementarteilchen – „Atomos" – zusammengesetzt sei. Zwar sind Atome, als die wir heute die Einheiten der chemischen Elemente bezeichnen, durchaus teilbar, doch deren Kernbausteine setzen sich aus den wohl tatsächlich unteilbaren Quarks zusammen.

Die uns bekannte Materie setzt sich aus einer begrenzten Anzahl von Elementarteilchen zusammen. Zwischen ihnen wirken die drei Grundkräfte: die starke, schwache und elektromagnetische Wechselwirkung. Sie sprechen auf spezifische Eigenschaften der verschiedenen Teilchentypen an und werden durch Austausch- oder Mittlerteilchen, sogenannte Eichbosonen, übertragen. Die zwölf Elementarteilchen werden in zwei Klassen aus jeweils drei Teilchengenerationen unterteilt: Sechs Quarks, die sich stets im Verbund zusammenschließen, sowie sechs Leptonen als „leichte Teilchen". Die Quarks sind die elementaren Bausteine von Protonen und Neutronen, den Nukleonen der Atomkerne. Die gängigsten Vertreter der Leptonen sind das Elektron und sein elektrisch neutrales, fast masseloses Partnerteilchen, das Neutrino.

Die sechs Quarks-Typen unterscheiden sich durch eine als Flavour bezeichnete Eigenschaft in Up, Down, Charm, Strange, Top, Bottom und besitzen jeweils eine drittelzahlige elektrische Ladung von entweder –1/3 oder +2/3 der Elementarladung. Darüber hinaus zeichnen sich die Quarks durch eine für sie spezifische Eigenschaft aus: die sogenannte Farbladung. Ähnlich wie die elektrische Ladung die Ladung der elektromagnetischen Kraft ist, so ist die Farbladung die „Ladung" der starken Kraft. Sie kann die Werte „rot", „grün" und „blau" annehmen; eine Kombination aller drei Farben ergibt „weiß" (bzw. „farblos"), ebenso wie die Kombination von Farbe und Anti-Farbe (Quantenchromodynamik). Zu höheren Teilchen wie den Hadronen mit jeweils drei Quarks, zu denen auch Protonen und Neutronen zählen, oder den Mesonen mit jeweils zwei Quarks finden sich diese Elementarteilchen stets derart zusammen, dass das neue Teilchen nach außen hin farbneutral ist und zudem eine ganzzahlige Elementarladung ausweist. So kann etwa ein Proton aus einem blauen und einem roten Up-Quark mit je +2/3 der Elementarladung und einem grünen Down-Quark mit –1/3 der Elementarladung bestehen, was ein farbloses Teilchen mit einer Elementarladung ergibt.

Die starke Kraft, die durch die Gluonen (aus dem Englischen: „Klebeteilchen") übermittelt wird und auf die Farbladung anspricht, hält die Quarks zusammen. Sie hat zwar unter allen elementaren Wechselwirkungen die kürzeste Reichweite,

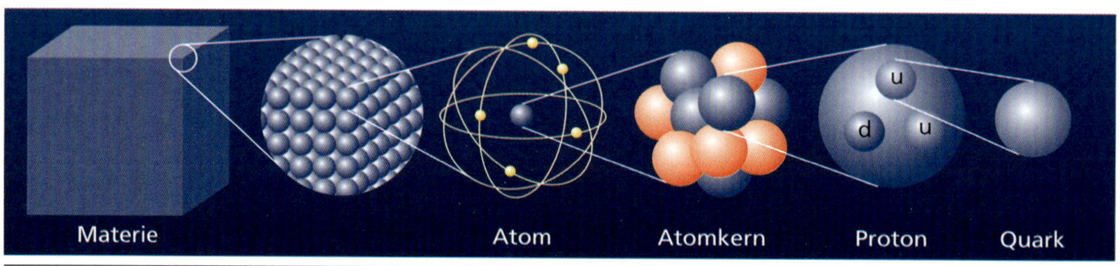

Unsere Materie lässt sich in immer kleinere Bausteine auseinandernehmen, bis hin zu den Quarks. Diese Teilchen sind die elementarsten Materieeinheiten.

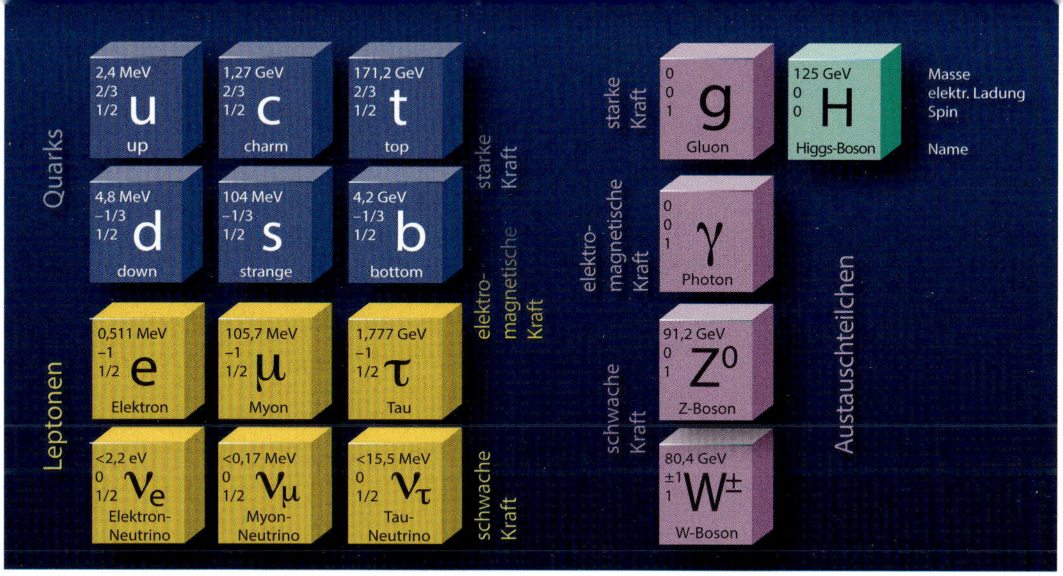

Das Standardmodell der Teilchenphysik umfasst sechs Quarks, sechs Leptonen, die Mittlerteilchen der drei Grundkräfte außer der Gravitation sowie das Higgsteilchen.

nimmt jedoch innerhalb ihres Wirkungsbereichs zu, je weiter sich die Quarks voneinander entfernen. Auch deshalb kommen Quarks niemals einzeln vor. Die über die Ausdehnung eines Hadrons hinausreichende Restwechselwirkung der starken Kraft hält als Kernkraft mehrere Nukleonen zu einem Atomkern zusammen (Baryonen).

Auch unter den Leptonen gibt es insgesamt sechs Flavours: drei mit negativer ganzzahliger elektrischer Ladung und Masse behaftete Teilchen – das Elektron, das Myon und das Tauon – sowie drei ladungsfreie und nahezu masselose Teilchen, die Elektron-, Myon- und Tau-Neutrinos. Zwischen allen Leptonen wirkt die schwache Kraft, deren Austauschteilchen – die W- und Z-Bosonen – als einzige dieser Teilchensorte Masse besitzen. Sie bewirkt beispielsweise den Betazerfall von Atomkernen. Zwischen elektrisch geladenen Teilchen wirkt die elektromagnetische Kraft, deren Mittlerteilchen die Photonen sind.

Wie Teilchen zerfallen, erzeugt werden oder sich ineinander umwandeln können, läuft nach so genannten Erhaltungssätzen ab, die im Standardmodell der Teilchenphysik als Grundregeln festgelegt sind. So bleibt etwa die Bilanz von elektrischer Ladung, Spin (Quantendrehimpuls) oder Farbe der Quarks in einem Teilchensystem stets gleich. Wenn zum Beispiel ein Proton in ein Neutron zerfällt (Betazerfall), entsteht ein positiv geladenes Positron sowie ein Elektron-Neutrino. Ebenso wie Elektron und Positron besitzt jedes Elementarteilchen ein Antiteilchen. Diese Teilchenpaare gleichen sich in sämtlichen Teilcheneigenschaften mit Ausnahme der elektrischen Ladung, die jeweils gegenpolig ist. Allein die elektrisch neutralen Neutrinos sind ihre eigenen Antiteilchen. Trifft ein Teilchen auf sein Antiteilchen, vernichten sich beide in einem Energieblitz aus Gammastrahlung – man spricht von Annihilation. Das geschieht beispielsweise, wenn geladene Teilchen in kosmischen Magnetfeldern auf höchste Energien beschleunigt werden oder wenn hochenergetische kosmische Strahlung auf die Erdatmosphäre trifft. Dabei entsteht eine Vielzahl exotischer Teilchen, darunter auch Antimaterie, die rasch wieder zerfallen. Im jungen Universum sollen Materie und Antimaterie zu gleichen Teilchen existiert haben. Ob oder warum es vielleicht doch einen minimalen Überschuss an Materie gab oder es doch minimale Unterschiede zwischen Materie und Antimaterie gibt, die dazu führten, dass letztlich die Materie im Universum die Oberhand gewann, ist nach wie vor ungeklärt.

Ihre Massen erhalten Elementarteilchen nach heutigem Verständnis über die Wechselwirkung mit dem überall präsenten Higgs-Feld, benannt nach einem der Erfinder dieses Mechanismus, dem schottischen Physiker Peter Higgs. 2012 wurde das zugehörige Austauschteilchen, das Higgs-Boson, in zwei voneinander unabhängigen Experimenten am Large Hadron Collider (LHC) am CERN nachgewiesen. Für die Bestätigung ihrer Vorhersage erhielten Peter Higgs und François Englert im Jahr 2013 den Nobelpreis für Physik.

Galaxiencluster Abell 2218 als Gravitationslinse

Starburst-Galaxie M 82

Blaue Spiralgalaxie vor dem Galaxiencluster SDSS J0333+0651

Kaltes Gas im Magnetfeld der Spiralgalaxie NGC 1275

Kosmisches Feuerwerk: Die Balkenspirale NGC 4258 (M 106) in Falschfarben; blau: Röntgenstrahlung; gelb: sichtbares Licht; pink: Radiostrahlung; rot: Infrarot.

Wellenschlag in der Spiralgalaxie ESO 510-G13

Kosmische Kollision: das Galaxienpaar Arp 256

Die aktive Galaxie Cantaurus A, sichtbares und Röntgenlicht (blau) kombiniert.

Balkenspiralgalaxie NGC 1015 mit Ring

Gefiederte Spirale NGC 2275

Ringgalaxie AM 0644-71Li1, Lindsay-Shapley-Ring

VOM URKNALL BIS HEUTE

UNIVERSUM UND KOSMOLOGIE

Ein neugieriger Blick über den Horizont kann Weltbilder zum Einstürzen bringen. In der griechischen Hochkultur der Antike bestach die Erkenntnis, dass die Erde keine Scheibe, sondern eine Kugel ist.

Diese Vorstellung hielt Einzug in das Weltbild, das der griechische Mathematiker, Astronom und Philosoph Claudius Ptolemäus im zweiten Jahrhundert unserer Zeit entwickelte: Darin befand sich die Erde im Mittelpunkt, um den sich Sonne, Mond und Gestirne bewegten. Dieses geozentrische Weltbild brachte Kopernikus 1543 zu Fall. Er verstieß die Erde von ihrer zentralen Vormachtstellung und rückte die Sonne in das Zentrum, um das die Planeten – darunter auch die Erde – kreisten. In Mittelalter und Neuzeit gingen die Menschen in dem Glauben schlafen, es würde nachts dunkel, da die Sonne abends unterginge, bis sie am nächsten Morgen wieder an der Himmelssphäre auftauchte. Nach der damaligen Vorstellung waren unser Tagesgestirn, der Mond und die Planeten an Sphären befestigt, die sich um die Erde als Mittelpunkt drehten. Diese kosmische Ordnung war begrenzt durch die äußere Hülle, an der die Fixsterne prangten. Auch als die Sonne mit dem Kopernikanischen Weltbild schließlich ins Zentrum rückte und der Übergang vom geozentrischen zum heliozentrischen Weltbild die Vorstellungen des Kosmos revolutionierte, blieb das Universum an sich noch weitgehend in seinen alten Fugen.
Weitaus stärker erschüttert wurde diese kosmische Ordnung gegen Ende der Renaissance, als der englische Astronom Thomas Digges im Jahr 1576 die Vorstellung eines unendlichen, randlosen Universums aufbrachte. Diese Idee war zwar nicht völlig neu; sie kursierte bereits in der Antike. Doch Digges machte ein solches Weltbild nun für den wissenschaftlichen Diskurs hoffähig. Dennoch war der Gedanke, das Universum könnte

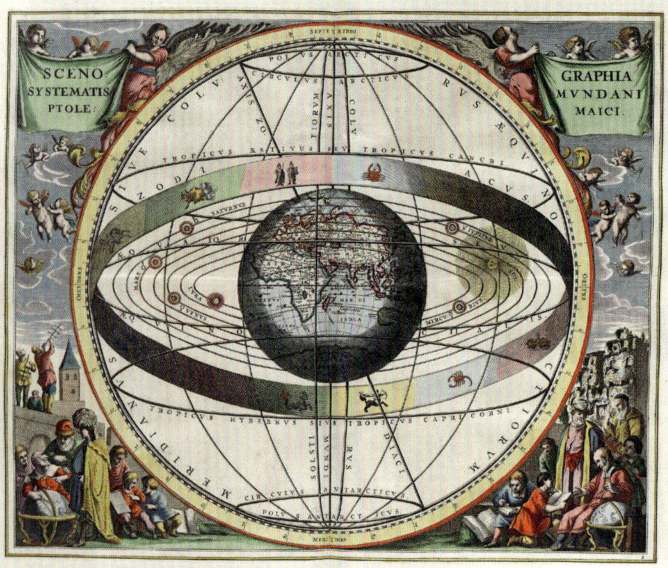

Nach dem Ptolemäischen Weltbild befand sich die Erde im Mittelpunkt des Kosmos.

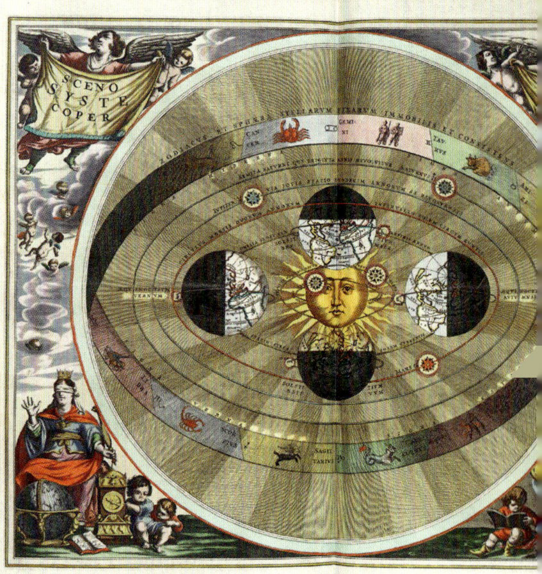

Mit dem heliozentrischen Weltbild von Kopernikus wurde der Erde nur ein Nebenschauplatz im Kosmos eingeräumt.

unendlich sein, selbst für nüchterne Forschergeister wie Johannes Kepler beängstigend. Wenn das tatsächlich die neue Wirklichkeit sein sollte: Wie ließe sich beweisen, ob das Universum nun begrenzt oder doch unendlich war? Lieferte der Kosmos nicht vielleicht selbst Indizien dafür, ob er so oder so beschaffen war?
Angenommen, das Universum wäre tatsächlich unendlich groß und in allen Richtungen gleichmäßig mit Sternen angefüllt. Als Erdbewohner sähen wir uns dann in einer Situation vergleichbar mit der eines Wanderers, der sich in einem großen Wald verirrt hat: Bäume in alle Richtungen so weit das Auge reicht, keine Baumgrenze und auch auf weite Sicht kein Durchblick zwischen den Bäumen, der Orientierung böte. Übertragen auf das Universum hieße das, dass wir in allen Richtungen Sterne sehen müssten beziehungsweise uns von überall das Licht von Sternen erreichen wurde. Folglich ware es nachts also hell und nicht dunkel. Weil das aber nicht so ist, war für Johannes Kepler die beruhigende Schlussfolgerung, dass das Universum nicht unendlich sein könne. Konnten die Menschen seinerzeit also doch beruhigt schlafen gehen und sich in einem endlichen Universum geborgen wissen?
Viele Gelehrte wollten sich mit dieser Sichtweise nicht abfinden. Spätestens als sich die Vorstellung eines (statischen) unendlichen Universums im 17. Jahrhundert durch Sir Isaac Newton etablierte, mussten Argumente dafür gefunden werden, die das Universum dunkel erscheinen ließen, obwohl es keine Grenzen besaß. Edmond Halley versuchte diesem Widerspruch beizukommen, indem er argumentierte, dass Sterne ab sehr großer Entfernung unsichtbar würden. Ein Argument, das schlichtweg falsch war.
Etwas später führten einige andere Forscher, darunter der schweizer Astronom Jean-Philippe Loys de Chéseaux in der ersten Hälfte des 18. Jahrhunderts sowie rund 80 Jahre später sein deutscher Kollege Heinrich Olbers, an, dass das Sternenlicht durch ein Medium verschluckt werden könne, das sich im Raum zwischen den Sternen befindet. John Herschel, Sohn des berühmten Wilhelm Herschel, wandte 1848 jedoch ein, dass dies nicht funktionieren könne: Nach einer gewissen Zeit würde diese Materie die aufgenommene Energie wieder abstrahlen und so den Nachthimmel zum Leuchten bringen, so sein Argument. Später wurde die Diskussion um diesen widersprüchlichen Sachverhalt des dunklen Nachthimmels in einem unendlichen, gleichförmigen Universum Olbers zugeschrieben, obwohl sie schon sehr viel weiter zurückreicht. Daher ist sie weithin als das Olberssche Paradoxon bekannt. Der Haken an der Debatte war jedoch ein ganz anderer, wie wir heute wissen. Zum einen ist die Lichtgeschwindigkeit endlich. Daher blicken wir stets in die Vergangenheit, und zwar umso weiter, je entfernter die Regionen sind, die wir sehen. Zum anderen ist die Lebensdauer der Sterne begrenzt. In einem unendlichen, aber auch entsprechend großen Universum kann uns gar nicht das Licht aller jemals existierenden Sterne gleichzeitig erreichen, da ihre Leuchtdauer kürzer ist als die Zeitspanne, die wir zurückschauen. Daher sehen wir stets nur eine begrenzte Anzahl an Sternen oder Galaxien. Und die reicht nicht aus, um das Universum nachts leuchten zu lassen. Das gilt unabhängig davon, ob das Universum statisch ist oder dem heutigen Modell entsprechend expandiert.
Mit der Erkenntnis aus den 1920er-Jahren, dass sich viele der beobachteten Galaxien zu bewegen und über große Entfernungen sogar auseinanderzustreben schienen, brach das damalige Weltbild noch auf

In einem unendlichen Universum, so glaubte man einst, müsste es durch das Licht unendlich vieler Sterne nachts hell sein.

andere Weise ein: Revolutionär war die Idee, dass das Universum alles andere als beständig sein könnte. Selbst Einstein sträubte sich zunächst gegen den Gedanken, dass das Universum nicht statisch – also unveränderlich – und ohne Anfang und Ende ewig existieren würde, sondern expandieren und somit auch einen Anfang gehabt haben sollte und vielleicht auch einmal wieder enden könnte.
Heute steht die Kosmologie vielleicht vor einer ähnlichen Revolution: Das für uns beobachtbare Universum besteht nur zu fünf Prozent aus gewöhnlicher Materie, den Rest machen Dunkle Materie und Dunkle Energie aus. Diese Größen lassen sich zwar mit dem theoretischen Handwerkszeug der Allgemeinen Relativitätstheorie problemlos beschreiben. Doch ihre physikalische Natur ist bisher keineswegs verstanden. Zumindest die Dunkle Materie lässt sich über die Wirkung der Gravitation erfassen. Die Bewegung von Sternen in Galaxien, von Galaxien in Galaxienclustern oder auch die Lichtablenkung an Galaxienclustern lässt sich nur damit erklären, dass zusätzlich zu der sichtbaren Materie im Universum noch eine andere Substanz existieren muss. Möglicherweise gibt es neben den uns bekannten Elementarteilchen, aus denen sich die gewöhnliche Materie zusammensetzt, noch weitere, durchaus massereiche Teilchen, die neben der Gravitation einer zusätzlichen, aber noch völlig unbekannten Grundkraft unterliegen. Ein noch größeres Rätsel ist die Dunkle Energie. Ihr wird zugesprochen, Ursache für die heute beobachtete beschleunigte Expansion des Universums zu sein. Die Natur dieser Kraft, die das Universum auseinandertreibt, liegt aber noch völlig im Verborgenen. Die anstehende Ära der Kosmologie dürfte also spannend werden.

Der Holzstich des französischen Astronomen und Autors Nicolas Camille Flammarion: Der neugierige Mensch durchstößt die Sphäre der Fixsterne und bringt ein Weltbild zum Einstürzen.

DIE ALLGEMEINE RELATIVITÄTSTHEORIE

Als Albert Einstein 1915 seine Allgemeine Relativitätstheorie (ART) vorstellte, revolutionierte er unser Verständnis von Raum, Zeit und Materie. Zuvor galten Raum und Zeit als voneinander unabhängig und unveränderlich.

Bereits in der Speziellen Relativitätstheorie fügte Einstein Raum und Zeit zu einer vierdimensionalen Raumzeit zusammen, indem er sie über die Endlichkeit der Lichtgeschwindigkeit miteinander verknüpfte. Nach dem neuen Konzept der ART wird die Raumzeit als dynamisches und verformbares Gefüge zum Schauplatz der Gravitation. Die Schwerkraft wirkt nun nicht mehr schlicht zwischen zwei Massen – wie etwa Erde und Mond –, die sich durch einen starren, flachen Raum bewegen, der sich mit der klassischen Euklidschen Geometrie beschreiben ließe. Vielmehr krümmt eine Masse wie die Sonne den Raum – genauer gesagt die Raumzeit – in ihrer Umgebung. Eine andere Masse, etwa ein Planet, folgt dieser Raumkrümmung dann in seiner Bewegung und krümmt den Raum zusätzlich auch selbst. Sogar Licht ist dazu verdammt, einer solchen Raumkrümmung zu folgen. Aus diesem Konzept folgt eine ganze Reihe astrophysikalischer Phänomene, die sich inzwischen mehrfach beobachten ließen und damit die Gültigkeit der Allgemeinen Relativitätstheorie untermauert haben.

PERIHELDREHUNG VON PLANETENBAHNEN

Umkreisen Planeten ihren zentralen Himmelskörper wie die Sonne auf einer Ellipse, dreht sich die Ellipsenbahn mit der Zeit ebenfalls um das Zentralgestirn. Das heißt, ihre räumliche Orientierung ändert sich derart, dass auch der Perihelpunkt – also der Bahnpunkt, an dem der Planet der Sonne am nächsten steht – seinerseits die Sonne umkreist. Diesen Effekt beschreibt auch die klassische Gravitationstheorie nach Newton; ab Mitte des 19. Jahrhunderts wurde er ausgiebig bei Merkur untersucht. Allerdings war das Ausmaß der beobachteten Periheldrehung von Merkur größer, als es nach Newtons Theorie zu erwarten gewesen wäre. Mit den Vorhersagen der

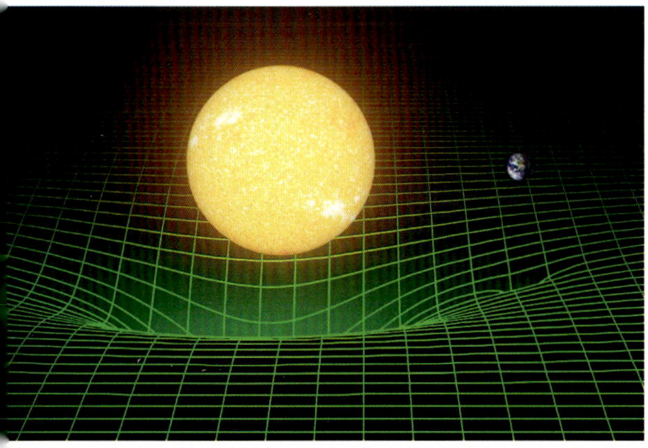

Nach der ART krümmen Massen durch die Gravitation die Raumzeit; im Gegenzug folgt Materie dieser Krümmung.

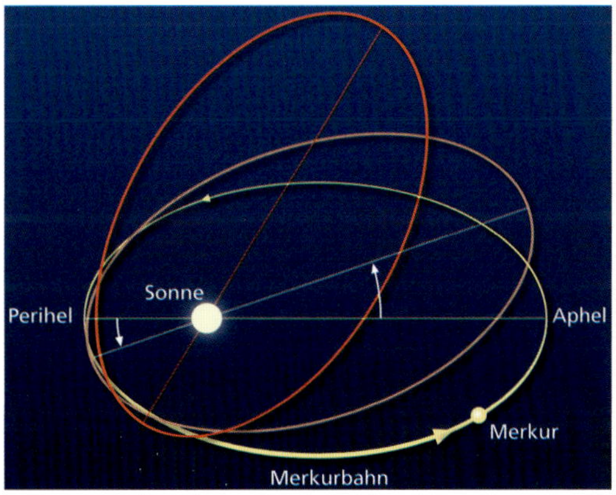

Die gemessene Periheldrehung der Merkurbahn ist stärker als nach Newton vorhergesagt und stimmt mit der ART überein.

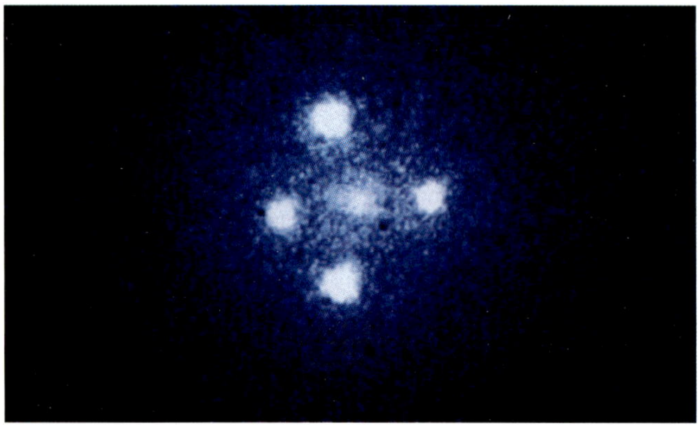

Das Einsteinkreuz entsteht als Abbild einer Galaxie bei einer speziellen räumlichen Verteilung der in der Sichtlinie als Gravitationslinse wirkenden Materie.

In seltenen Fällen erscheint das durch den Gravitationslinseneffekt hervorgerufene Abbild einer Hintergrundgalaxie als Einsteinring.

Allgemeinen Relativitätstheorie stimmen die Messungen für diesen Effekt jedoch gut überein.

GRAVITATIONSLINSEN

Auch Licht folgt der Krümmung der Raumzeit. So können Massen, die sich in der Sichtlinie des Beobachters befinden, auf dahinter liegende Lichtquellen als Gravitationslinsen wirken. Befindet sich etwa zwischen der Beobachterin und einem weit entfernten Quasar ein massereicher Galaxiencluster, krümmt dieser die Raumzeit in seiner Umgebung und fungiert für das Licht des Quasars als Gravitationslinse. Dadurch erscheint das Abbild des Quasars verzerrt oder gar mehrfach. In besonderen Fällen entsteht als Abbild eines Quasars oder einer Galaxie ein kreuzartig angeordnetes Vierfachbild, das Einsteinkreuz, oder ein Ring, der sogenannte Einsteinring. Zudem wird ein Teil des Quasarlichts umgelenkt und für die Astronomin sichtbar, der – wäre der Raum nicht gekrümmt oder Gravitation für Licht wirkungslos – eigentlich am Galaxiencluster vorbeilaufen und gar nicht in die Sichtlinie der Beobachterin geraten würde. So wird das Abbild des Quasars zusätzlich verstärkt. Dieses Phänomen lässt sich übrigens mit einer optischen Linse in Form eines Weinglasfußes anschaulich nachempfinden. Der erste Nachweis dieses Effekts gelang Sir Arthur Eddington bei einer Sonnenfinsternis im Jahr 1919: Neben der verdunkelten Sonne erschienen Sterne, deren tatsächliche Position um einen geringen Betrag vom bekannten Wert abwich.

GRAVITATIONSWELLEN

Wenn Massen den Raum beschleunigt durchqueren, erzeugen sie Schwingungen in der Raumzeit, die sich mit Lichtgeschwindigkeit fortbewegen. Auf ihrer Reise durch das Universum dehnen und stauchen diese Gravitationswellen den Raum senkrecht zu ihrer Ausbreitungsrichtung; ihre Wechselwirkung mit Materie ist jedoch extrem gering. Außerdem nimmt die Intensität der Gravitationswellen mit zunehmender Entfernung von der Quelle ab. Daher glaubte Einstein selbst nicht daran, dass sich Gravitationswellen jemals würden messen lassen. Genau 100 Jahre nach seiner Vorhersage der Gravitationswellen konnten Forscher der LIGO-Kollaboration diese Schwingungen der Raumzeit schließlich erstmals direkt nachweisen (vgl. „Die LIGO-Kollaboration", S. 114).

GRAVITATIONSROTVERSCHIEBUNG

Wenn Licht ein Schwerefeld verlässt, verliert es Energie. Dadurch ändert sich seine Frequenz zu niedrigeren, energieärmeren Frequenzen beziehungsweise größeren Wellenlängen hin. Insbesondere Licht, das von sehr massereichen, kompakten Objekten ausgesandt wird, erscheint daher ins Rote verschoben. Dieser Effekt der Gravitationsrotverschiebung zeigt sich etwa bei Licht von Quasaren oder aus der Umgebung Schwarzer Löcher wie dem Zentrum der Milchstraße (vgl. „Das Zentrum der Milchstraße", S. 135). Er lässt sich aber auch im Gravitationsfeld der Erde nachweisen.

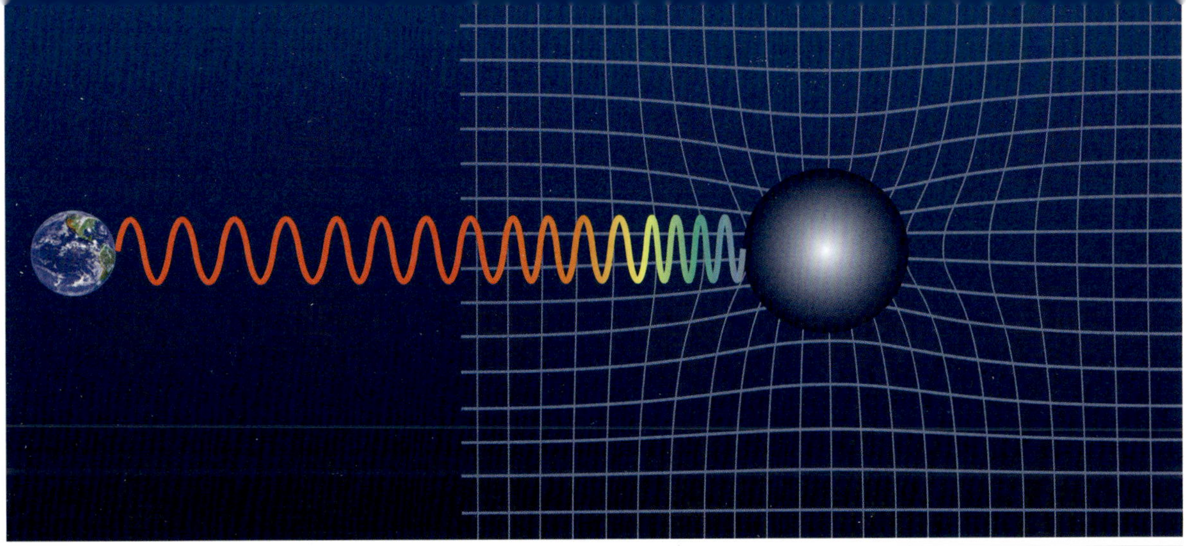

Gravitationsrotverschiebung: Nach der ART erscheint Licht, das ein Schwerefeld verlassen hat, einer außenstehenden Beobachterin oder einem Beobachter rotverschoben.

SCHWARZE LÖCHER

Ein Spezialfall der Allgemeinen Relativitätstheorie ergibt sich, wenn Materie in einen Punkt zusammengedrängt ist: Hier wird die Schwerkraft unendlich groß. Im mathematischen Sinne handelt es sich dabei um eine Singularität – die daraus resultierenden astrophysikalischen Objekte sind Schwarze Löcher. Physikalisch bedeutsam ist ihr Ereignishorizont, der die Singularität nach außen abschirmt. Sein Radius, der Schwarzschildradius, sowie seine Oberfläche hängen von der Masse des Schwarzen Lochs ab. Eigentlich kann weder Materie noch Strahlung, die einmal hinter dem Ereignishorizont verschwunden ist, das Schwarze Loch wieder verlassen.
Laut Quantentheorie entstehen im Vakuum ständig virtuelle Teilchenpaare aus Materie und Antimaterie, die sich sofort wieder gegenseitig vernichten. Geschieht dies am Ereignishorizont, kann zufällig die eine (zum Beispiel antimaterielle) Komponente des Teilchenpaars ins Schwarze Loch geraten und die andere entkommen, bevor sich beide auslöschen. So können Schwarze Löcher dennoch Strahlung abgeben: die sogenannte Hawking-Strahlung.

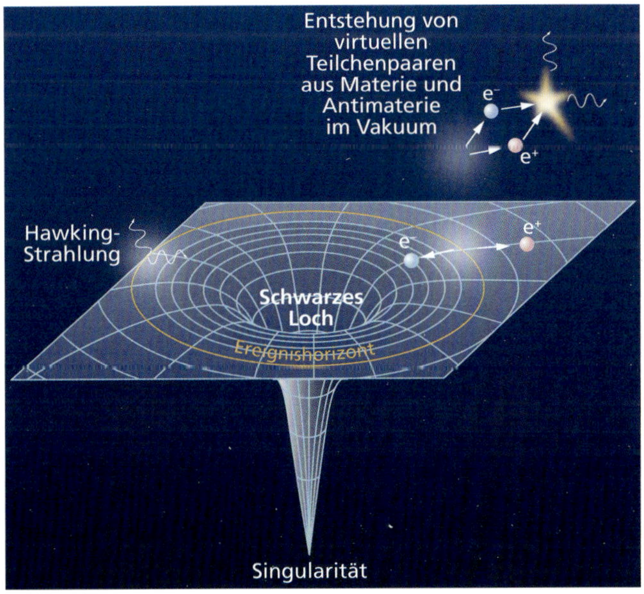

Schwarze Löcher sind ein Spezialfall der ART, die als exotische, aber dennoch physikalische Objekte tatsächlich existieren.

DAS KOSMOLOGISCHE MODELL

Indem Einsteins Theorie der Gravitation das Zusammenspiel zwischen Raumzeit, Materie und Energie in seiner Gesamtheit beschreibt, liefert sie zugleich das Grundgerüst für ein umfassendes Modell des Kosmos. Albert Einstein ging zunächst davon aus, dass das Universum statisch sei, also nicht expandiere. Doch ein solches, von Materie befülltes Universum müsse unter seiner Gravitation in sich zusammenstürzen, schlussfolgerte er. Verhindern ließe sich das durch eine zusätzliche Kraft, die der Gravitation entgegenwirke und die Materie auseinandertreibe. So ergänzte Einstein seine Gleichungen um die sogenannte kosmologische Konstante, die diese „Antigravitation" repräsentierte.

Albert Einstein stellte im November 1915 seine Allgemeine Relativitätstheorie der Öffentlichkeit vor.

Der belgische Priester und Astronom George Lemaître erkannte, dass das Universum expandiert.

Auch Alexander Friedmann fand eine Lösung der ART für ein expandierendes Universum.

Unterdessen erkannten der russische Mathematiker Alexander Friedmann 1922 und der belgische Priester und Kosmologe George Lemaître 1927 unabhängig voneinander, dass die Einsteinschen Gleichungen auch Lösungen für ein sich ausdehnendes, von Materie befülltes Universum boten, das ohne eine zusätzliche abstoßende Komponente auskommt. Dieses Modell machte eine kosmologische Konstante, die das Universum vor dem Gravitationskollaps bewahren sollte, zunächst überflüssig – und konnte schließlich auch Einstein überzeugen.

Das Modell von Friedmann und Lemaître beschreibt unter anderem, mit welcher Rate das Universum in Abhängigkeit von seinem Materie- und Energiegehalt expandiert. Dabei ist die Expansionsrate an sich zeitlich veränderlich; für einen bestimmen Zeitpunkt, also beispielsweise im heutigen Universum, erscheint sie jedoch als Konstante: Die Hubble-Konstante. Aus dem Konzept des expandierenden Kosmos leitete Lemaître her, dass sich Galaxien umso schneller von uns fortbewegen müssten, je weiter sie entfernt sind. Wenig später folgerte er zudem, dass ein expandierendes Universum und mit ihm auch der Raum aus einem Punkt hervorgegangen sein müsse. Denn im Umkehrschluss gibt die Expansionsrate das Alter des Universums an.

Doch erst 1948 arbeiteten die Astrophysiker Ralph Alpher, George Gamow, Hans Bethe und Robert Hermann ein Modell zu einem dichten, heißen Anfangszustand des Universums aus, in dem sie auch die Entstehung von Helium während der primordialen Nukleosynthese vorhersagten. Den Begriff „Urknall“ beziehungsweise „Big Bang“ etablierte schließlich Fred Hoyle Ende der 1940er-Jahre, obwohl er selbst ein großer Zweifler dieser Entstehungstheorie des Kosmos war.

Nach dem heutigen kosmologischen Modell begann das Universum mit dem Urknall. Es enthält nur einen geringen Anteil an sichtbarer, jedoch wesentlich mehr Dunkle Materie, und eine nicht näher bekannte Dunkle Energie lässt es zudem beschleunigt expandieren. Beschrieben wird diese zusätzliche Energie in den Gleichungen der ART durch die wiedereingeführte kosmologische Konstante. – So hat sich Einsteins Idee also doch bewährt.

KOSMISCHE ENTFERNUNGEN UND DIE EXPANSION DES ALLS

Entfernungsmessung und der Blick in die Vergangenheit sind im Universum eng miteinander verknüpft. Da die Lichtgeschwindigkeit endlich ist, sehen wir umso tiefer in die Vergangenheit, je weiter wir in die Ferne blicken. Doch nicht immer ist dieser Zusammenhang zwischen Entfernung und Vergangenheit so unmittelbar, wie er scheint. Da das Universum expandiert, können wir uns nur in unserer näheren kosmischen Umgebung darauf verlassen.

Als der amerikanische Astronom Vesto Slipher ab 1912 am Lowell Observatory die Spektren von „Nebelchen" untersuchte, bemerkte er, dass das Licht vieler Spiralnebel ins Rote verschoben war und sie sich offenbar von uns fortbewegten. Noch war allerdings nicht klar, ob es sich bei diesen Nebelchen um Objekte innerhalb der Milchstraße handelte oder um eigenständige Welteninseln außerhalb. Auffällig war jedoch, dass sie sich deutlich schneller als die Sterne in der Milchstraße bewegten. Gewissheit über ihre extragalaktische Natur brachte schließlich Sliphers Kollege Edwin Hubble, der die Entfernungen der rotverschobenen Spiralnebel anhand der Helligkeiten von Cepheiden-Sternen und Novae vermaß (vgl. „Cepheiden", S. 98). Seinem Instinkt folgend trug Hubble die aus der Rotverschiebung berechneten Fluchtgeschwindigkeiten und Entfernungen in einem Diagramm gegeneinander auf, das er 1929 veröffentlichte. Die meisten der Galaxien schienen sich umso schneller von uns fortzubewegen, je weiter sie entfernt waren. Über die Ursache für diesen Zusammenhang war Hubble sich damals jedoch nicht im Klaren.
In der Erkenntnis darüber zuvorgekommen war ihm bereits Georges Lemaître, der 1927 bei seinen theoretischen Überlegungen zu einem expandierenden Universum unabhängig von Hubble ebenfalls auf eine solche Beziehung gestoßen war. Gleichwohl wusste Lemaître um die fernen rotverschobenen Galaxien. So gelang ihm auch der Brückenschlag zwischen Theorie und Beobachtung: „Wir haben eine Lösung dergestalt gefunden, dass ... die Fluchtgeschwindigkeiten der extragalaktischen Nebel ein kosmischer Effekt der Expansion des Universums sind." (Lemaître, 1927, (vgl. „Die Allgemeine Relativitätstheorie", S. 175)
Der Zusammenhang, dass die aus der Rotverschiebung ermittelte scheinbare Fluchtgeschwindigkeit der Galaxien proportional zu ihrer Entfernung ist, wird heute Hubble-Lemaître-Beziehung ge-

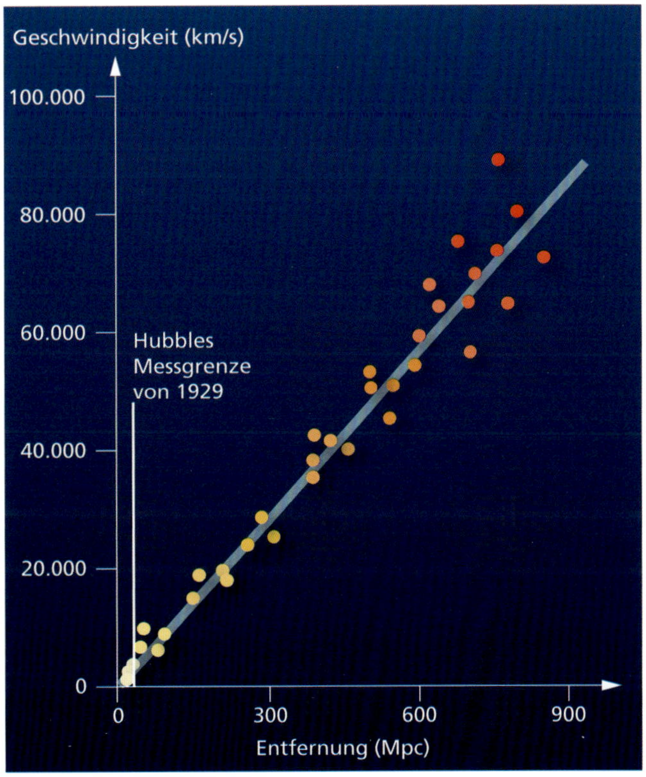

Das Hubble-Lemaître-Gesetz: Mit zunehmender Entfernung bewegen sich Galaxien scheinbar immer schneller von uns fort.

nannt. Die in dieser Relation enthaltene Konstante – die Hubble-Konstante – entspricht der Expansionsrate im heutigen Universum. Tatsächlich rührt die Bewegung der Galaxien nicht von einer Fluchtgeschwindigkeit im eigentlichen Sinne her. Sie kommt zu Stande, weil sich der Raum an sich ausdehnt und dabei die Galaxien mitnimmt. Die beobachtete Rotverschiebung entsteht nicht durch den klassischen Dopplereffekt, sondern weil die Lichtwellen ebenfalls durch die Expansion des Raums in die Länge gezogen werden. Daher sprechen Astronomen von der kosmologischen oder Expansionsrotverschiebung.

Indem sich das Universum ausdehnt, expandiert auch die Entfernungsskala, und das wirkt sich wiederum auf die Entfernungsmessung aus: In einem statischen, nicht expandierenden Kosmos ändert sich die Entfernung eines Objektes nicht, während sein Licht durch den Raum zu uns eilt. Dann ließen sich Lichtlaufzeit, Entfernung und Blick in die Vergangenheit direkt ineinander übersetzen. In einem sich ausdehnenden Universum hingegen ist der Abstand etwa zu einem Quasar ein anderer, wenn wir sein Licht empfangen, als zu dem Zeitpunkt, zu dem das Licht den Quasar verlassen hat. Hat ein Quasar sein Licht beispielsweise vor acht Milliarden Jahren ausgesandt, war es zwar ebendiese Zeit zu uns unterwegs und der Quasar befand sich damals auch in einer Entfernung von acht Milliarden Lichtjahren von unserem Standort; doch weil das Universum in der Zwischenzeit expandiert ist, ist der Quasar nun weiter entfernt.

Ebenso wirkt sich die Expansion auf das Ergebnis aus, wenn Astrophysiker eine Entfernung anhand der Leuchtkraft eines Objekts messen. Da sich das Raumvolumen und damit auch die Kugelfläche durch die Expansion vergrößert, in die eine Lichtquelle einer bestimmten Leuchtkraft hineinstrahlt, verkleinert sich die pro Flächeneinheit empfangene Energiedichte. Die Lichtquelle erscheint dunkler. Da die Entfernungsbestimmung in einem expandierenden Universum nicht mehr eindeutig ist, geben Kosmologen oft die Rotverschiebung anstatt der Entfernung an. Sie ist ein Maß dafür, wie groß das Universum zum Zeitpunkt war, als das Licht ausgesandt wurde. Daraus lassen sich dann die Entfernungen berechnen, sofern die Hubble-Konstante bekannt ist.

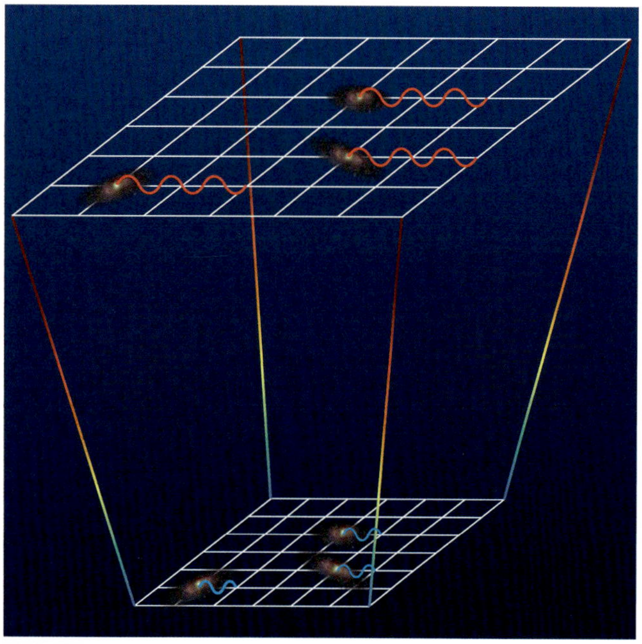

Aufgrund der Expansion erscheint das Licht von Galaxien in größerer Entfernung jeweils stärker rotverschoben.

DIE KOSMISCHE ENTFERNUNGSLEITER

Seit der Entdeckung, dass das Universum expandiert, bemühen sich Astrophysiker, die Hubble-Konstante – also die Expansionsrate – möglichst genau zu bestimmen. Dazu müssen sie die Rotverschiebung als Maß für die Expansionsgeschwindigkeit und die Entfernung von Galaxien über große Distanzen hinweg präzise messen. Über Entfernungen innerhalb der Lokalen Gruppe oder selbst des Virgo-Haufens beeinflussen sich die Galaxien vielmehr durch ihre gegenseitige Gravitation, als dass die Expansion sie merklich auseinandertreiben würde.

In dem Projekt „Cosmic Flows“ hat Brent Tully vom Institute for Astrophysics der University of Hawaii mit seinen Kollegen die Relativbewegungen von Galaxien und Galaxienclustern über kosmische Entfernungsskalen gemessen und unter anderem eine Bewegungskarte der Galaxien des Superhaufens Laniakea, dem auch unser Milch-

straßensystem angehört, erstellt. Demnach kommt die kosmische Expansion erst ab einer Distanz von mehr als 300 Millionen Lichtjahren merklich zum Tragen.
Umso erstaunlicher ist, dass Hubble und seine Mitstreiter vor fast 100 Jahren überhaupt auf die Hubble-Beziehung stießen. Denn sie konnten mit den ihnen damals verfügbaren Mitteln nicht über den Virgo-Haufen hinaus blicken und Galaxien jenseits von 54 Millionen Lichtjahren erfassen. Zudem waren die Messungen sehr ungenau. „Einen Studenten würde ich heute mit solchen Daten zurückschicken", sagt Bruno Leibundgut von der ESO, der an den Messungen zur Hubble-Konstante beteiligt ist. „Aber Hubble hatte das richtige Gespür."
Doch mit der Zeit verbesserten sich die Beobachtungsmöglichkeiten: Während der Wert der Hubble-Konstanten bis in die 1980-Jahre um einen Faktor zwei ungenau war, lässt sie sich mit heutigen Messmethoden auf wenige Prozent genau ermitteln. Dabei tasten sich die Astronomen mit verschiedenen Techniken zur Entfernungsmessung bis zu den dazu notwendigen großen Distanzen vor. Innerhalb des Milchstraßensystems vergleichen sie die Perioden-Leuchtkraft-Beziehung von Cepheiden mit der Parallaxenmethode. Die pulsationsveränderlichen Sterne dienen dann auch in anderen Galaxien bis zu Entfernungen von 60 Millionen Lichtjahren als Standardkerzen. Für noch größere Distanzen eignen sich Supernovae vom Typ Ia als Vergleichsobjekte. Sie leuchten so hell auf, dass sie über viele Milliarden Lichtjahre hinweg sichtbar sind. In dem Projekt SH0ES (Supernovae, H0 for the Dark Energy Equation of State) hat Adam Riess von der Johns Hopkins University in Baltimore gemeinsam mit Kollegen diese drei Methoden untereinander neu geeicht, um einen genaueren Wert der Hubble-Konstanten zu berechnen. Der so ermittelte Wert liegt bei 74,0 Kilometer pro Sekunde und Megaparsec und unterschiedet sich deutlich von dem Wert von 67,4 km s^{-1} Mpc^{-1}, der aus Beobachtun-

WIE GROSS IST DAS BEOBACHTBARE UNIVERSUM?

Das Universum begann vor 13,8 Milliarden Jahren; sichtbar wurde es 380.000 Jahre nach dem Urknall. So können wir nun bis in jene Gegenden sehen, aus denen Licht maximal 13,8 Milliarden Jahre zu uns unterwegs war. Wegen der Expansion ist dieser sichtbare Rand des Universums nun aber 46,6 Milliarden Lichtjahre entfernt. Das beobachtbare Universum durchmisst heute also etwa 93 Milliarden Lichtjahre.

In fernen Galaxien dienen Supernovae als Standardkerzen; in näher gelegenen wie NGC 2403 in elf Millionen Lichtjahren Entfernung lassen sie sich an anderen Messmethoden eichen.

gen des Planck-Satelliten ermittelt wurde (vgl. „Echo des Urknalls“, S. 186).
Um diesem Unterschied auf die Spur zu kommen, bestimmte ein Forscherteam um Kenneth Wong von der University of Tokyo und Sherry Suyu vom Max-Planck-Institut für Astrophysik die Hubble-Konstante noch einmal mit einer von den bisher verwendeten Vorgehensweisen unabhängigen Methode: Sie nutzten den Gravitationslinseneffekt bei Quasaren, die ihre Helligkeit in kurzer Abfolge änderten. Die Lichtlaufwege und damit auch die Lichtlaufzeiten für die verschiedenen Abbilder des Quasars sind unterschiedlich lang. Daher erscheinen Helligkeitsänderungen des Quasars in den Abbildern zeitlich versetzt. Die Differenz in den Ankunftszeiten der Lichtsignale hängt zum einen von der Materieverteilung in den als Gravitationslinse agierenden Galaxienhaufen ab, aber auch von kosmologischen Bedingungen wie der Hubble-Konstanten. Mit einem Wert von 73,3 Kilometer pro Sekunde und Megaparsec liegt das Ergebnis der Forscher recht nahe an jenem Wert, den auch die Gruppe um Adam Riess anhand ihrer Entfernungsmessungen mit der Supernova-Methode erhalten hat. Das Rätsel, warum dieser Unterschied zu den Ergebnissen der Planck-Messungen besteht, ist damit jedoch noch nicht gelöst.

BESCHLEUNIGTE EXPANSION

Die Hubble-Konstante gibt die Rate an, mit der das Universum heute expandiert. Doch eigentlich handelt es sich um einen zeitlich veränderlichen Parameter, der nur in der Momentaufnahme des Heute zu einer Konstanten wird. Um herauszufinden, ob das Universum früher anders expandierte als heute, haben Brian Schmidt von der Australian National University und Saul Perlmutter vom Lawrence Berkeley National Laboratory mit ihren Forschungsgruppen unabhängig voneinander die scheinbaren Helligkeiten von Supernovae des Typs Ia bei unterschiedlichen Rotverschiebungen untersucht. Sie fanden heraus, dass die Sternexplosionen bei größeren Rotverschiebungen schwächer erscheinen, als es für einen zeitlich unveränderlich expandierenden Kosmos zu erwarten wäre. Daraus folgerten sie, dass sich das Universum heute schneller ausdehnt als früher. Als Ursache wird die sogenannte Dunkle Energie diskutiert. Für die Entdeckung der beschleunigten Expansion erhielten Saul Perlmutter, Brian Schmidt und Adam Riess aus Schmidts Team 2011 den Nobelpreis für Physik.

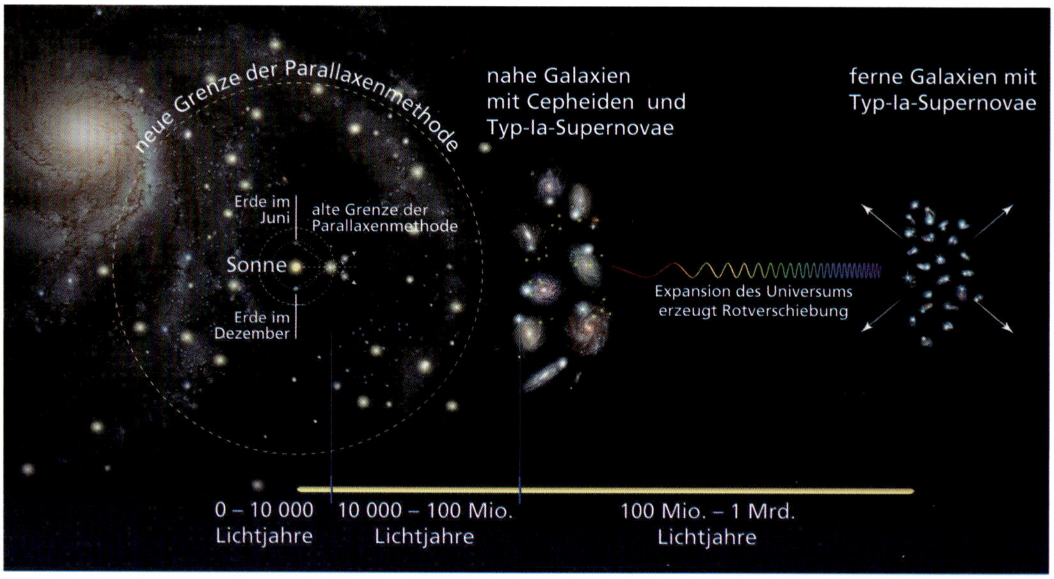

Für unterschiedliche Distanzen im All nutzen Astronomen verschiedene Methoden zur Entfernungsbestimmung. Sie ermöglichen es, Distanzen von Milliarden von Lichtjahren zu bestimmen.

DER URKNALL – WIE ALLES BEGANN

Dass unser Universum vor 13,8 Milliarden Jahren mit dem Urknall entstand, daran besteht heute kein Zweifel mehr. Obwohl wir kein direktes Abbild des Kosmos aus seinen frühesten Momenten haben, hat sich diese Vorstellung von seiner Entstehung in den vergangenen 75 Jahren etabliert. Viele der heutigen Beobachtungen des noch sehr jungen und sich weiter entwickelnden Universums stimmen hervorragend mit den Vorhersagen dieses kosmologischen Modells überein, auch wenn es noch einige Unstimmigkeiten gibt.

Aus dem Urknall gingen Raum und Zeit, Energie und Materie hervor, und ebenso die physikalischen Gesetze, die das Geschehen des Kosmos bis heute bestimmen. Physikalisch sinnvoll beschreiben lässt sich das Universum ab einer Zeit von 10^{-43} Sekunden, der sogenannten Planckzeit. Davor herrschte bei Temperaturen von über 10^{32} Kelvin eine so hohe Energiedichte, dass weder die Allgemeine Relativitätstheorie noch die Quantentheorie für sich genommen aussagekräftig sind. Versuche, die Relativitäts- und Quantentheorie zu einer Theorie der Quantengravitation zu verbinden, mit der sich dieser Zustand beschreiben lassen sollte, sind bisher gescheitert. Auch andere Ansätze wie die Quantenschleifengravitation oder die Stringtheorie, die Aussagen über den Moment des Urknalls und sogar die Zeit davor machen wollen, sind bei weitem noch nicht ausgereift.

Im Anschluss an die Planck-Ära befand sich das Universum in einem Zustand, in dem die Grundkräfte mit Ausnahme der Gravitation zu einer einzigen Wechselwirkung vereinigt waren. Erst

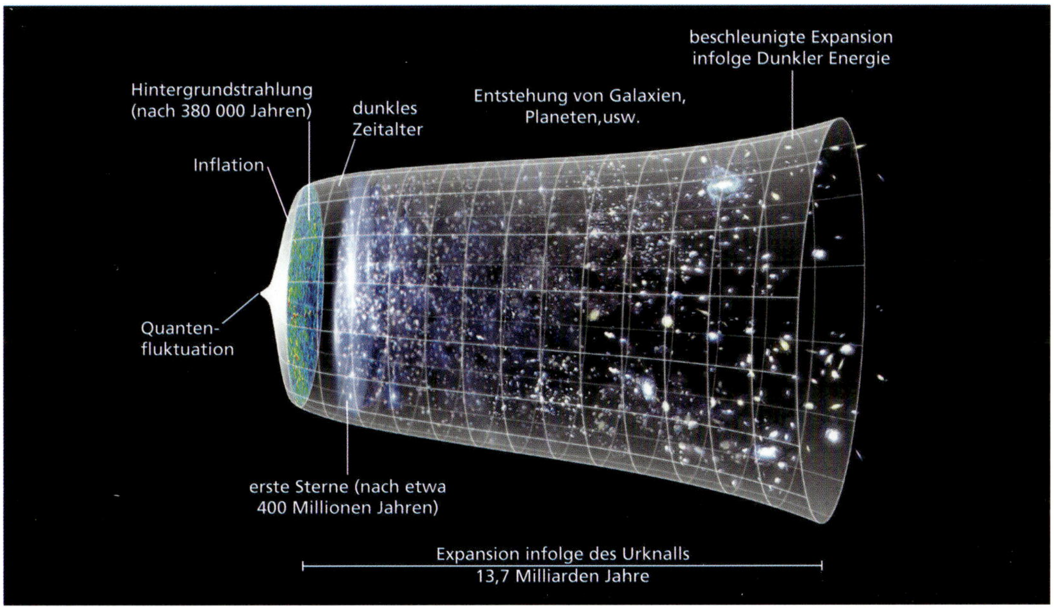

Die Entwicklung des Universums vom Urknall bis heute: Nach einer kurzen Phase der explosionsartigen Ausdehnung expandierte das Universum gemächlicher weiter; schließlich entstanden Sterne und Galaxien.

als sich das Universum explosionsartig – man sagt auch inflationär – ausdehnte und dabei rapide abkühlte, entfalteten die Grundkräfte nacheinander ihre uns heute bekannten Wirkungsweisen. Als erste sonderte sich die starke Kraft ab, wenig später spaltete sich die dabei zurückgebliebene elektroschwache Kraft in die schwache Kraft und die elektromagnetische Kraft auf.
Unterdessen kondensierten auch die Elementarteilchen – und ebenso deren Antiteilchen – aus. Als erstes bildeten sich die Quarks, die späteren Bausteine der Nukleonen. Noch war die Energiedichte bei Temperaturen oberhalb von 10^{12} Kelvin jedoch so hoch, dass die Quarks gemeinsam mit den Gluonen, den Austauschteilchen der zwischen ihnen wirksamen starken Kraft, einen Mischzustand eingingen, ein sogenanntes Quark-Gluon-Plasma.
Erst als das Universum nach etwa einer Sekunde auf 10^{10} Kelvin abkühlte, konnten sich die Quarks zu Hadronen, darunter auch Protonen und Neutronen, binden. In diesem Zustand bestand das Universum noch aus Materie und Antimaterie. Eigentlich sollten sich Materie und Antimaterie im Laufe der Zeit komplett vernichtet haben. Doch offensichtlich war das nicht der Fall, denn sonst würde das Universum, wie wir es heute kennen – und damit auch wir selbst – gar nicht existieren. Daher gehen Teilchenphysikerinnen und Kosmologen davon aus, dass es einen minimalen Überschuss an Materie gegeben haben muss, der über diese Phase hinaus bestehen und unser heutiges Universum bilden konnte.
Nach zehn Sekunden war das Universum auf 10^7–10^9 Kelvin abgekühlt und ausreichend ausgedehnt, sodass Protonen und Neutronen die Kerne der ersten Elemente bilden konnten. Dabei entstanden etwa 25 Prozent Helium sowie Spuren von Deuterium (schwerem Wasserstoff), leichtem Helium (^{3}He) und Lithium. Etwa 75 Prozent der Materie blieben als Wasserstoff zurück. Nach drei Minuten war das Universum so weit abgekühlt und ausgedehnt, dass keine weiteren Kernfusionsprozesse stattfinden konnten. Die übrigen freien Neutronen zerfielen in Protonen und bildeten ebenfalls Wasserstoffkerne. Das Plasma aus freien Protonen, Heliumkernen und Elektronen war jedoch noch so heiß und dicht, dass die Photonen permanent an den Teilchen gestreut wurden und nicht frei entweichen konnten, bis die Materie so weit ausgekühlt war, dass sie für Licht durchlässig wurde, sollte es noch etwas dauern.

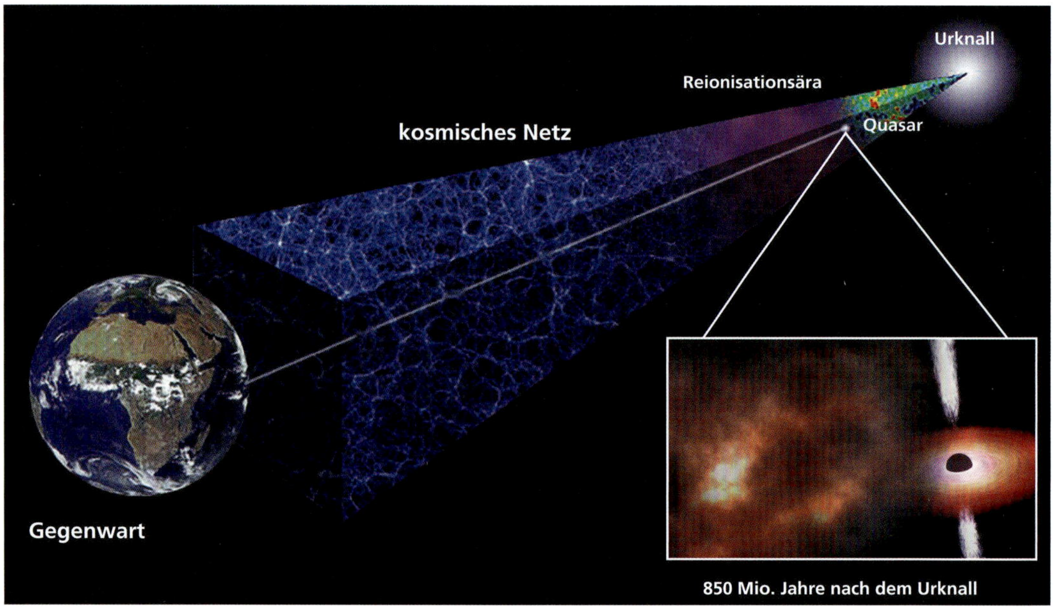

Nachdem das Universum für Licht durchsichtig wurde, folgte ein dunkles Zeitalter. Erst die ersten Sterne und Quasare konnten den neutralen Wasserstoff vollständig ionisieren, sodass das Licht der Sterne wieder freien Lauf hatte.

URKNALLPHYSIK IM TEILCHENBESCHLEUNIGER

An dem weltweit leistungsstärksten Teilchenbeschleuniger, dem Large Hadron Collider (LHC) am CERN (Europäische Organisation für Kernforschung), lassen sich mittlerweile Energiedichten erzeugen, wie sie im Universum kurz nach dem Urknall geherrscht haben. So untersuchen Wissenschaftlerinnen am LHC etwa exotische Quarkzustände und stellen bei der Suche nach neuen Elementarteilchen das Standardmodell der Teilchenphysik auf den Prüfstand.

Der LHC befindet sich bei Genf im Grenzgebiet zwischen der Schweiz und Frankreich. In einem unterirdischen, rund 27 Kilometer langen Beschleunigerring werden Protonen bei nahezu Lichtgeschwindigkeit aufeinander geschossen. Dabei werden sie zerstört, und durch die Wirkung der elementaren Kräfte entstehen neue Teilchen.

Auf diese Weise lässt sich beispielsweise das Quark-Gluon-Plasma erzeugen: Dieser Materiezustand herrschte kurz nach dem Urknall im Universum und kommt möglicherweise auch in Neutronensternen vor. In einem anderen Experiment sind die Forscher winzigen Unterschieden zwischen Materie und Antimaterie auf der Spur und hoffen herauszufinden, nach welchem Mechanismus die Materie die Antimaterie im frühen Universum ausstechen konnte, um alleine weiter zu existieren. Und nicht zuletzt suchen die Physikerinnen und Physiker am CERN nach neuen Teilchen, die über das klassische Standardmodell der Teilchenphysik hinausgehen und möglicherweise die Dunkle Materie erklären könnten. Ein solches Modell postuliert Teilchen, die neben der Gravitation einer zusätzlichen, bisher unbekannten Kraft unterliegen. In bestimmten Modellen sind diese Teilchen supermassereich, besitzen also deutlich mehr Masse als die uns bekannten Elementarteilchen.

Am Large Hadron Collider des CERN an der schweizerisch-französischen Grenze untersuchen Physikerinnen exotische Materiezustände, wie sie auch kurz nach dem Urknall geherrscht haben könnten.

DAS ECHO DES URKNALLS

Bis Protonen und Heliumkerne die freien Elektronen einfangen und neutrale Atome bilden konnten, musste das Universum rund 380.000 weitere Jahre expandieren und auf 3000 Grad Kelvin abkühlen. Von da an konnten die Photonen endlich frei durch den Raum eilen – das Universum wurde durchlässig für elektromagnetische Strahlung. Bis heute durchdringt diese Strahlung den gesamten Kosmos. Da das Universum expandiert, ist sie stark ins Rote verschoben und auf rund drei Kelvin abgekühlt.

Dass eine kosmische Hintergrundstrahlung im Mikrowellenbereich als Relikt des Urknalls noch heute existieren sollte, hatten George Gamow, Ralph Alpher und Robert Hermann Ende der 1940er-Jahre vorhergesagt. Dieses „Echo des Urknalls“ entdeckten die beiden Physiker Arno Penzias und Robert Wilson im Jahr 1964 zufällig: Mit ihren Antennen an den Bell Laboratories fingen sie ein diffuses Hintergrundrauschen bei einer Temperatur von rund drei Kelvin ein, das aus allen Richtungen des Universums zu kommen schien. Ihre Beobachtung lieferte den endgültigen Nachweis dafür, dass das Universum mit dem Urknall entstanden sein musste. 1978 wurden Penzias und Wilson dafür mit dem Nobelpreis für Physik geehrt.
Indes entwickelten Kosmologen das Modell eines Materie befüllten, expandierenden Universums weiter. Demnach sollten sich in der frühen Epoche Dichtefluktuationen in der sonst gleichmäßig verteilten Urmaterie gebildet haben, die als Kondensationskeime zur Strukturbildung für unser heutiges Universum mit Sternen, Galaxien und Galaxienclustern dienten. Nach dem damaligen Kenntnisstand hätten diese Dichteschwankungen aber so groß sein müssen, dass sie in der Hintergrundstrahlung als Abweichungen von einigen Millikelvin hätten sichtbar sein sollen. In Beobachtungen, die man in den 1980er-Jahren dazu durchführte, war davon jedoch nichts zu sehen. Der kanadische Kosmologe James Peebles fügte in dieses Modell die sogenannte kalte Dunkle Materie ein (vgl. „Dunkle Materie“, S. 188). Mit ihrer Schwerkraft sollte sie in der Lage sein, die Strukturbildung auch in der sichtbaren Materie ganz wesentlich zu beschleunigen. So würden viel winzigere Dichteschwankungen in der frühen Epoche des Universums ausreichen, um später – trotz weiterer Expansion des Universums – Galaxien zu bilden und die Strukturen des Universums hervorzurufen, wie wir sie heute kennen.
Von 1989 bis 1993 kartierte der Cosmic Background Explorer COBE der NASA den kosmi-

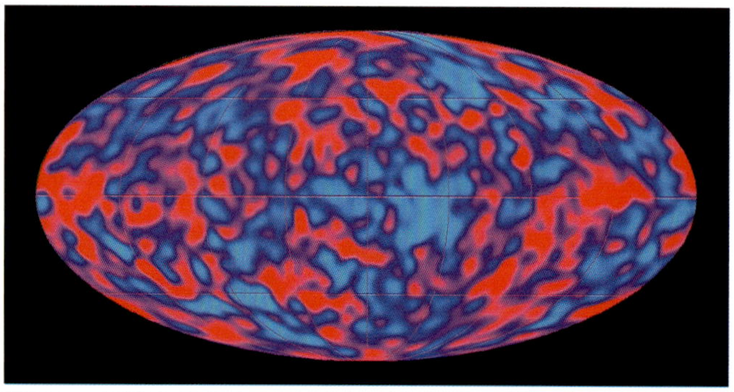

Der COBE-Satellit entdeckte die Temperaturschwankungen in der kosmischen Hintergrundstrahlung.

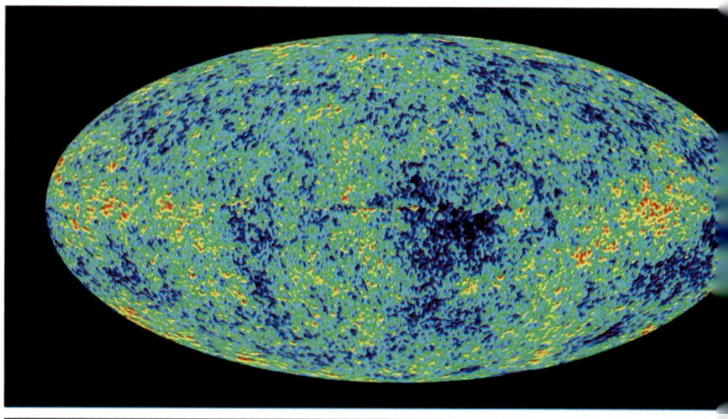

Der Satellit WMAP lieferte ein genaueres Bild des kosmischen Mikrowellenhintergrunds.

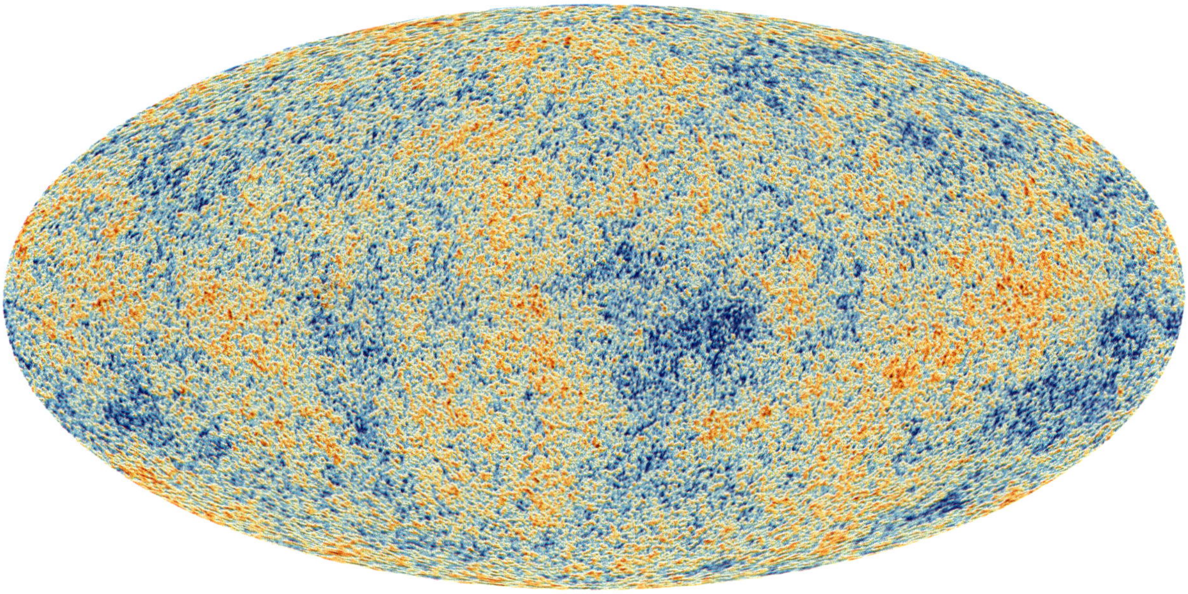

Die genaueste Karte des kosmischen Mikrowellenhintergrunds stammt von Beobachtungen des Planck-Satelliten. Die Temperaturschwankungen (rot=wärmer; blau=kühler) repräsentieren die Dichteschwankungen in der Materie 380.000 Jahre nach dem Urknall.

schen Mikrowellenhintergrund erstmals aus dem All und lieferte ein wesentlich genaueres Bild des jungen Kosmos, als es bis dahin mit bodengebundenen Beobachtungen möglich war. Aus den COBE-Messungen ließ sich die Temperatur der kosmischen Hintergrundstrahlung zu 2,73 Kelvin genauer bestimmen als zuvor. Zudem zeigten die Daten winzige Schwankungen von einigen Mikrokelvin in der räumlichen Strahlungsverteilung, wie sie das kosmologische Modell zur Strukturbildung durch Dunkle Materie vorhersagte (vgl. „Kosmische Strukturen", S. 190). Dies brachte John Mather und George Smoot, die die COBE-Mission leiteten, den Physiknobelpreis 2006 ein. James Peebles erhielt den Nobelpreis 2019.

GRAVITATIONSWELLEN VOM URKNALL?

Nach dem kosmologischen Modell sollten während der inflationären Phase des Universums kurz nach dem Urknall auch Gravitationswellen ausgesandt worden sein. Diese heftigen Erschütterungen der Raumzeit müssten in der Verteilung der Urmaterie ihre Spuren hinterlassen haben. So sollten sie auch der kosmischen Hintergrundstrahlung als Abbild des Zustands der Materie 380.000 Jahre nach dem Urknall ihre Signaturen aufgeprägt haben, und zwar in Form eines charakteristischen Polarisationsmusters. Nach eben diesen „Fingerabdrücken" der kosmischen Inflation suchen Astronomen mit speziellen Teleskopen vom Südpol aus: Mit den BICEP-Teleskopen und dem Nachfolgeobservatorium Keck Array haben sie den kosmischen Mikrowellenhintergrund unter anderem bei einer Frequenz von 150 Gigahertz im Blick. Im Jahr 2014 schien es fast so, als hätten die Wissenschaftler ein mögliches Signal dieser urtümlichen Gravitationswellen gemessen. Doch nach genauerem Hinsehen zeigte der Vergleich mit Daten des Planck-Satelliten der betreffenden Himmelsregion, dass die vermeintliche Gravitationswellensignatur sehr wahrscheinlich durch Staub im Vordergrund zustande kam, der die Strahlung ebenfalls polarisiert. Doch nach den urtümlichen Gravitationswellen suchen die Forscher nach wie vor.

Weit genauer vermaßen der NASA-Satellit WMAP (Wilkinson Microwave Anisotropy Probe) zwischen 2001 und 2010 sowie der europäische Satellit Planck der ESA von 2009 bis 2013 den kosmischen Mikrowellenhintergrund. Sie konnten die Temperaturschwankungen noch besser auflösen. WMAP lichtete das Universum im kosmischen Mikrowellenhintergrund mit einer Winkelauflösung von 0,2 Grad ab und konnte so Fluktuationen auf viel kleineren Skalen messen als COBE, der nur über eine Winkelauflösung von sieben Grad verfügte. Die Beobachtungen mit dem noch moderneren ESA-Satelliten Planck lieferten bei einer Auflösung von 0,07 Grad noch einmal ein differenzierteres Bild des frühen Kosmos. Aus Größe, Winkelverteilung und Intensität der Schwankungen können Astrophysiker auf wichtige Eigenschaften des Universums schließen. Demnach begann das Universum vor 13,77 Milliarden Jahren mit dem Urknall, durchlief zu Beginn eine kurze Phase extrem beschleunigter Expansion – die Inflation – und ist flach im Euklidischen Sinne, wird also durch die uns bekannte Raumgeometrie beschrieben. Es besteht zu 31,5 Prozent aus Materie: Davon sind nur 4,9 Prozent der gewöhnlichen Materie zuzuschreiben, wie wir sie in Sternen und Galaxien leuchten sehen; der Rest ist Dunkle Materie, die mit gewöhnlicher Materie allein über die Schwerkraft in Wechselwirkung tritt. Den größten Anteil des Universums macht mit 68,5 Prozent die Dunkle Energie aus. Damit bestätigten die Planck-Beobachtungen auch die Funde der US-amerikanischen Vorgängermission WMAP sowie das aktuelle kosmologische Modell, das die kalte Dunkle Materie und die Dunkle Energie, die das Universum beschleunigt expandieren lässt, einschließt. Aus der Kombination der Planck-Daten mit dem kosmologischen Modell leiteten die Forscher auch die Hubble-Konstante und damit die heutige Ausdehnungsrate des Universums ab: 67,4 Kilometer pro Sekunde und Megaparsec. Dieser Wert unterscheidet sich jedoch deutlich von dem, der sich aus Beobachtungen des heutigen Universums zu 73–74 km s^{-1} Mpc^{-1} (siehe S. 179) ergibt. Wie dieser Unterschied zustande kommt, ist derzeit Gegenstand der wissenschaftlichen Debatte.

EUCLID

Mit dem neuen Weltraumteleskop Euclid will die ESA ab 2022 untersuchen, warum das Universum beschleunigt expandiert. Dazu soll der Satellit Strukturen über viele Epochen des Universums erfassen: Denn wie sich die Materie mit der Zeit großräumig verteilt hat und wie sich aus den anfangs winzigen Dichteschwankungen Galaxiencluster und Filamentstrukturen dazwischen gebildet haben, hängt von der Expansionsgeschwindigkeit in den unterschiedlichen Entwicklungsphasen des Universums ab. Ähnlich wie das Hubble-Teleskop wird Euclid Deep-Field-Aufnahmen von drei Himmelsregionen erstellen, die möglichst frei von Sternen sind. Die Beobachtungen dazu sollen ein Himmelsareal von insgesamt 40 Quadratgrad abdecken und damit wesentlich umfassender sein als die Hubble Deep Fields. Das Teleskop wird mit einem 1,2-Meter-Spiegel ausgestattet sein und im sichtbaren sowie im infraroten Bereich des Spektrums beobachten.

DUNKLE MATERIE

Die Idee, dass es im Universum einen gewissen Anteil an Materie geben könnte, der zwar die gewöhnliche Materie mit seiner Schwerkraft beeinflusst, aber selbst nicht sichtbar ist, reicht bis in die 1930er-Jahre zurück. Damals beobachteten Astronomen, dass sich Galaxiencluster schneller bewegten als sie es eigentlich aufgrund der gravitativen Wechselwirkung mit der sichtbaren Materie in ihrer Umgebung sollten. Ende der 1970er-Jahre beobachteten schließlich die amerikanische Astronomin Vera Rubin und ihre Kollege Kent Ford, dass die Sterne in der Andromeda-Galaxie und auch in anderen Spiralgalaxien schneller um das Zentrum rotieren, als es den Keplerschen Gesetzen entsprach: Aufgrund der hohen Rotationsgeschwindigkeiten der Sterne müssten die Galaxien regelrecht auseinanderfliegen, was sie aber nicht tun. Es musste also noch eine unbekannte zusätzliche Masse geben, die sie durch ihre Schwerkraft zusammenhielt. Rubins Beobachtungen lieferten das bis dahin handfesteste Indiz für die Existenz Dunkler Materie. Mindestens ebenso eindrücklich belegen heute die Beobachtungen des Gravitationslinseneffekts durch Galaxienhaufen das Wirken der Dunklen Materie.

Woraus diese unsichtbare Materie besteht, ist bisher nicht bekannt. Dass nicht sichtbare baryonische – also gewöhnliche, aus Atomen aufgebaute – Materie wie kaltes Gas oder kalter Staub, die keine elektromagnetische Strahlung abgeben, die beobachteten Effekte hervorrufen könnte, lässt sich ausschließen. Denn mit der Zeit würde sich selbst diese Materie erwärmen und dann doch sichtbar werden. Einen Teil der Dunklen Materie könnten unsichtbare kompakte Objekte wie Schwarze Löcher, Neutronensterne, Zwergsterne, Braune Zwerge und Planeten stellen. Doch auf kosmischen Entfernungsskalen würden diese Objekte nicht ausreichen, um die auffälligen gravitativen Effekte zu erklären.

Die sogenannte nicht-baryonische Dunkle Materie hingegen hat mit gewöhnlicher Materie nichts gemein, außer dass sie über die Schwerkraft wechselwirkt. Auf die übrigen drei Grundkräfte spricht sie nicht an und sendet daher auch keine elektromagnetische Strahlung aus. Wie diese Art von Materie physikalisch beschaffen sein könnte, darüber spekulieren Kosmologinnen ebenso wie Teilchenphysiker nach wie vor. Diskutiert werden exotische Teilchen, die im Standardmodell der Teilchenphysik bisher nicht vorgesehen sind; manche von ihnen könnten zumindest über die schwache Kraft wechselwirken, so die Vermutung der Teilchenphysiker. Ein anderes Modell geht davon aus, dass die fast lichtschnellen Neutrinos die zusätzliche Masse als heiße Dunkle Materie erklären könnten. Auch wird ein weiteres sogenanntes steriles Neutrino diskutiert, das wesentlich mehr Masse als die drei bekannten besitzen, jedoch nur über die Gravitation, nicht aber über die schwache Kraft, wechselwirken soll. Die beobachteten Strukturen im kosmischen Mikrowellenhintergrund schließen heiße Dunkle Materie allerdings aus. Demnach kommt nur kalte Dunkle Materie, also Teilchen, die eine gewisse Mindestmasse besitzen und sich langsamer als die fast lichtschnellen Neutrinos bewegen, in Frage.

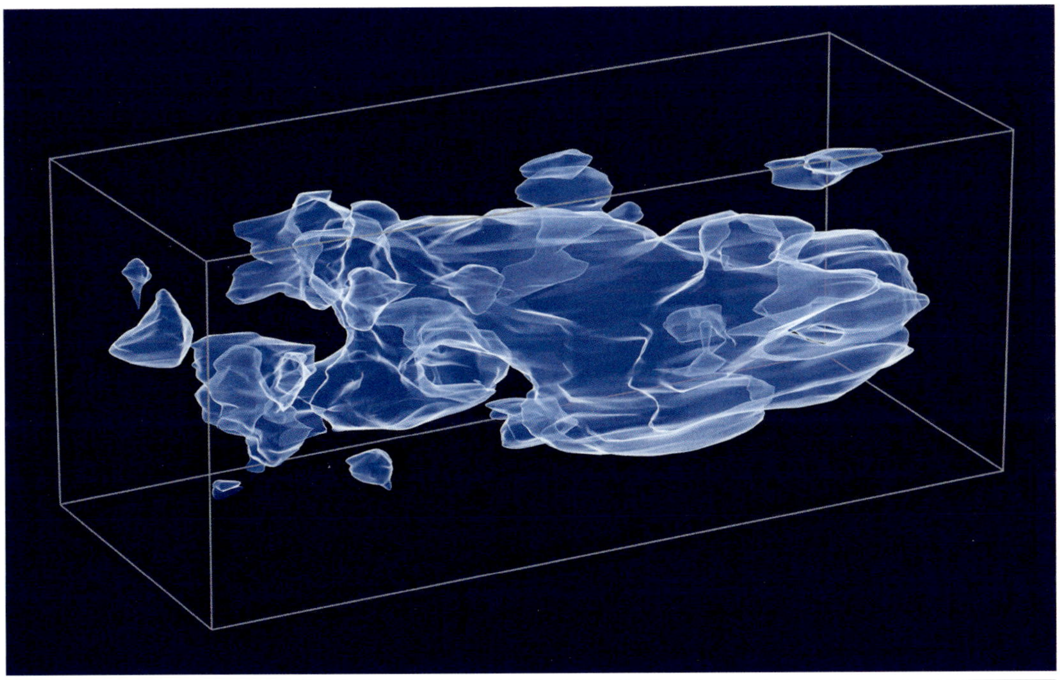

Nur 4,9 Prozent des Universums besteht aus gewöhnlicher Materie; etwa 26 Prozent sind Dunkle Materie, die wesentlich die Verteilung auch der sichtbaren Materie bestimmt.

KOSMISCHE STRUKTUR AUF GROSSEN SKALEN

Zu verstehen, wie die Strukturbildung im Kosmos vonstattengegangen ist, war lange der theoretischen Astrophysik vorbehalten. Doch mittlerweile lassen sich Strukturen über große Distanzen sogar zu verschiedenen Epochen des Universums durch Beobachtungen vergleichen und so die Modellrechnungen überprüfen.

Noch bevor man mit dem COBE-Satelliten die Dichteschwankungen im frühen Universum entdeckte, zeigten Beobachtungen aus den 1980er-Jahren, dass die Materie auf großen Skalen im Universum offensichtlich nicht gleichmäßig verteilt ist. Sie schien sich zu Clustern zu konzentrieren, die durch dünne Gasfilamente netzartig verbunden sind. Unter anderem fanden Valérie de Lapparent, Margaret Geller und John Huchra 1986 in Beobachtungen von 1100 Galaxien des Coma-Clusters, dass sich Galaxien um blasenartige, scheinbar materiefreie Leerräume anordnen.

Wie sich aus den winzigen Dichteschwankungen in der Urmaterie 380.000 Jahre nach dem Urknall die heutigen Strukturen im Universum bilden konnten, hat ein internationales Team aus Astrophysikern und Kosmologen in der Millennium-Simulation, nachgerechnet – die wohl ambitionierteste Computersimulation der Astrophysik überhaupt.

Dazu modellierten die Kosmologen zunächst die Strukturentwicklung des Universums für Anteile von gewöhnlicher und Dunkler Materie von je fünf und 25 Prozent allein unter Berücksichtigung der Schwerkraft. Die sich daraus ergebende Netzstruktur der Materie konzentrierte sich in einigen Knotenpunkten, die über filamentartige Brücken verbunden waren. In den Zwischenräumen befanden sich großräumige leere, materiefreie Gebiete, so wie es mittlerweile auch zahlreiche neuere Beobachtungen belegen.

In Folgeprojekten wie der Illustris-Simulation und der aktuell laufenden IllustrisTNG-Simulation (TNG, kurz für: The Next Generation) berücksichtigen die Forscher neben der Schwerkraft auch die Gasbewegungen, die thermodynamische Strömungen verursachen, und wollen damit ein sehr viel realitätsgetreueres Abbild der Strukturentwicklung des Universums schaffen. In der neueren IllustrisTNG-Simulation beziehen sie auch kosmische Magnetfelder mit ein.

Während Beobachtungen über so große Distanzen noch lange sehr lückenhaft waren und die daraus gezogenen Schlüsse auf Mechanismen zur Entwicklung von Galaxien oder Sternentstehung im frühen Universum große Unsicherheiten bergen, können derartige Simulationen ein umfassenderes Bild liefern.

Auf Beobachtungsseite hat in den letzten 20 Jahren der Sloan Digital Sky Survey wesentlich zum Verständnis großräumiger kosmischer Strukturen beigetragen. Dazu haben Astronomen mit einem eigens dafür konstruierten Teleskop am Apache Point Observatory Position und Helligkeit von rund 470 Millionen Himmelsobjekten sowie die Entfernung von über einer Million Quasaren bestimmt. Zeitweise als die größte, aus Beobachtungen rekonstruierte, zusammenhängende Strukturen im Universum galten die Sloan Great Wall und der Quasar-Cluster U1.27, die sich über 1,37 Milliarden beziehungsweise vier Milliarden Lichtjahre erstrecken. Auch darin zeigen sich die Galaxien wabenartig verteilt. Im Juli 2020 stellte die SDSS-Kollaboration die bisher umfassendste Strukturkarte des Universums vor. Sie basiert auf Messungen von mehr als zwei Millionen Galaxien und Quasaren und umfasst eine Epoche von elf Milliarden Jahren. Anhand dieser neuen Himmelskarte lässt sich erkennen, wie sich die großräumigen Strukturen im Kosmos mit der Zeit verän-

Ein Ausschnitt der Illustris-Simulation von 300 Millionen Lichtjahren. Blau zeigt die Verteilung der Dunklen Materie, orange heißes Gas; in der Mitte konzentriert sich ein Galaxiencluster.

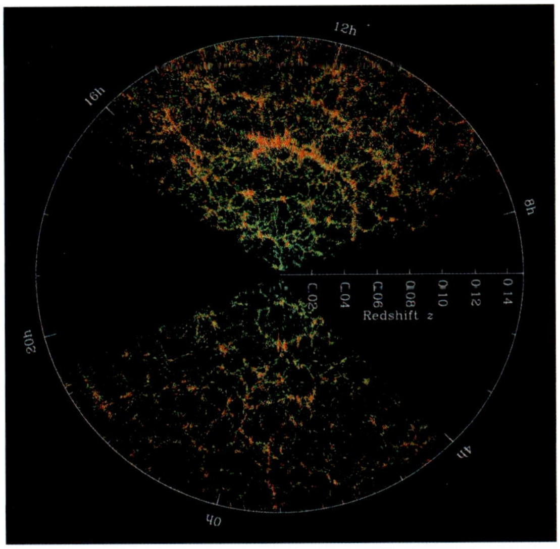

Die größte bisher erstellte Strukturkarte des Universums umfasst eine Epoche von elf Milliarden Jahren.

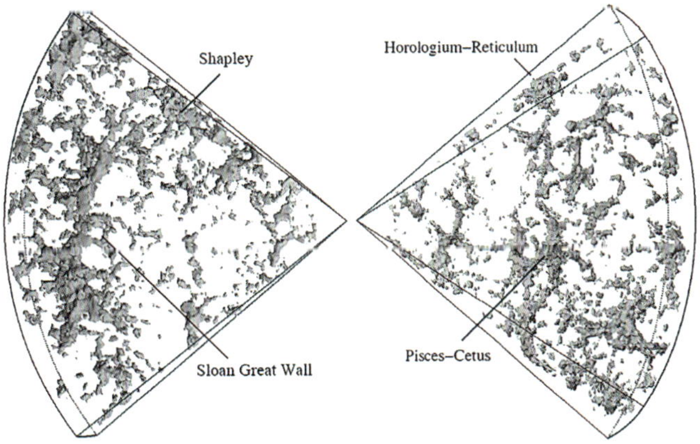

Die Sloan Great Wall erstreckt sich über 1,4 Milliarden Lichtjahre und galt lange als größte bekannte Struktur.

dern. Diese Strukturen wachsen gewissermaßen mit der Expansion mit, und so bieten sie eine unabhängige Methode, die Expansionsrate des Universums zu verschiedenen Zeiten zu bestimmen. Aus der aktuellen Strukturkarte konnten die Wissenschaftlerinnen ableiten, dass sich das Universum seit sechs Milliarden Jahren zunehmend schneller ausdehnt, und mit ihren von der Supernova-Methode unabhängigen Messungen die beschleunigte Expansion bestätigen. Dabei bestimmten sie auch die Hubble-Konstante. Der mit dieser Methode bestimmte Wert liegt näher an jenem aus den Planck-Daten bestimmten, als an demjenigen, den die Astronomen aus Messungen im heutigen Universum ermittelten. „Nur mit Karten wie [dieser] können wir sicher sagen, dass es eine Diskrepanz bei der Hubble-Konstanten gibt," sagt Eva-Maria Mueller von der University of Oxford, die die Datenanalyse der aktuellen Studie leitete, in der Pressemitteilung der Kollaboration. Das Rätsel um die Diskrepanz dieser Werte lösen aber auch die aktuellen Messungen noch nicht.

HUBBLES TIEFER BLICK INS ALL

Das von NASA und ESA gemeinsam entwickelte Weltraumteleskop Hubble schenkt uns seit seinem Start 1990 stets von Neuem atemberaubende Einblicke in die Kleinodien des Kosmos. Doch vor allem hat es unser Verständnis von der Entwicklung des Kosmos erweitert, indem es Objekte aus dem jungen Universum erfasst hat, die selbst in den langbelichteten Himmelsaufnahmen kaum noch auszumachen sind.

Nach einer Optikkorrektur im Jahr 1993 lieferte das Hubble-Weltraumteleskop erste Bilder von Galaxien im fernen Universum, die sich deutlich von den Sternsystemen in unserer näheren kosmischen Umgebung unterschieden. Bald nutzten Astronomen die neuen Möglichkeiten, um gezielt in die entlegensten Regionen und damit frühesten Epochen des Universums vorzudringen. Im Dezember 1995 richteten sie das Weltraumobservatorium für insgesamt 100 Beobachtungsstunden auf eine kleine Himmelsregion von 2,4 mal 2,4 Bogenminuten nahe dem Sternbild Ursa Major (Großer Bär), in der ansonsten kaum Sterne oder andere Himmelsobjekte zu sehen waren. In der als Hubble Deep Field bezeichneten Aufnahme tummelten sich 3000 Galaxien – viele von ihnen in einer Entfernung von etwa zwölf Milliarden Lichtjahren. Damit lieferte das Hubble-Teleskop erstmals ein Bild aus einer Phase des Universums, zu der es nur wenige Milliarden Jahre alt war. Um sicherzugehen, dass die beobachtete Himmelsgegend nicht zufällig durch eine derartige Fülle an frühen Galaxien ausgezeichnet ist, beobachteten die Astronomen 1996 einen vergleichbaren Himmelsausschnitt in der südlichen Hemisphäre: Von dort lieferte das Hubble Deep Field South ganz ähnliche Ergebnisse. Das Universum sieht also offensichtlich in alle Richtungen und über große Distanzen gleich aus; die Materie darin ist gleichmäßig verteilt.

Noch weiter in die kosmische Vergangenheit reicht die Aufnahme namens Hubble Ultra Deep Field. Dazu lichtete das Weltraumteleskop – zwischenzeitlich mit einer neuen Kamera versehen – 2004 eine Himmelsregion von 2,3 mal 2,1 Bogenminuten südwestlich des Orion im Sternbild Fornax (Chemischer Ofen) für insgesamt 11,3 Tage ab. Dieses Ultra Deep Field wurde 2009 durch Infrarotaufnahmen ergänzt, um Objekte in noch größerer Entfernung einzufangen, deren Licht besonders stark rotverschoben ist. Ein Großteil der etwa 10.000 Galaxien, die im Hubble Ultra Deep Field zu sehen sind, stammt aus einer Epoche von weniger als zwei Milliarden Jahren nach dem Ur-

Das Hubble-Teleskop bekam 1993 eine Korrekturoptik.

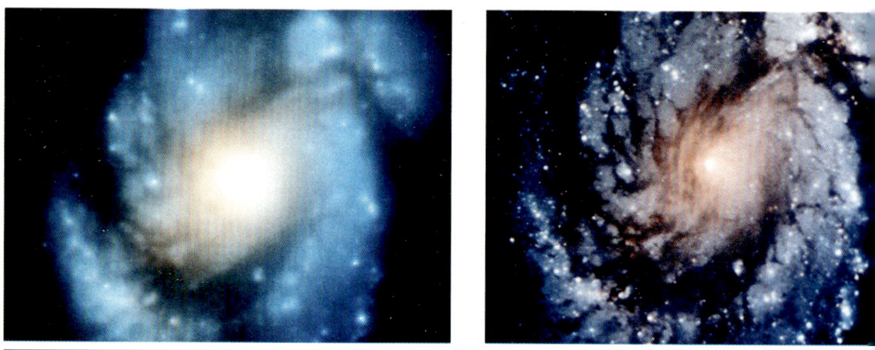

Der Einsatz der Astronauten im freien Weltraum hatte sich gelohnt (links vorher, rechts nachhe[r]). Seither liefert das Hubble Space Telescope spektakuläre Bilder aus dem All.

Der Galaxiencluster Abell 1689 wirkt als Gravitationslinse auf das Licht dahinter liegender Galaxien, die verzerrt erscheinen.

Der Galaxiencluster MACS J0416.1-2403 ist in Dunkle Materie (blau dargestellt) eingebettet.

knall. Rund 100 dieser Sternsysteme dürften sogar aus dem erst 800 Millionen Jahre alten Universum stammen.

In diesem noch jungen Kosmos scheinen Spiralgalaxien und elliptische Galaxien rar zu sein; vielmehr überwogen damals kleinere, irreguläre Galaxien. Das passt zu der mittlerweile etablierten Annahme, dass sich die größeren Galaxien des heutigen Universums erst nach und nach aus kleineren irregulären Galaxien zusammengefunden haben. Den Hubble-Aufnahmen zufolge hat die Galaxienentwicklung im Wesentlichen während der ersten Milliarde Jahre nach dem Urknall stattgefunden. Überschüssige UV-Strahlung in den frühen Galaxien, die im Ultra Deep Field ins sichtbare Licht rotverschoben erscheint, zeugt außerdem von reger Sternentstehung nur wenige hundert Millionen Jahre nach dem Urknall.

Das 2012 veröffentlichte Hubble eXtreme Deep Field entstammt keiner zusätzlichen Beobachtungskampagne: In diesem Himmelsbild sind verschiedene Beobachtungen des Ultra Deep Field aus dem sichtbaren und dem Infraroten von insgesamt 22 Tagen Beobachtungszeit aus zehn Jahren zusammengetragen.

Darüber hinaus nahm das Hubble-Teleskop zwischen 2002 und 2012 den Himmelsausschnitt des Ultra Deep Field im UV-Licht ins Visier und lichtete dabei Galaxien aus der Epoche zwischen fünf und zehn Milliarden Jahren nach dem Urknall ab, in denen besonders viele Sterne entstehen. Anhand dieser Beobachtungen können Astrophysiker noch einmal genauer untersuchen, wo und zu welchen Zeiten sich in diesen Galaxien Sterne gebildet und wie sich so aus den kleineren Sternsystemen im frühen Universum die heutigen massereichen elliptischen und Spiralgalaxien entwickelt haben.

LICHT AUF ABWEGEN

Bei seinem Blick in den tiefen Kosmos hat das Hubble-Weltraumteleskop noch ganz andere bizarre Welten aufgetan. In der Nähe von einigen Galaxienhaufen fand es bis ins Unkenntliche verzerrte, teils auch mehrfache Abbilder von Galaxien oder Quasaren. Hier verformen größere Materieansammlungen in Galaxienhaufen mit ihrer Schwerkraft den Raum so stark, dass das Licht

dahinterliegender Objekte auf dem Weg zu uns von seiner ursprünglichen Bahn ablenkt wird. So können Kosmologen anhand des Gravitationslinseneffekts die Struktur des Universums studieren. Aus der Art der Verzerrung und den Positionen der einzelnen Abbilder zueinander lässt sich auf die Masse und deren räumliche Verteilung schließen, die den Gravitationslinseneffekt verursacht. Diese haben Astronomen beispielsweise für den Galaxienhaufen MACS J0416.1-2403 in Aufnahmen des Hubble-Weltraumteleskops besonders genau bestimmt: Er enthält 160 Billionen Sonnenmassen.
Die sichtbaren Galaxien des Clusters sind von heißem Gas umgeben, das im Röntgenlicht leuchtet. Ein Großteil der gravitativ wirksamen Masse in solchen Galaxienhaufen besteht jedoch aus Dunkler Materie, in die die Galaxien eingebettet sind.
Diese als kosmische Linsen wirkenden Galaxiencluster lenken das Licht dahinterliegender Objekte nicht nur ab, sondern verstärken es auch. Auf diese Weise lassen sich weit entfernte Objekte gewissermaßen heranzoomen, die eigentlich zu lichtschwach sind, als dass sie sonst selbst das Hubble-Teleskop sehen könnte. In der Beobachtungskampagne Frontiers Fields haben Astronomen das Hubble Space Telescope auf sechs größere Galaxienhaufen gerichtet, um mithilfe dieses Zoomeffekts in die entlegensten Gebiete des Universums blicken zu können. Dazu ergänzten sie Daten des Spitzer-Teleskops, das auf Infrarotbeobachtungen spezialisiert ist. So ließen sich auch Galaxien bei noch größeren Rotverschiebungen erfassen, als es im optischen Wellenlängenbereich möglich wäre. Einige der anhand des Gravitationslinseneffekts verstärkten Abbilder dieser frühesten Galaxien sind so lichtschwach, dass noch gar nicht sicher ist, ob diese Objekte tatsächlich existieren. Aufschluss darüber soll in Zukunft das noch leistungsstärkere James Webb Space Telescope geben.

Das Hubble eXtreme Deep Field setzt sich aus zehn Jahren Beobachtungen des Hubble Space Telescope zusammen und enthält neben Beobachtungen im Sichtbaren auch Infrarotaufnahmen, die auch besonders ferne Galaxien abbilden.

JWST – JAMES WEBB SPACE TELESCOPE

Als Nachfolgeobservatorium des Hubble Space Telescope baut die NASA derzeit in Kooperation mit der ESA und der kanadischen Raumfahrtagentur CSA das James Webb Space Telescope (JWST). Es soll im Herbst 2021 starten. Sein Hauptspiegel mit 6,5 Metern Durchmesser besteht aus 18 Einzelsegmenten. Ein spezieller Sonnenschild wird das Teleskop vor Infrarot- und Wärmestrahlung schützen. Anders als das Hubble Space Telescope, das das Universum bei sichtbaren, ultravioletten und infraroten Wellenlängen abscannt, werden sich die Beobachtungen des James Webb Space Telescope auf den infraroten Bereich konzentrieren. Große Hoffnung setzen Astrophysiker in die Möglichkeiten des JWST, die ersten Sterne und Galaxien zu finden und zu studieren, die nach dem dunklen Zeitalter im Universum zu leuchten begannen (siehe S. 196).

Das James Webb Space Telescope soll im Herbst 2021 ins All starten und die dunkle Epoche des Universums erkunden.

Der 6,5 Meter durchmessende Spiegel des James Webb Space Telescope bei Tests im Goddad Space Flight Center.

DAS DUNKLE ZEITALTER

Nachdem sich die Photonen aus dem frühen Universum 380.000 Jahre nach dem Urknall das erste Mal ihren Weg durch das Universum bahnen konnten, lag die daran anschließende Epoche wieder im Dunkeln. Der neutrale Wasserstoff, der dieses dunkle Zeitalter dominierte, leuchtete nicht selbst; es mussten erst ausreichend Sterne oder Quasare entstehen, die ihn ionisieren und für Licht durchlässig machen konnten.

Bis die ersten Sterne entstehen konnten, musste das Universum erst auf etwa 100 Kelvin weiter abkühlen. Das war einige Millionen Jahre nach dem Urknall der Fall, so die derzeitige Annahme der Forscher. Zuvor war der thermische Druck im Gas zu hoch, als dass Gasklumpen unter ihrer eigenen Schwerkraft zusammenstürzen und sich Sterne hätten formen können.

Da der Gasdruck bei diesen Temperaturen immer noch größer ist als in den heutigen Sternentstehungsgebieten, in denen nur wenige bis zehn Kelvin herrschen, waren die Sterne damals sehr viel massereicher als jene, die heute entstehen. Die Sterne der ersten Generation umfassten typischerweise einige 100 Sonnenmassen, entsprechend kürzer war auch ihre Lebensdauer. Außerdem bestanden sie ausschließlich aus Wasserstoff, vermischt mit etwas Helium und ein wenig Lithium – alles ausschließlich Produkte der Nukleosynthese kurz nach dem Urknall.

Das Licht dieser ersten Sterne musste sich seinen Weg durch das Universum erkämpfen: Der noch neutrale Wasserstoff absorbierte ihr Licht. Erst als es ausreichend Sterne oder Quasare gab, konnten sie mit ihrer UV-Strahlung den Wasserstoff vollständig ionisieren; das weitere Sternenlicht hatte nun freie Bahn, denn ionisierter Wasserstoff kann dieses Licht nicht mehr aufnehmen. Wann

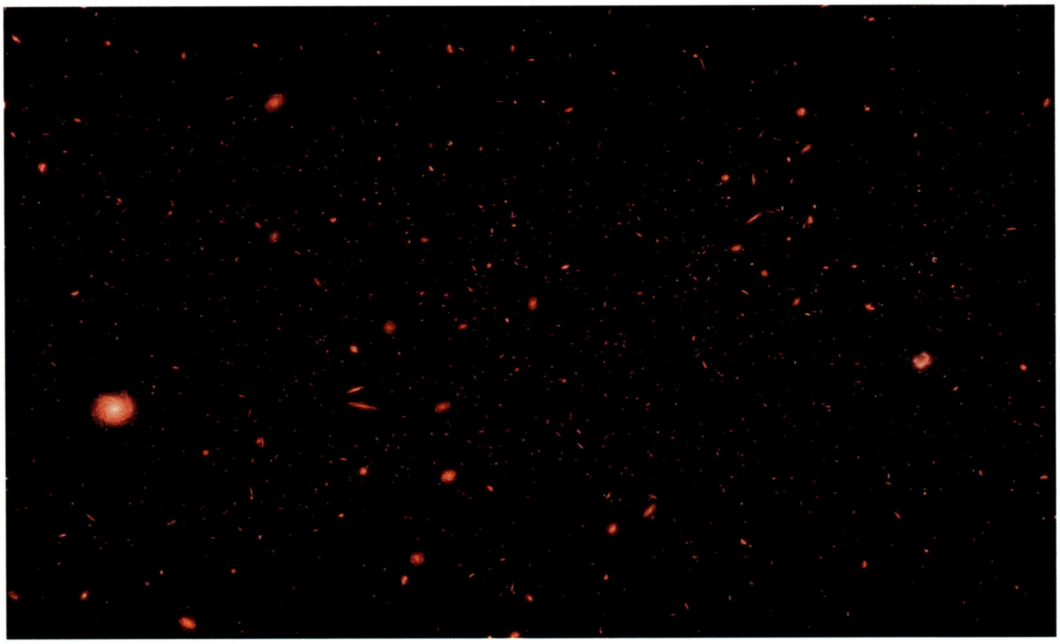

In der dunklen Epoche musste sich das Licht der ersten Sterne seinen Weg durch das Universum erkämpfen. Es wurde anfangs von neutralem Wasserstoff absorbiert (künstlerische Darstellung).

genau diese sogenannte Reionisierung stattgefunden hat, ist noch nicht abschließend geklärt.

Im Rahmen der EDGES-Kollaboration (Experiment to Detect the Global EoR Signature) konnten Astrophysiker erstmals einen Blick in die Epoche der kosmischen Reionisierung werfen. Dazu suchte ein Forscherteam um Judd Bowman von der Arizona State University nach der rotverschobenen 21-Zentimeter-Linie des neutralen Wasserstoffs aus der Zeit, bevor die Reionisierung einsetzte (vgl. „Der Urknall“, S. 183).

Die ersten Sterne hätten den Wasserstoff mit ihrer UV-Strahlung zwar angeregt, so die Forscher, doch noch nicht vollständig ionisiert, wie es zu einer späteren Epoche der Fall war. So konnte der noch neutrale Wasserstoff auch Strahlung der Wellenlänge 21 Zentimeter aus der Umgebung – dem auch damals allgegenwärtigen kosmischen Mikrowellenhintergrund – absorbieren. Das sollte sich auch heute noch nachweisen lassen. Ein solches Absorptionssignal haben die Forscher mit dem EDGES-Experiment im Radiowellenanteil der kosmischen Hintergrundstrahlung bei einer Frequenz um 78 Megahertz gemessen.

Aus der Rotverschiebung der ursprünglichen 21-Zentimeter-Linie leiteten sie ab, dass diese ersten Sterne in einer Zeit zwischen 180 Millionen und 270 Millionen Jahren nach dem Urknall existierten. Danach heizten ihre Überreste, Neutronensterne oder Schwarze Löcher mit Akkretionsscheiben, das Gas weiter auf und ionisierten es, sodass es keine Photonen aus der Hintergrundstrahlung mehr aufnehmen konnte.

Ein Forscherteam um Rachana Bhatawdekar von der ESA konnte die Epoche der ersten Sterne anhand von Beobachtungen mit dem Hubble Space Telescope noch auf andere Weise eingrenzen. Sie beobachteten Galaxiencluster und Galaxien in einer Epoche zwischen 500 Millionen und einer Milliarde Jahre nach dem Urknall. In diesen frühen und sehr massearmen Galaxien fanden die Wissenschaftlerinnen keine Hinweise auf Sterne der ersten Generation, die nur Wasserstoff, ein wenig Helium und Spuren von Lithium enthielten. Sie mussten sich, so die Schlussfolgerung, also bereits früher gebildet haben und zu der Zeit bereits verloschen sein. Rachana Bhatawdekar und ihre Kollegen vermuten, dass die von ihnen beobachteten Galaxien die Epoche der Reionisierung einläuteten.

Mit einer speziellen Antenne am Murchison Radio-astronomy Observatory (MRO) in Western Australia haben Forscher die rotverschobene 21-Zentimeter-Linie des neutralen Wasserstoffs um die Zeit der dunklen Epoche des Universums gemessen.

ANHANG

NOBELPREIS FÜR PHYSIK: ASTRONOMIE UND TEILCHENPHYSIK

2020

Roger Penrose

„für die Entdeckung, dass die Entstehung Schwarzer Löcher eine robuste Vorhersage der Allgemeinen Relativitätstheorie ist"

Reinhard Genzel und Andrea Ghez

„für die Entdeckung eines extrem massereichen, kompakten Objekts im Zentrum unserer Galaxis"

2019

James Peebles, Michel Mayor und Didier Queloz

„für ihre Beiträge zu unserem Verständnis der Entwicklung des Universums und dem Platz der Erde im Kosmos, James Peebles für theoretische Entdeckungen auf dem Gebiet der physikalischen Kosmologie sowie Michel Mayor und Didier Queloz für die Entdeckung des ersten Exoplaneten bei einem sonnenähnlichen Stern"

2017

Rainer Weiss, Barry C. Barish und Kip S. Thorne

„für ihre ausschlaggebenden Beiträge zur Entwicklung des LIGO-Detektors und die Beobachtung von Gravitationswellen"

2015

Takaaki Kajita und Arthur B. McDonald

„für die Entdeckung der Neutrino-Oszillationen, die zeigen, dass Neutrinos eine Masse haben"

2013

François Englert und Peter W. Higgs

„für die theoretische Entdeckung eines Mechanismus, der zu unserem Verständnis des Ursprungs der Masse subatomarer Teilchen beiträgt und der kürzlich durch die Entdeckung des dazu vorhergesagten fundamentalen Teilchens an den Experimenten ATLAS und CMS des Large Hadron Colliders am CERN bestätigt wurde"

2011

Saul Perlmutter, Brian P. Schmidt und Adam G. Riess

„für die Entdeckung der beschleunigten Expansion des Universums anhand von Beobachtungen ferner Supernovae"

2008

Yoichiro Nambu

„für die Entdeckung des Mechanismus zur spontanen Symmetriebrechung in der subatomaren Physik"

Makoto Kobayashi und Toshihide Maskawa

„für die Entdeckung des Ursprungs der Symmetriebrechung, die die Existenz von mindestens drei Quark-Familien in der Natur vorhersagt"

2006

John C. Mather und George F. Smoot

„für die Entdeckung der Schwarzkörperstrahlung und die Anisotropien der kosmischen Mikrowellenhintergrundstrahlung"

2002

Raymond Davis Jr. und Masatoshi Koshiba

„für ihre Pionierarbeit in der Astrophysik, insbesondere für die Messung von kosmischen Neutrinos"

Riccardo Giacconi

„für seine Pionierarbeit in der Astrophysik, die zur Entdeckung von kosmischen Röntgenquellen führte" (Entwicklung des ROSAT-Satelliten)

1995

„für bahnbrechende experimentelle Beiträge zur Leptonenphysik", im Speziellen:

Martin L. Perl

„für die Entdeckung des tau-Leptons"

Frederick Reines

„für die Entdeckung des Neutrinos"

1993

Russell A. Hulse und Joseph H. Taylor Jr.

„für die Entdeckung einer neuen Pulsarart, anhand derer sich neue Möglichkeiten zur Untersuchung von Gravitationswellen eröffnen"

1988

Leon M. Lederman, Melvin Schwartz und Jack Steinberger

„für die Neutrino-Strahlen-Methode und die Demonstration der Dublett-Struktur von Leptonen durch die Entdeckung des Myon-Neutrinos."

1983

Subramanyan Chandrasekhar

„für seine theoretischen Studien wichtiger physikalischer Prozesse zur Struktur und Entwicklung von Sternen"

William Alfred Fowler

„für seine theoretischen und physikalischen Untersuchungen von Kernreaktionen, die für die Entstehung der chemischen Elemente im Universum wichtig sind"

1980

James Watson Cronin und Val Logsdon Fitch

„für die Entdeckung der Verletzung von fundamentalen Symmetrien beim Zerfall des neutralen K-Mesons“

1979

Sheldon Lee Glashow, Abdus Salam und Steven Weinberg

„für ihre Beiträge zur Theorie der vereinigten schwachen und elektromagnetischen Wechselwirkung zwischen Elementarteilchen, darunter auch die Vorhersage des schwachen neutralen Stroms“

1978

Pjotr Leonidowitsch Kapiza

„für grundlegende Erfindungen und Entdeckungen auf dem Gebiet der Niedrigtemperaturphysik“

Arno Allan Penzias und Robert Woodrow Wilson

„für ihre Entdeckung der kosmischen Mikrowellenhintergrundstrahlung“

1976

Burton Richter and Samuel Chao Chung Ting

„für bahnbrechende Arbeiten bei der Entdeckung eines schweren Elementarteilchens einer neuen Art“

1974

Sir Martin Ryle und Antony Hewish

„für ihre Pionierarbeit in der Radioastronomie: Ryle für seine Beobachtungen und Erfindungen, insbesondere der Technik der Apertursynthese, und Hewish für seine entscheidende Rolle bei der Entdeckung von Pulsaren“

1967

Hans Albrecht Bethe

„für seine Beiträge zur Theorie von Kernreaktionen, insbesondere seine Entdeckungen in Bezug auf die Energieproduktion in Sternen“

1965

Sin-Itiro Tomonaga, Julian Schwinger und Richard P. Feynman

„für ihre grundlegenden Arbeiten zur Quantenelektrodynamik, mit tiefgreifenden Konsequenzen für die Physik der Elementarteilchen“

1959

Emilio Gino Segrè und Owen Chamberlain

„für ihre Entdeckung des Antiprotons“

1958

Pavel Alekseyevich Cherenkov, Ilja Michailowitsch Frank und Igor Jewgenjewitsch Tamm

„für die Entdeckung und Interpretation des Tscherenkow-Effekts“

1957

Chen Ning Yang und Tsung-Dao (T. D.) Lee

„für ihre einschneidenden Untersuchungen des sogenannten Paritätsgesetzes, die zu wichtigen Entdeckungen beim Verhalten von Elementarteilchen geführt haben"

1950

Cecil Frank Powell

„für seine Entwicklung der fotografischen Methode zur Untersuchung von kernphysikalischen Prozessen und seine Entdeckungen bezüglich Mesonen anhand dieser Methode"

1949

Hideki Yukawa

„für seine Vorhersage der Existenz von Mesonen auf der Basis theoretischer Arbeiten zu nuklearen Kräften"

1948

Patrick Maynard Stuart Blackett

„für seine Entwicklung der Methode der Wilson-Nebelkammer und seine damit verbundenen Entdeckungen auf dem Gebiet der Kernphysik und der kosmischen Strahlung"

1936

Victor Franz Hess

„für seine Entdeckung der kosmischen Strahlung"

Carl David Anderson

„für seine Entdeckung des Positrons"

1935

James Chadwick

„für die Entdeckung des Neutrons"

1911

Wilhelm Wien

„für seine Entdeckungen bezüglich der Gesetze der Wärmestrahlung"

Diese und weitere Angaben finden Sie unter https://www.nobelprize.org/prizes/lists/all-nobel-prizes-in-physics

COMPUTER UND DATENMENGEN IN DER MODERNEN ASTRONOMIE

Ebenso wie High-Tech-Teleskope gehören Hochleistungsrechner zum Alltag der modernen Astronomie und Astrophysik. Ohne sie wären die Erkenntnisse und Entdeckungen der modernen Astronomie nicht möglich. Dabei unterstützen Computercluster Astronomen auf vielerlei Weise.

SUPERMUC-NG UND CO.

Sie stellen Speicherplatz für die enormen Datenmengen bereit, die bei vielen groß angelegten Beobachtungskampagnen anfallen; sie dienen als Pipeline zur Datenprozessierung und bieten Rechenkapazitäten für Datenanalyse ebenso wie für Simulationen komplexer astrophysikalischer Prozesse wie Supernova-Explosionen oder gar die Entwicklung des Universums vom Urknall bis heute. Diese Rechenkapazität wird von großen Computerclustern in wissenschaftlichen Rechenzentren bereitgestellt, die oft von astronomischen Einrichtungen unabhängig agieren und für verschiedene Forschungsbereiche zur Verfügung stehen. Ein solcher Supercomputer steht beispielsweise im Leibniz-Rechenzentrum in Garching bei München: Der Supercomputer SuperMUC-NG ist der Nachfolge-Rechner von SuperMUC, der bis Anfang 2020 in Betrieb war. Am SuperMUC wurde beispielsweise die Illustris-Simulation gerechnet, die zusätzlich auch auf dem Curie-Supercomputer in Frankreich des Commissariat à l'énergie atomique et aux énergies alternatives durchgeführt wurde (siehe S. 190). Die umfangreichste Simulation dazu lief auf 8192 Computer-Kernen und benötigte 19 Millionen CPU-Rechenstunden. SuperMUC galt einst als der schnellste Rechner Europas, wurde aber inzwischen von anderen Supercomputern überholt. SuperMUC-NG ist derzeit der drittschnellste Supercomputer in Europa und nimmt auf der Liste der Top 500 der leistungsfähigsten Supercomputer weltweit den Platz zehn ein.

Der Supercomputer SuperMUC-NG am Leibniz-Rechenzentrum in Garching

SuperMUC-NG verfügt über insgesamt 311.040 Rechenkerne mit einem Hauptspeicher von 719 TB und einer maximalen Kapazität von 26,9 PetaFLOPS (kurz für: Floating Point Operations Per Second, „Gleitkomma-Operationen pro Sekunde").

Die jüngsten IllustrisTNG-Simulationen liefen auf dem Hazel Hen Supercomputer am Höchstleistungsrechenzentrum in Stuttgart, der über eine maximale Rechenleistung von 7,4 PetaFLOPS verfügt. Sie benötigten 34 Millionen CPU-Stunden verteilt auf 24.000 Prozessoren; so dauerte die Simulation insgesamt zwei Jahre. Dabei fiel ein Petabyte an Daten an.

An dem Vienna Scientific Cluster 4, der mit 37.920 Prozessorkernen eine Spitzenleistung von 3,7 PetaFLOPS erreicht, simulieren Forscherinnen und Forscher das frühe Universum kurz nach dem Urknall.

ATLAS AUF GRAVITATIONSWELLENSUCHE

Der Computercluster ATLAS wird vom Max-Planck-Institut für Gravitationsphysik in Hannover speziell zur Suche nach Gravitationswellen betrieben. ATLAS verfügt über mehr als 50.000 CPU-Kerne auf 3000 Servern. Damit kommt er auf eine Spitzenrechenleistung von zwei PetaFLOPS.
ATLAS ist der größte Rechencluster, an dem Gravitationswellendaten der LIGO-Virgo-Kollaboration gespeichert und analysiert werden. Zudem simulieren Wissenschaftlerinnen und Wissenschaftler an dem Computercluster Gravitationswellensignale von verschiedenen energiereichen astrophysikalischen Ereignissen wie Kollisionen von Schwarzen Löchern oder Neutronensternen, um diese dann mit den Messdaten der Gravitationswellendetektoren vergleichen und die Quellen der Signale klassifizieren zu können.

Der Computercluster ATLAS am Max-Planck-Institut für Gravitationsphysik, Hannover

GROSSE DATENMENGEN VOM SCHWARZEN LOCH

Bei den Beobachtungen des zentralen Schwarzen Lochs der Galaxie M 87 (vgl. „Das Schwarze Loch in M 87", S. 151) fielen beispielsweise rund 4,5 Petabyte an Daten an. Diese Datenmenge lässt sich nicht per Internet übertragen. Sie wurde an den jeweiligen Observatorien vor Ort auf insgesamt 960 Festplatten gespeichert und per Flugzeug oder Landtransport ans Massachusetts Institute of Technology (MIT) in Cambridge, USA, und ans Max-Planck-Institut für Radioastronomie gebracht. Dort wurden sie mithilfe von Supercomputern ausgewertet und in Kombination mit Computersimulationen zusammengefügt. Grundlage dafür war ein umfassender Algorithmus, den die Forscherinnen und Forscher zuvor in jahrelanger Arbeit entwickelt hatten.

CITIZEN SCIENCE – AM PULS DER WISSENSCHAFT

In der modernen Astronomie fallen immer mehr Daten an. Oft ist Rechenleistung knapp, und so können Freiwillige mit brachliegender Rechenzeit ihrer Homecomputer die wissenschaftliche Datenauswertung unterstützen. In Sachen Strukturerkennung ist oft das menschliche Auge nach wie vor besser als jeder Algorithmus. Auch hier kann jedermann mit der eigenen Sehkraft zur Datenanalyse in der aktuellen Forschung beitragen.

CITIZEN-SCIENCE MIT DEM AUGE

WWW.ZOONIVERSE.ORG

Galaxy Zoo

Indem wir Galaxien klassifizieren, können wir etwas über die Evolution des Kosmos lernen. Denn ob eine Galaxie Spiral- oder Ellipsenstruktur hat, hängt von ihrer Entwicklungsgeschichte ab.

Planet Hunters TESS

Auf Grundlage der mit dem NASA-Satelliten TESS aufgenommenen Daten werden hier extrasolare Planeten bei nahen Sternen gesucht. Wenn ein solcher Planet an seinem Mutterstern vorüberzieht (Transit), sinkt dessen Helligkeit minimal. Diese Schwankungen im Sternenlicht gilt es, herauszufinden.

Planet Four

Auch auf dem Mars gibt es Oberflächenstrukturen, die durch Wind geformt wurden. Diese lassen sich auf Aufnahmen mit der HiRISE-Kamera auf dem Mars Reconnaissance Orbiter in diesem Projekt erforschen.

Backyard Worlds: Planet 9

Auf der Suche nach einem weiteren, noch unbekannten neunten Planten am Rand des Sonnensystems, aber auch nach Braunen Zwergen oder leuchtschwachen Sternen in Sonnennähe, werden in diesem Projekt Daten des NASA-Satelliten WISE (Wide-field Infrared Survey Explorer) durchforstet.

Radio Meteor Zoo

Die Belgian Radio Meteor Stations (BRAMS) erfassen reflektierte Radiosignale von Meteorspuren in der Atmosphäre. Dabei fallen täglich bis zu 1000 Meteorechos an. Bei diesem Projekt kann man die Forscher unterstützen, die verschiedenen Formen der Radiosignale zu charakterisieren.

Spiral Graph
Ziel dieses Projekts ist es, die Windungen von Spiralarmen in Galaxien zu charakterisieren und anhand dessen interessante Objekte für gezielte Beobachtungskampagnen zu identifizieren. Diese Eigenschaft von Galaxien hängt beispielsweise von der Masse des zentralen Schwarzen Lochs einer Galaxie ab.

Disk Detective
Auf der Suche nach Gas- und Staubscheiben um junge Sterne kann man sich hier in den Daten des WISE-Satelliten der NASA auf die Spuren der Planetenentstehung begeben.

Aurora Zoo
Anhand von Polarlichtaufzeichnungen aus Spitzbergen, durchgeführt von der University of Southampton, untersucht dieses Projekt, unter welchen Bedingungen bestimmte Strukturen im Polarlicht zustande kommen.

Star Notes
In diesem Projekt können Sie Forscher dabei unterstützen, den historischen Aufzeichnungen der Harvard-Astronominnen die damals untersuchten Fotoplatten zuzuordnen.

SuperWasp Variable Stars
In den Daten der bodengebundenen SuperWasp-Teleskope gilt es, für dieses Projekt nach Helligkeitsveränderungen von variablen Sternen zu suchen.

Supernova Hunters
Das Pan-STARRS1-Teleskop auf Hawaii scannt jede Nacht den Himmel nach veränderlichen oder neuen Lichtquellen ab. So macht es sich auch auf die Suche nach Supernovae. Je eher diese identifiziert werden, desto schneller können Astronomen gezielte Folgebeobachtungen durchführen.

Gravity Spy
Um in den Daten der LIGO-Detektoren besonders schwache Gravitationswellensignale zu finden, müssen selbst gute Computer noch trainiert werden. So gilt es bei diesem Projekt, die Daten zunächst mit dem Auge zu inspizieren und Auffälligkeiten im Hintergrundrauschen zu finden.

Protect our Planet from Solar Storms
Anhand der Daten der STEREO-Satelliten lassen sich die Strukturen von Sonnenstürmen charakterisieren. Das soll helfen, die Frage zu beantworten, ob und wie die Komplexität von Sonnenstürmen sich auf die Art der Störungen auf der Erde auswirkt.

Myon Hunter Classic
Die VERITAS-Teleskope suchen nach hochenergetischer Gammastrahlung, die bei Beschleunigungsprozessen beispielsweise in aktiven Kernen entsteht. In den Aufnahmen können Myonen ganz ähnliche Spuren hinterlassen. Hier gilt es, die Spreu vom Weizen zu trennen.

CITIZEN SCIENCE MIT DEM COMPUTER

HTTP://BOINC.BERKELEY.EDU/PROJECTS.PHP

Asteroids@home
Auf Grundlage von Photometriedaten sollen bei diesem Projekt Modelle zur Form und Rotation für einen Großteil der Asteroidenpopulation erstellt werden.

Cosmology@Home
Die mit diesem Projekt vorangetriebene Datenanalyse sucht nach der Verteilung Dunkler Materie im Universum. Auf dieser Basis wollen Wissenschaftler ein möglichst passendes Modell des Kosmos erstellen.

Einstein@home
In den Daten des Arecibo-Teleskops wie auch des Fermi-Satelliten geht es hierbei auf Entdeckungsjagd nach Pulsaren. Zudem werden die Daten der Detektoren LIGO und GEO600 nach Gravitationswellensignalen von Pulsaren durchforstet.

LHC@home
Mit Simulationen soll das Design des Large Hadron Colliders (LHC) sowie dessen Detektoren am CERN verbessert werden.

Milkyway@home
Auf der Basis von Daten, die im Rahmen des Sloan Digital Sky Surveys (SDSS) aufgenommen wurden, soll ein möglichst genaues dreidimensionales Modell der Milchstraße erstellt werden.

SETI@home
Mit diesem ältesten und wohl bekanntesten Projekt für verteiltes Rechnen wird in den Daten von Radioteleskopen nach Signalen außerirdischer technologischer Zivilisationen gesucht. (Ruht derzeit, Stand August 2020)

Universe@Home
Bei diesem Projekt wird die gespendete Rechenzeit genutzt, um Computersimulationen von astrophysikalischen Ereignissen wie Sternentstehung oder Supernova-Explosionen zu unterstützen

ASTRONOMISCHE GRÖSSEN UND PHYSIKALISCHE EINHEITEN

ASTRONOMISCHE GRÖSSEN

Astronomische Einheit (AE)	$1{,}495979 \cdot 10^{11}$ Meter, ca. 150 Millionen Kilometer
Lichtgeschwindigkeit	$2{,}99792 \cdot 10^{8}$ Meter pro Sekunde, ca. 300.000 Kilometer pro Sekunde
1 Lichtjahr	9,5 Billionen Kilometer
1 Parallaxensekunde (Parsec)	3,26 Lichtjahre
1 Tag	86.400 Sekunden
1 Jahr	365,24 Tage
1 Sonnenmasse	$1{,}9891 \cdot 10^{30}$ Kilogramm
1 Sonnenradius	$6{,}96 \cdot 10^{8}$ Meter
1 Sonnenleuchtkraft	$3{,}845 \cdot 10^{26}$ Watt
Solarkonstante	1,36 Kilowatt pro Quadratmeter

PHYSIKALISCHE GRÖSSEN UND EINHEITEN

Magnetische Flussdichte	Tesla
Temperatur absoluter Nullpunkt	0 Kelvin = –273 Grad Celsius (°C)
Masse Proton	$1{,}67262 \cdot 10^{-27}$ kg
Masse Elektron	$9{,}1 \cdot 10^{-31}$ kg
Elementarladung	$1{,}602 \cdot 10^{-19}$ Coulomb, kurz: 1 e
Energieeinheit der Teilchenphysik	1 Elektronvolt = $1{,}602 \cdot 10^{-19}$ Joule

VORSÄTZE FÜR MASSEINHEITEN

Nano	10^{-9}
Mikro	10^{-6}
Milli	10^{-3}
Kilo	10^{3}
Mega	10^{6} = 1 Million
Giga	10^{9} = 1 Milliarde
Tera	10^{12} = 1 Billion
Peta	10^{15} = 1 Billiarde

DIE PLANETEN DES SONNENSYSTEMS

PLANETEN	MASSE (ERDMASSEN)	RADIUS (ERDRADIEN)
Erde	1 ($5{,}977 \cdot 10^{24}$ Kilogramm)	1 (6368 Kilometer)
Merkur	0,055	0,383
Venus	0,815	0,950
Mars	0,107	0,533
Jupiter	318	11,2
Saturn	95,2	9,41
Uranus	14,6	4,1
Neptun	17,2	3,8

DANKSAGUNG

Mein Dank gilt dem Max-Planck-Institut für Astronomie, Heidelberg, dessen Institutsbibliothek ich für meine Recherchen zu diesem Buch nutzen konnte.

Für inspirierende Gespräche sowie wissenschaftliche Beratung möchte ich an dieser Stelle Herrn Prof. Matthias Bartelmann, Herrn Prof. Heino Falcke, Frau Prof. Eva Grebel, Herrn Prof. Thomas Henning, Herrn Dr. Bruno Leibundgut, Frau Dr. Laura Kreidberg, Herrn Dr. Norbert Junkes und Frau Dr. Tatjana Wilk danken.

Ganz besonders danken möchte ich meinem Lektor Herrn Sven Melchert für seine Geduld und Umsicht in der Endphase der Manuskripterstellung, die in eine für mich persönlich sehr bewegte Zeit gefallen ist, sowie meiner Lektorin Frau Susanne Richter für ihren unermüdlichen Einsatz, das Manuskript in ein wunderschönes Buch zu verwandeln. Mein weiterer Dank gilt Dr. Markus Pössel für die aufmerksame Durchsicht des Buches.

Nicht zuletzt gilt mein großer Dank meiner Familie, die mir stets zur Seite stand und die Entstehung dieses Buches neugierig begleitet hat; insbesondere den beiden Jüngsten im Familienkreis, die es kaum erwarten konnten, bis das Buch erscheint.

ZUM WEITERLESEN UND WEITERKLICKEN

ASTRONOMIEBÜCHER

Bohnet, I.: **Die 42 größten Rätsel der Physik**
Vom Quantenschaum bis zum Rand des Universums

Celnik, W. E., Hahn, H.-M.: **Astronomie für Einsteiger**
Der praktische Einstieg in das Hobby Astronomie

Cox, B., Forshaw, J.: **Warum ist E = mc²?**
Einsteins berühmte Formel verständlich erklärt

Dambeck, T.: **Sternenwelten**
Glanzlichter der Galaxis

Emmerich, M., Melchert, S.: **Alles über Astronomie**
Das ganze Universum zum kleinen Preis

Hahn, H.-M.: **Was tut sich am Himmel**
Das Pocket-Jahrbuch für Naturbeobachter

Hahn, H.-M.: **Welches Sternbild ist das?**
Der kleine Sternführer für die Jackentasche

Herrmann, D. B.: **Atlas astronomischer Traumorte**
Entdeckungsreisen auf den Spuren der Sternenkunde

Herrmann, D. B.: **Die Harmonie des Universums**
Von der rätselhaften Schönheit der Naturgesetze

Keller, H.-U.: **Kosmos Himmelsjahr**
Das beliebteste Astronomie-Jahrbuch mit allen Infos zum Lauf von Sonne, Mond und Sternen

Koch, B., Korth, S.: **Die Messier-Objekte**
Die 110 klassischen Ziele für Himmelsbeobachter

König, M., Binnewies, S.: **Bildatlas der Galaxien**
Die Astrophysik hinter den Astrofotografien

Pröschold, B.: **Reiseziel Sternenhimmel**
Die dunkelsten Beobachtungsplätze in Deutschland und Europa

Roth, H.: **Der Sternenhimmel**
Umfangreiches Jahrbuch für Amateurastronomen mit täglichem Astrokalender

Schilling, G., Tirion, W.: **Sternenbilder**
Atlas aller Sternbilder und den dort entdeckten Himmelsobjekten

Schittenhelm, K.: **Sterne finden ganz einfach**
Die 25 schönsten Sternbilder sicher erkennen

Spanner, G.: **Das Geheimnis der Gravitationswellen**
Einsteins Vision wird Wirklichkeit

Vaas, R.: **Hawkings neues Universum**
Wie es zum Urknall kam

Vaas, R.: **Jenseits von Einsteins Universum**
Von der Relativitätstheorie zur Quantengravitation

Vaas, R.: **Tunnel durch Raum und Zeit**
Schwarze Löcher, Zeitreisen und Überlichtgeschwindigkeit

Vogel, M.: **Kosmos Sternführer für unterwegs**
Sternbilder und Planeten entdecken und beobachten

Wilde, A.: **Unsichtbar und Überall**
Den Geheimnissen des Erdmagnetfelds auf der Spur

STERNKARTEN UND STERNATLANTEN

Hahn, H. M.; Weiland G.:
Drehbare Mini-Sternkarte
Die handliche Sternkarte für unterwegs

Hahn, H. M.; Weiland G.:
Drehbare Kosmos-Sternkarte
Der Klassiker für Hobbyastronomen

Hahn, H. M.; Weiland G.:
Drehbare Kosmos-Sternkarte XL
Die große Sternkarte für bessere Lesbarkeit

Hahn, H. M.; Weiland G.:
Nachtleuchtende Sternkarte für Einsteiger
Einfach Sterne finden – leuchtet im Dunkeln

Hahn, H. M.; Weiland G.: **Sternkarte für Einsteiger**
Die Sternbilder sicher erkennen

Karkoschka, E.: **Atlas für Himmelsbeobachter**
Die 250 schönsten Deep-Sky-Objekte

Karkoschka, E.: **Sterne finden am Südhimmel**
Vom Mittelmeer bis zur Südhalbkugel

ZEITSCHRIFTEN

Astronomie – das Magazin:
www.astronomie-magazin.com
Nachrichten aus Wissenschaft, Technik und Szene

Astronomie und Raumfahrt im Unterricht:
www.friedrich-verlag.de
Astronomie-Zeitschrift für Lehrer

Journal für Astronomie: **www.sternfreunde.de**
Das Mitgliedermagazin der VdS mit vielen Praxisbeiträgen

Orion: **www.orionmedien.ch**
Die Fachzeitschrift für jeden Astronomie-interessierten

Sterne und Weltraum: **www.spektrum.de**
Alles über Astronomie und Weltraumforschung

ASTRONOMIE IM INTERNET

facebook.com/kosmos.astronomie, twitter.com/kosmos_astro, instagram.com/kosmos.astronomie
Aktuelle Himmelsereignisse und mehr von KOSMOS

www.astronomie.de
Portal und Diskussionsforum
www.astrotreff.de
Der Treffpunkt für Hobbyastronomen

www.weltraumreporter.de
Vom erdnahen Orbit bis zur fernsten Galaxie, vom Urknall bis heute.
Fundiert recherchiert, informativ, spannend.

www.calsky.de
Berechnungen für Himmelsereignisse

www.heavens-above.com
Infos über Sichtbarkeit von Satelliten

www.kosmos-himmelsjahr.de
Die Homepage zum Jahrbuch mit Himmelsvorschau

www.sternfreunde.de
Homepage der Vereinigung der Sternfreunde

GROSSE PLANETARIEN

Berlin
Planetarium der Wilhelm-Foerster-Sternwarte, Munsterdamm 90
www.planetarium-berlin.de

Berlin
Zeiss-Großplanetarium, Prenzlauer Allee 80
www.sdtb.de

Bochum
Castroper Str. 67
www.planetarium-bochum.de

Hamburg
Linnering 1
www.planetarium-hamburg.de

Jena
Am Planetarium 1
www.planetarium-jena.de

Luzern
Lidostr. 5
www.verkehrshaus.ch

Mannheim
W.-Varnholt-Allee 1
www.planetarium-mannheim.de

Münster
Sentruper Str. 285
www.planetarium-muenster.de

Nürnberg
Am Plärrer 41
www.planetarium-nuernberg.de

Stuttgart
Willy-Brandt-Str. 25
www.planetarium-stuttgart.de

Wien
Oswald-Thomas-Platz 1
www.planetarium-wien.at

ASTRONOMISCHE VEREINIGUNGEN

Vereinigung der Sternfreunde e. V.
Postfach 1169, 64629 Heppenheim
www.sternfreunde.de

Österreichischer Astronomischer Verein
Baumgartenstraße 23/4, 1140 Wien, Österreich
www1.astroverein.at

Schweizerische Astronomische Gesellschaft
8200 Schaffhausen, Schweiz
www.sag-sas.ch

PERSONENREGISTER

SACHWORTREGISTER

BILDNACHWEIS

o = oben, u = unten, M = Mitte, l = links, r = rechts

2/3, 4/5, 11r, 22M: NASA/ESA; 6/7, 13: G. Hüdepohl, www.atacamaphoto.com/ESO; 8/9: ESO/Y. Beletsky; 10 (beide): NASA; 11l, 22u, 154/155, 160l: NASA/ESA/STScI; 12 (beide): ESO/P. Weilbacher (AIP); 14l: ESO/L. Calçada; 14r/15l: NASA/JPL/UCLA; 15r: ACT Collaboration; 16: NAIC/Arecibo Observatory, a Facility of the NSF; 17 (beide): NRAO/AUI/NSF; 18l: MPE/S. L. Snowden et al.; 20: Deutsches Museum München; 22o: ESA/J. Huart/Rosetta/MPS for OSIRIS Team; 23: NASA/ESA/Hubble Key Project Team/ High-Z Supernova Search Team; 25o, 41, 43, 49o, 69u: Mario Weigand, www. skytrip.de; 26/27: IAU/M. Kornmesser/DLR; 28: DLR; 30: NASA/ESA/F. Paresce/R. O'Connell/Wide Field Camera 3 Science Oversight Committee; 31: ESO/L. Calçada; 33l: SDO/NASA; 34l: Yohkoh Mission, ISAS/NASA; 34r: SOHO (ESA & NASA); 35r: Swedish Solar Telescope, Royal Swedish Academy of Sciences; 36: NASA/JPL; 37: BGS © UKRI 2020; 38: Felicitas Mokler; 39: NASA; 40: NASA's Goddard Space Flight Center, Jenny Mottar (Digital Management, Inc.); 42 (beide): NASA/Johns Hopkins University Applied Physics Laboratory/Carnegie Institution of Washington; 44l: ESA/NASA/JPL; 44r: NASA/JPL; 44u: NASA/JPL; 45: NASA/R. Stöckli/Robert Simmon/ MODIS Science Team; 46/47: ESA/A. Gerst; 47r: NASA/CXC/M.Weiss; 48l: ESA/ATG medialab; 48r: ESA; 48u: Sven Melchert; 49u: NASA/NOAA; 50o: NASA/JPL; 50ul: ESA/Foster + Partners; 50ur: NASA; 51: NASA/ JPL/MSSS; 52l: NASA/JPL/USGS; 52r (beide): NASA/JPL/University of Arizona; 53: NASA/ESA/A. Simon/ M. H. Wong; 54: International Gemini Observatory/NOIRLab/NSF/AURA M. H. Wong (UC Berkeley) and team/Mahdi Zamani; 55o: NASA/JPL/SwRI/MSSS; 55M: NASA/Kevin M. Gill; 56: NASA/JPL/Space Science Institute; 57o (beide): NASA/JPL/SSI; 57u: Cassini Imaging Team/SSI/JPL/ESA/NASA; 58: NASA/ JPL/SSI/Kevin M. Gill; 59l: ESO; 59r: Lawrence Sromovsky/Keck Observatory; 60l, ro: NASA/JPL; 60ru: NASA/ JPL/USGS; 62o: A. Ikeshita; 62u: NASA/JPL/UCLA/MPS/DLR/IDA; 63o: NASA/JUHAPL/SwRI; 64o: NASA/JHUAPL/SwRI; 65u: Gerald Rhemann, www.astrostudio.at; 66 (beide): NASA/ ESA/STScI/ D. Jewitt (UCLA); 67l: ESA/C. Carreau/ATG medialab; 67r: ESA/Rosetta/MPS for OSIRIS Team MPS/UPD/ LAM/IAA/SSO/INTA/UPM/DASP/IDA; 68l: ESO/M. Kornmesser; 69o: NASA/JPL; 70o: ESA/P.Carril; 70u: Alex Alishevskikh, http://blog.cyberborean.org; 71: ESA/A. Baker; 72ol: NASA/JPL-Caltech/SSI; Processing: Maksim Kakitsev; 72ul: NASA/JPL-Caltech/SSI; 72/73o: ESA/DLR/FU Berlin/NASA MGS MOLA Science Team; 72/73u: NASA/JPL-Caltech/SETI Institute; 73o: NASA, ESA, and J. Nichols (University of Leicester); 73u: NASA/JPL/Space Science Institute; 74l, 75o, 74/75o, 74/75u, 75u: ESA/Rosetta/MPS for OSIRIS Team MPS/UPD/LAM/IAA/SSO/INTA/UPM/DASP/IDA; 74u: ESA/Rosetta/NAVCAM; 76/77: NASA's Goddard Space Flight Center/S. Wiessinger; 80l: ESO/G. Beccari; 80r: NASA/ESA/T. Brown (STScI); 81: NASA/SDO; 83: ESO; 87: Zdeněk Bardon/ESO; 88: NASA Ames/David Ellsworth/Tim Sandstrom, UC Berkeley/Lawrence Livermore National Laboratory/Richard Klein; 89: ESO/C. Malin; 90: NASA/ ESA/M. Robberto (STScI/ESA)/HST Orion Treasury Project Team/L. Ricci(ESO); 91l: NASA/ESA/AURA/ Caltech/Palomar Observatory; 91r: NASA/JPL/UCLA; 92/93: Atlas/2MASS/UoM/IPAC/Caltech/NASA; 94 (beide): ESO/Boccaletti et al.; 95: Martin Gertz, Sternwarte Welzheim; 96/97: NASA/JPL; 93u (beide): NASA/ CXC/SAO/M. Karovska et al./CXC/M.Weiss; 98: Harvard College Observatory; 99 (beide): ESO/M. Montargès et al.; 100: NASA; 101: ESO/M. Kornmesser; 102l: NASA/ESA/C. R. O'Dell (Vanderbilt University)/D. Thompson (Large Binocular Telescope Observatory); 102r: ESO/I. Appenzeller/W. Seifert/O. Stahl; 103: NASA/ESA/ Judy Schmidt; 104: NASA/ESA/A. Feild (STScI); 105l: NASA/CXC/M. Weiss; 107l: ESO; 107r: NASA/HST/ ASU/J. Hester et al./CXC; 110l: NASA/ESA/R. Kirshner/P. Challis; 110/111: ESO/L. Calçada; 112: Andrew Beardmore/NASA/Swift; 113: ESO/L. Calçada; 113: NASA/CXC/Trinity University/D. Pooley et al./ M. Weiss; 114: NASA/JPL; 115l: S. Ossokine, A. Buonanno (Max Planck Institute for Gravitational Physics); 115ro/lo: Caltech/MIT/LIGO Lab; 118: ESO; 119: ESO/Bohn et al.; 122/123: NRAO/AUI/NSF/Jeff Hellerman; 124o: NASA7ESA/Hubble SM4 ERO Team; 124u: NASA/ESA and The Hubble Heritage Team (STScI/

AURA); 125o: NASA/ESA/J. Kastner (RIT); 125u: NASA/ESA/ Hubble Heritage Team (AURA/STScI); 126: NASA/ESA/STScI; 127o: NASA/ESA/Hubble Heritage Team; 127u: NASA/ESA/Andrew Fruchter (STScI),/ERO team (STScI+ST-ECF); 128/129: NASA/ESA/Hubble SM4 ERO Team; 130/131u: NASA/ ESA/J. Dalcanton/B. F. Williams/L. C. Johnson/PHAT team/ R. Gendler; 131o: NASA/ESA/H. Teplitz/ M. Rafelski/A. Koekemoer (STScI)/R. Windhorst/Z. Levay (STScI); 133: ESA/Planck Collaboration; 134u: Jan Hattenbach; 135: NASA/SOFIA/JPL/ESA/Herschel; 136l: NASA/DOE/Fermi LAT/D. Finkbeiner et al.; 136r: NASA's Goddard Space Flight Center; 137: ESO/MPE/S. Gillessen et al.; 138l: ESO/L. Calçada; 138ro: ESO/INAF-VST/OmegaCAM/A. Grado, L. Limatola/INAF-Capodimonte; 138u, 140, 141: ESA; 142: ESO/Y. Beletsky; 143: Martin Gertz, Sternwarte Welzheim; 145: ESO/Aniello Grado/Luca Limatola; 147o: NASA/Hubble; 147u: D'Onghia, E./Vogelsberger, M./Hernquist, L.; 148: NASA/H. Ford (JHU)/ G. Illingworth (UCSC/LO)/M.Clampin (STScI)/G. Hartig (STScI)/ACS Science Team/ESA; 149: NASA/ESA and J. Bahcall (IAS); 150o: Jeremy Sanders/Hermann Brunner/eSASS team (MPE)/Eugene Churazov/Marat Gilfanov (IKI); 150u: NRAO; 151o: NASA/The Hubble Heritage Team (STScI/AURA); 151u: EHT Collaboration; 152: ESO/O. Furtak; 153: Y. Stein/R.-J. Dettmar/SDSS/A. Miskolczi; 154: ESA/Planck Collaboration; 155: NASA/SOFIA/Hubble Space Telescope; 156: Archiv Victor-Franz-Hess-Gesellschaft e. V., Schloss Pöllau, Österreich; 157: A. Chantelauze/S. Staffi/L. Bret/Pierre Auger Observatory; 158: CTA/M-A. Besel/IAC (G. P. Diaz)/ESO; 159: IceCube/NASA; 162: NASA/ESA/J. Rigby/K. Sharon/M. Gladders/E. Wuyts/Hubble Heritage Team (STScI/AURA); 163o: NASA/ESA/Hubble Heritage Team (STScI/AURA)/J. Gallagher/ M. Mountain; 163u: ESA/Hubble/NASA; 164: NASA/ESA/Andy Fabian; 165o: X-ray: NASA/CXC/Caltech/ P. Ogle et al; Optical: NASA/STScI; IR: NASA/JPL-Caltech; Radio: NSF/NRAO/VLA; 165u: NASA/ESA/ Hubble Heritage Team (STScI/AURA); 166: ESA/Hubble/NASA; 167: ESO/WFI (Optical); MPIfR/ESO/ APEX/A.Weiss et al. (Submillimetre); NASA/CXC/CfA/R.Kraft et al. (X-ray); 168: ESA/Hubble/NASA/ A. Riess (STScl/JHU); 169o: ESA/Hubble/NASA,/J. Lee/PHANGS-HST Team/Judy Schmidt (Geckzilla); 169u: NASA/ESA/Hubble Heritage Team (AURA/STScI)/J. Higdon/I. Jordan (STScI); 170/171: Adolf Schaller/STScI; 172 (beide): Andreas Cellarius: Harmonia macrocosmica; 173: ESO; 174: Camille Flammarion, L'Atmosphère: Météorologie Populaire (Paris, 1888), pp.163; 176l: T. Pyle/Caltech/MIT/LIGO Lab; 176r: ESA/ Hubble/NASA/Judy Schmidt; 178l/M/r: wikimedia; 181: NASA/ESA/A. V. Filippenko/P. Challis et al.; 182: NASA/ESA/A. Feild (STScI)/A. Riess (STScI/JHU); 183: NASA/WMAP Science Team; 184: Eduardo Banados Torres, MPI für Astronomie, Grafikabteilung; 185: CERN; 186l: NASA's Goddard Space Flight Center; 186r: NASA/WMAP Science Team; 187: ESA/Planck Collaboration; 189: NASA/ESA/R. Massey (California Institute of Technology); 191o: ESO/Illustris Collaboration; 191ul: SDSS/M. Blanton; 191ur: SDSS/W. Schaap et al.; 192: NASA; 177l: NASA/ESA/L. Bradley (JHU)/R. Bouwens (UCSC)/H. Ford (JHU)/ G. Illingworth; 193r: NASA/ESA/CXC/NRAO/AUI/NSF, STScI/ G. Ogrean/J. Lotz (STScI)/HFF team, 194/195u: NASA/ ESA/G. Illingworth/D. Magee/P. Oesch/R. Bouwens/HUDF09 Team; 195o: NASA; 195ru: NASA/C. Gunn; 196: ESA/Hubble/M. Kornmesser; 197: Commonwealth Scientific and Industrial Research Organisation (CSIRO); 198/199: Stefan Binnewies; 204: Veronika Hohenegger (LRZ); 205: Massimo Fiorito(Max-Planck-Institut für Gravitationsphysik)

Gerhard Weiland, Köln:
15, 18, 19, 21, 24, 25u, 29 (beide), 33r, 35l/u, 46l, 61, 63u, 64u, 65o, 68r, 78/79, 84 (beide), 85, 96l, 97r, 105r, 109r, 112 (beide), 116/117, 120, 121, 124, 132, 134, 144, 146, 160, 161, 175, 177 (beide), 179, 180.

IMPRESSUM

Umschlaggestaltung von Isabelle Fischer, unter Verwendung von Aufnahmen von D. Kordan/ESO und ESO/WFI (Optical); MPIfR/ESO/APEX/A.Weiss et al. (Submillimetre); NASA/CXC/CfA/R.Kraft et al. (X ray). Das Bild auf der Vorderseite zeigt eine Person, die eine der 66 Antennen des ALMA-Radioteleskop-Observatoriums inspiziert. Das Bild auf der Rückseite ist ein Kompositbild aus Aufnahmen im optischen, Submillimeter- und Röntgenbereich und zeigt die Galaxie Centaurus A, aus deren aktivem Zentrum ein relativistischer Jet emittiert wird. Das Bild im Inhaltsverzeichnis zeigt die Balken-Spiralgalaxie NGC 4631, auch Wal- oder Heringsgalaxie genannt, in etwa 28 Millionen Lichtjahren Entfernung.

Mit 229 Farbfotos und 45 Grafiken.

Unser gesamtes Programm finden Sie unter **kosmos.de**.
Über Neuigkeiten informieren Sie regelmäßig unsere Newsletter, einfach anmelden unter **kosmos.de/newsletter**.

MIX
Papier aus verantwortungsvollen Quellen
FSC® C004592
FSC
www.fsc.org

Gedruckt auf chlorfrei gebleichtem Papier

ISBN 978-3-440-16913-1
Redaktion: Sven Melchert, Susanne Richter
Gestaltung und Satz: typopoint GbR, Ostfildern
Produktion: Ralf Paucke, Lena Geiger
Druck und Bindung: FIRMENGRUPPE APPL, aprinta-Druck, Wemding
Printed in Germany/Imprimé en Allemagne